河南地球科学通报

2018年卷

河　南　省　地　质　学　会
河南省国土资源科学研究院　组织编写

中国矿业大学出版社

内 容 简 介

《河南地球科学通报》(2018 年卷)收录的论文均来自河南省地勘单位中的地质科技人员，其专业范围涵盖了基础地质、矿产地质、水工环地质、方法技术、其他等几方面内容，从不同的角度和视野深入、系统地探讨地质方面出现的一系列问题及其防治措施和方法。该书本着为广大地质科技工作者学习交流、促进地质科技发展和青年地质科技人员成长服务的初衷，由河南省地质学会、河南省国土资源科学研究院组织编写。

图书在版编目(CIP)数据

河南地球科学通报. 2018 年卷 / 河南省地质学会，河南省国土资源科学研究院组织编写. —徐州：中国矿业大学出版社，2018.12

ISBN 978-7-5646-4209-9

Ⅰ. ①河…　Ⅱ. ①河…　②河…　Ⅲ. ①地球科学—文集　Ⅳ. ①P-53

中国版本图书馆 CIP 数据核字(2018)第 242871 号

书　　名　河南地球科学通报(2018 年卷)
组织编写　河南省地质学会　河南省国土资源科学研究院
责任编辑　姜　华
出版发行　中国矿业大学出版社有限责任公司
(江苏省徐州市解放南路　邮编 221008)
营销热线　(0516)83884103　83885105
出版服务　(0516)83995789　83884920
网　　址　http://www.cumtp.com　**E-mail**:cumtpvip@cumtp.com
印　　刷　虎彩印艺股份有限公司
开　　本　889×1194　1/16　**印张** 16　**字数** 460 千字
版次印次　2018 年 12 月第 1 版　2018 年 12 月第 1 次印刷
定　　价　99.00 元

《河南地球科学通报》(2018 年卷)

编委会名单

目　　录

基础地质

矿产地质

水工环地质

方法技术

其　他

基础地质

西岭制碱用大理岩矿矿床地质特征

朱厚广，刘立强，朱展翅

摘　要：西峡县西岭制碱用大理岩矿为河南省在大理岩、灰岩等相关矿种勘查过程中提供了新的用途方向，为提升资源潜在价值提供了更好依据。总结西岭制碱用大理岩矿床地质特征对寻找和评价此类矿产具有良好的示范意义。

关键词：制碱用；大理岩；矿床

河南省西峡县西岭制碱用大理岩矿位于河南省西峡县县城西北 35 km 处，属西峡县米坪乡。矿区位于秦岭造山带内二郎坪构造地质地体与秦岭构造地层地体拼合部位，区域上发育化皮安-西岭倒转背斜，核部由大庙组组成。

1　矿区地质

区内地层主要为下古生界二郎坪群地层，构造较为简单，岩浆岩比较发育（图 1）。

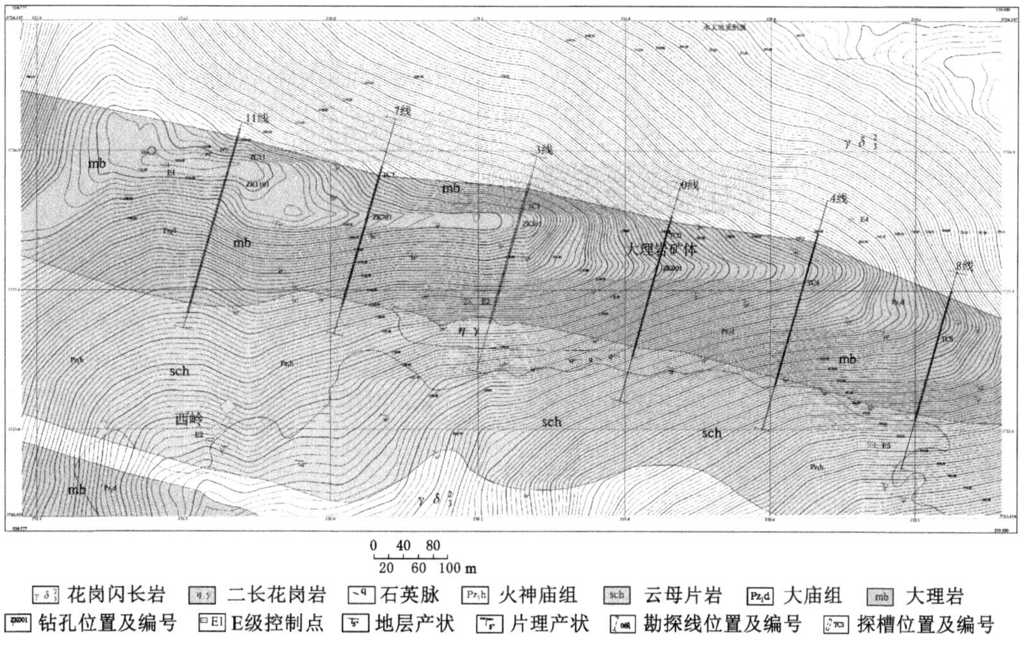

图 1　西峡县西岭矿区地形地质及工程布置图

朱厚广：男，1969 年 10 月生，河南省商丘市人。地质工程师，长期从事地质找矿工作。河南省地质矿产勘查开发局第四地质矿产调查院。

刘立强：河南省地质学会。

朱展翅：河南新首钢地质矿产勘查有限公司。

1.1 地层

矿区出露地层主要有下古生界二郎坪群大庙组(Pz_1d)、火神庙组(Pz_1h)。

第四系(Q):主要分布于河谷、沟谷及地形低缓处,由冲积泥、砂、砾和残坡积物组成。

1.2 构造

矿区位于化皮安-西岭倒转背斜的北翼,地层构造相对简单,表现为一缓倾斜的单斜构造,地层总体走向 290°,倾向南西,倾角 5°～25°。矿区范围内未发现有断裂构造,次级褶皱也不发育。

1.3 岩浆岩

岩浆岩出露于矿区北部及西南部。北部主要有加里东期的杨栗坪花岗闪长岩体($\gamma\delta_3^2$),侵入于火神庙组和大庙组之中,主要岩性为花岗闪长岩。中部在大理岩矿体附近出露少量的燕山期黑烟镇复式侵入体($\eta\gamma_5^3$),主要岩性为浅白色中细粒二长花岗岩、灰白色中粒黑云母二长花岗岩。

岩脉也较为发育,主要为规模不等的石英脉。

2 矿床地质特征

2.1 矿体特征

制碱用大理岩矿体(Ⅰ号矿体)位于矿区的中部,呈西北～东南向带状展布。工作区内出露范围西起 11 线以西 240 m 矿权西边界(向外延伸出矿区),东至 4 线以东 90 m(矿权东边界),长度约 1 370 m 左右。地表有 TC0、TC4、TC8、TC3、TC7 和 TC11 控制,深部有 ZK1101、ZK701、ZK301 和 ZK001。工程控制长度 1 200 m;出露宽度 173(8 线)～247(11 线)m;矿体出露标高 950(东部边界)～1 214(西部山顶)m,最大高差 264 m。区内大理岩矿体与岩浆岩呈侵入接触关系。

矿体厚度 29.18～47.98 m,平均为 35.13 m,矿体厚度稳定,矿体内部结构简单。

自然矿体厚度和工业矿体厚度一致,变化系数 35.4%(小于 40%),属厚度稳定型;$CaCO_3$ 含量 92.33%～94.96%,平均品位 93.54%,品位变化系数 3%;MgO 含量 0.37%～0.58%,平均含量为 0.46%,变化系数 31%,有用组分属稳定型。

同时,经组合分析及化学全分析,矿石中酸不溶物含量为 2.14%～2.98%,平均含量为 2.50%,均小于 3.00%;R_2O_3($Al_2O_3+Fe_2O_3$)含量为 0.621%～0.953%,平均含量为 0.914%,都小于 1%。

矿体产状稳定,倾向 190°～205°,倾角 5°～25°;矿体普遍裸露地表,地表矿石受不均匀风化,风化深度在 0～0.1 m 之间,对矿石质量影响不大。

2.2 矿石质量

2.2.1 *矿石的矿物成分*

本区矿石中细粒大理岩(制碱用灰岩)矿物成分比较简单,矿物成分主要为方解石,含量 93%～99.99%,呈他形变晶粒状,颗粒直径一般在 0.1～4 mm ,多数 1～3 mm,晶体间呈镶嵌状接触。次要矿物为石英和斜长石,石英呈他形变晶粒状,粒径 0.03～0.35 mm,零散分布;斜长石呈他形变晶粒状,零星分布。微量矿物主要为白云母和铁质。

2.2.2 *矿石的结构、构造*

本区大理岩矿石主要结构有:鳞片粒状变晶结构、他形变晶结构、包含结构。

鳞片变晶结构：主要有 $d=0.01\sim0.15$ mm 的石英、钠长石，$d=0.03\sim0.12$ mm 的黑云母，呈显微变晶颗粒。

他形变晶结构：主要有 $d=0.3\sim3$ mm 的方解石，$d=0.03\sim0.35$ mm 的石英，$d=0.06\sim0.20$ mm 的斜长石，呈他形粒状分布。

包含结构：主要有 $d=0.1\sim0.2$ mm 的少量白云母，呈包裹体包布于方解石晶体。

大理岩矿石构造以块状构造、条纹状构造、条带状构造为主。

块状构造：矿石具有均一、致密的特征，矿石成分结构无明显差异。

条纹状构造：矿石变面呈深浅相间的波痕，泥质成分较高。

条带状构造：矿石成分分布不均匀，浅色与暗色条带以一定宽度成互层出现。

2.2.3 *矿石化学成分*

矿石的主要化学成分为 $CaCO_3$，根据样品基本分析结果显示其含量在 88.50%～98.24%，平均为 93.54%，大于 90%；次要化学成分为 MgO，根据样品基本分析结果显示其含量一般在 0.016%～1.77%，平均为 0.46%，小于 1.9%。同时，经组合分析及化学全分析，矿石中酸不溶物含量为 2.14%～2.98%，平均为 2.50%，均小于 3.00%；R_2O_3（$Al_2O_3+Fe_2O_3$）含量为 0.621%～0.953%，平均含量为 0.914%，都小于 1%。符合《矿产工业要求参考手册》(1986 年修订本)及《冶金、化工用石灰岩及白云岩、水泥原料矿产地质勘查规范》(DZ/T 0213—2002)中制碱用灰岩矿的工业指标要求，有害杂质含量也未超过允许含量上限，可以作为制碱用灰岩矿使用。其他化学成分含量甚微。矿石化学全分析、组合分析结果见表 1、表 2。

表 1　　矿石化学全分析结果表

送样编号	化学全分析检测项目及结果 ω_B/%												
	SiO_2	Al_2O_3	TFe_2O_3	CaO	MgO	TiO_2	MnO	K_2O	Na_2O	P_2O_5	SO_3	Cl	LOI
HQ1	2.26	0.62	0.203	52.22	1.24	0.013	0.010	0.124	0.051	0.00	0.054	0.017	41.76
HQ2	1.05	0.66	0.189	54.17	0.53	0.010	0.010	0.056	0.046	0.00	0.017	0.011	42.94

表 2　　矿石组合分析结果表

序号	送样编号	室内编号	检测项目及结果 ω_B/%						
			Al_2O_3	Fe_2O_3	P_2O_5	Cl^-	F^-	LOI	盐酸不溶物
1	ZH1	17-ZH4	0.727	0.226	0	0	0.036	42.12	2.6
2	ZH2	17-ZH5	0.718	0.212	0	0	0.03	41.86	2.98
3	ZH3	17-ZH6	0.69	0.231	0	0	0.019	42.52	2.29
4	ZH4	17-ZH7	/	/	/	/	/	/	2.14

2.2.4 *矿石类型*

(1) 工业类型：根据矿石的工业用途划分，该区内矿石为制碱用大理岩。

(2) 自然类型：根据矿物成分及其结构、构造的不同，划分为以下不同自然类型。

① 中粒灰白色块状大理岩：中粒粒状变晶结构、块状构造大理岩，灰白色，主要分布在矿体的上部近地表，质量优良。

② 中细粒灰-灰白色条纹状大理岩：中粒-中细粒变晶结构、块状构造大理岩，灰白色-白色，主要分布在矿体的中深部，质量优良。

2.3 矿体围岩及矿体夹石特征

2.3.1 矿体围岩

制碱用大理岩矿体全部出露地表，不存在天然顶板，矿体的底板主要为花岗岩岩体及片岩。

花岗岩岩体：岩石致密，稳固性好。矿体本身多为厚层块状大理岩，致密坚硬，稳定性非常好。矿体与花岗岩岩体呈侵入接触关系，界限明显。

二云(绢云)片岩：岩石呈灰黑色，鳞片粒状变晶结构、片状构造。主要矿物成分为石英，岩石致密坚硬，稳定性非常好。矿体与片岩的接触关系清晰，界限明显。

2.3.2 矿体夹石

矿体内部有个别夹层达不到工业品位，可采取“穿靴戴帽”的原则，矿体内部上、下 8 m 品位加权能达到工业指标的圈为矿体。

3 矿床成因及找矿标志

3.1 矿床成因

大理岩是在原来的石灰岩岩层受到岩浆侵入时，在岩浆周围的石灰岩围岩受到岩浆的高温影响发生变质作用，矿物重结晶，岩石性质改变而形成的。

3.2 找矿标志

本矿区制碱用大理岩矿床是变质层控矿床，大庙组(Pz_1d)地层是矿区出露的主要地层，部分地段被花岗岩岩体所吞噬。原岩为一套泥砂质碎屑岩及碳酸盐岩。根据岩性组合可分为大理岩段和片岩段。大理岩段主要为大理岩，层位稳定，主要标志为致密块状大理岩。区域内可以在该段地层中进一步寻找新的制碱用灰岩或其他方解石类矿床。

正阳 Q_2 地层风积成因研究

方士军，路东臣，庞　非

摘　要：从地层岩性、粒度分布、曲线形态等多方面对正阳地区 Q_2 地层进行了研究，同时也对常量元素、富集因子及环境判别参数进行了分析研究，并与西北黄土和南方下蜀黄土进行了对比，对该区的 Q_2 地层的风积成因进行了探索性研究，初步判断该地区 Q_2 黏土为风积黄土。

关键词：正阳；Q_2 黏土；风积；黄土

正阳北侧有一条东西向的岗地，当地称为正阳岗(图 1)，过去的 1：50 万河南省地质图及 1：20万区域水文地质图均把该区 Q_2 地层定为山前冲洪积地层。但近年来，有关该区域的研究表明，该套地层存在风积黄土的可能性。本文依托别的项目，对该地层从风积的角度进行探索性研究。

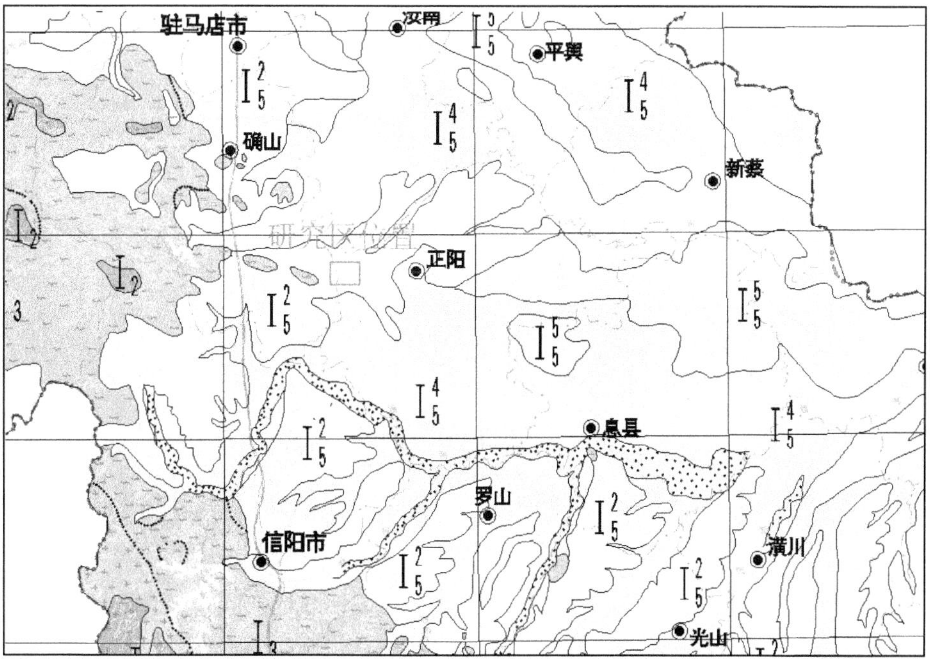

图 1　研究区位置图

方士军：男，1968 年 1 月生。高级工程师，长期从事地质环境方面的工作。河南省国土资源科学研究院。
路东臣：河南省国土资源科学研究院。
庞非：河南省地质矿产勘查开发局地理信息院。

1 地层剖面特征

取样位置位于正阳县城西侧 10 km、五三农场处，地面为农田，地势平坦，中部稍高，坐标为 E：114°10′22″，N：33°33′23″，高程 88 m。

钻孔取样所得岩芯长 35.1 m，见图 2。根据颜色、性状观测，表层 60 cm 为现代耕作土壤，人为改造痕迹明显。整个地层没有砂砾石夹层、没有任何层理等水流冲积的痕迹，从外观上判断其为风积形成。

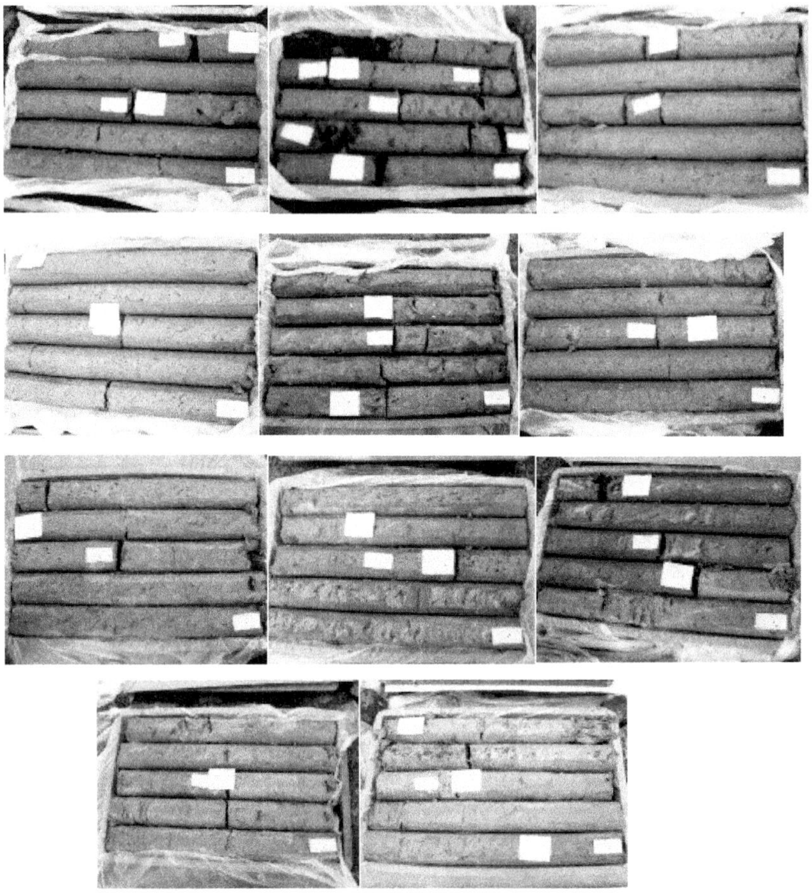

图 2　钻孔取样剖面照片

对钻孔样品进行观察，35 m 深度范围均为黄土-古土壤沉积序列，整体呈现褐黄色（浅红褐色）-黄褐色，可分为 11 层，S 表示古土壤，L 表示黄土，见表 1、图 3。

表 1　正阳钻孔岩性特征

编号	深度/cm	厚度/cm	颜色	特征描述
S_0	0～610	610	灰褐色	含灰色条带及板块
L_1	610～850	240	浅黄色	见铁锰质氧化物结核
S_1	850～1 400	550	浅红褐色	见铁锰质氧化物结核
L_2	1 400～1 810	410	浅黄褐色	见铁锰质氧化物结核及钙质结核
S_2	1 810～2 110	300	浅红褐色	见铁锰质氧化物结核及钙质结核

续表 1

编号	深度/cm	厚度/cm	颜色	特征描述
L_3	2 110～2 490	380	青黄色	含锰质结核及钙质结核、青灰色条斑
S_3	2 490～2 800	310	褐色	含锰质结核及少量钙质结核、少量青灰色条斑
L_4	2 800～2 900	100	浅黄色	含铁锰结核
S_4	2 900～3 020	120	浅红褐色	含铁锰结核、青灰色小条斑
L_5	3 020～3 230	210	黄褐色	含铁锰染斑、青灰色条斑
S_5	3 230～3 510	280	浅红褐色	见铁锰质浸染版及结核，含青灰色条斑

地层符号	层底埋深/cm	层厚/cm	柱状图 比例尺1:300	土名	时代
S_0	610	610		古土壤	Q_2
L_1	850	240		黄土	
S_1	1 400	550		古土壤	
L_2	1 810	410		黄土	
S_2	2 110	300		古土壤	
L_3	2 490	380		黄土	
S_3	2 800	310		古土壤	
L_4	2 900	100		黄土	
S_4	3 020	120		古土壤	
L_5	3 230	210		黄土	
S_5	3 510	280		古土壤	

图 3　正阳黄土钻孔柱状图

2　粒度特征

2.1　粒度频率曲线特征

各层黄土及古土壤的粒度频率分布曲线与周边黄土的粒度频率分布曲线对比见图 4。

众数粒径是指样品中的高含量粒级所对应的粒径中值，是搬运介质的主要动力在粒度上的表现，具有较大的成因意义。正阳黄土粒径的第一众数一般在 14～40 μm，含量峰高 5.0%，在细颗粒部分还存在超细粒组分，大约在 1 μm，可能与成壤作用有关。从粒度频率分布曲线中可以看出，正阳黄土各层位粒度分布比较集中，呈现双峰、正偏态特征为主。将此结果与前人的中国西北黄土、东部黄土粒度分布特征（见图 4）进行比较后发现：正阳黄土与西北、东部黄土的粒度分布特征相似，都是正偏双峰态；众数粒径与西安马兰黄土、镇江下蜀黄土基本一致，稍粗于镇江下蜀黄土，稍细于榆林马兰黄土；峰高与镇江下蜀黄土基本相同，低于西安马兰黄土和榆林马兰黄土；粒度集中度相对于西北黄土较差。

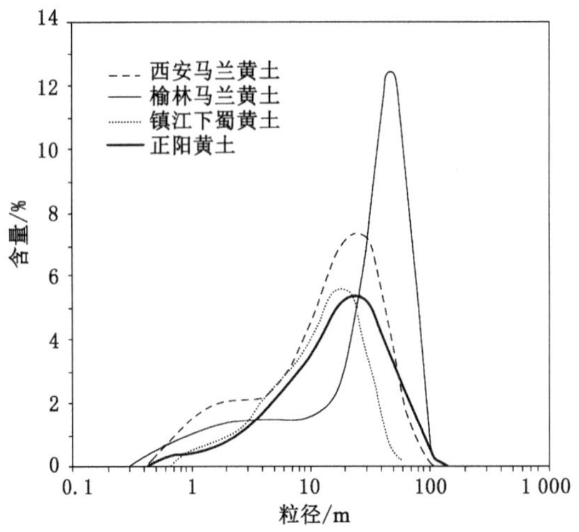

图 4　正阳黄土与典型黄土粒度频率分布曲线

2.2　粒度组分特征

为了方便与前人的研究成果进行对比，本研究采用刘东生等人使用的粒径分组方法，将正阳黄土粒级分为 3 个部分，砂组分（>50 μm）、粉砂组分（5～50 μm）、黏粒组分（<5 μm）。总体来看，正阳黄土的主要组分为粉砂（见表 2），其次是黏粒，最少的是砂组分，属于黏土质粉砂。从各组分上的平均含量来看，正阳黄土“基本粒径”10～50 μm 段含量在 48.82%，与南京黄土的 50.97%接近，稍低于镇江、洛川黄土，为主要粒径。各粒径组的含量依次为粗粉砂（10～50 μm）、黏粒（<5 μm）、细粉砂（5～10 μm），但是正阳黄土、镇江黄土、南京黄土的砂组分（>50 μm）含量都大于胶粒（<1 μm）的含量，而洛川马兰黄土的砂组分（>50 μm）含量则小于胶粒（<1 μm）的含量，说明正阳黄土与南部的镇江黄土、南京黄土粒度特征更为接近。

表 2　　正阳黄土与各地黄土剖面粒度组分对比　　单位：%

黄土采样点	黏粒组分		粉砂组分		砂组分
	胶粒（<1 μm）	黏粒（<5 μm）	细粉砂（5～10 μm）	粗粉砂（10～50 μm）	砂（>50 μm）
正阳	2.76	25.59	19.16	48.82	6.41
镇江	3.03	19.13	14.82	55.97	10.07
南京泰山新村		29.59	14.52	50.97	4.91
洛川马兰黄土	14.50	27.40	12.50	53.30	6.80

2.3　粒度参数特征

粒度参数可以直观地表现出沉积物的粒度分布特征，可以反推出沉积物形成的沉积环境。本文用 Folk and Ward（1957）的算法公式计算出平均粒径（Mz）、标准差、偏度（SK）、峰态（KG）等指标。

前人对各种环境沉积物的粒度参数有过总结，发现黄土沉积物分选性较差，偏度大多数<1，峰态中等（0.90～1.11）。

正阳黄土粒度参数数据见图 5～图 8，正阳黄土样品平均粒径变化范围 4.39～6.49 μm，平均 5.61 μm，洛川黄土剖面的平均粒径在 6.3～7.0 μm 之间，正阳黄土比西北黄土的平均粒径大；标准差介于1.19～1.78之间，平均值1.48；偏度介于0.045～0.307，平均值为0.205；峰态介于0.836～1.298，平均值1.044，属于中等。

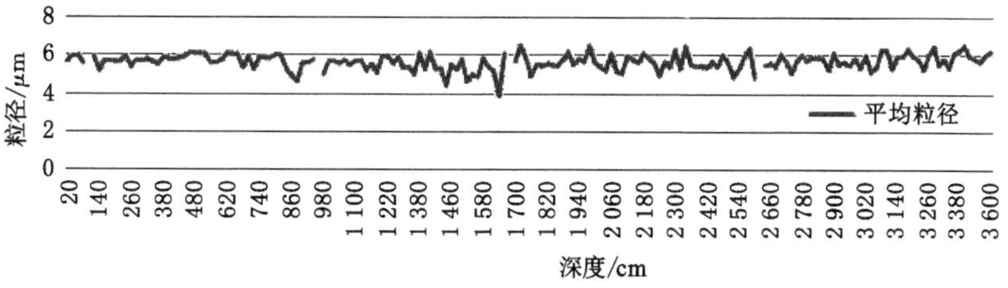

图5　正阳黄土平均粒径随深度变化曲线图

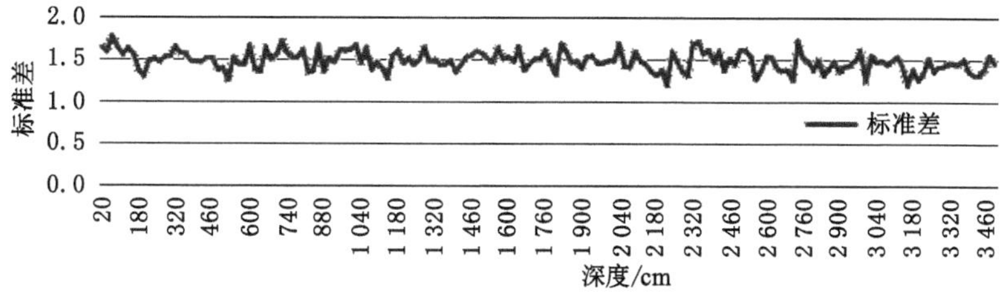

图6　正阳黄土标准差随深度变化曲线图

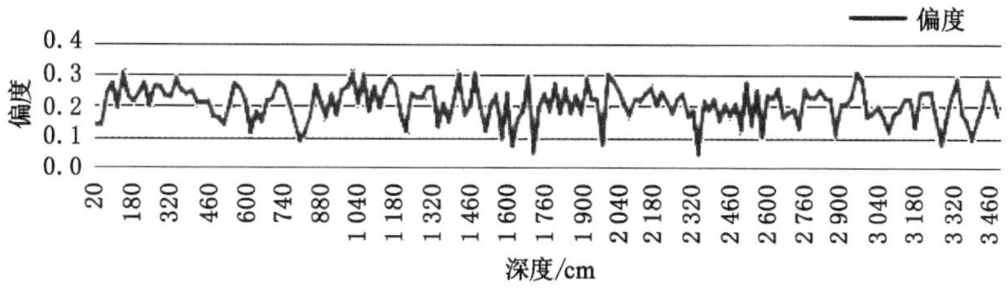

图7　正阳黄土偏度随深度变化曲线图

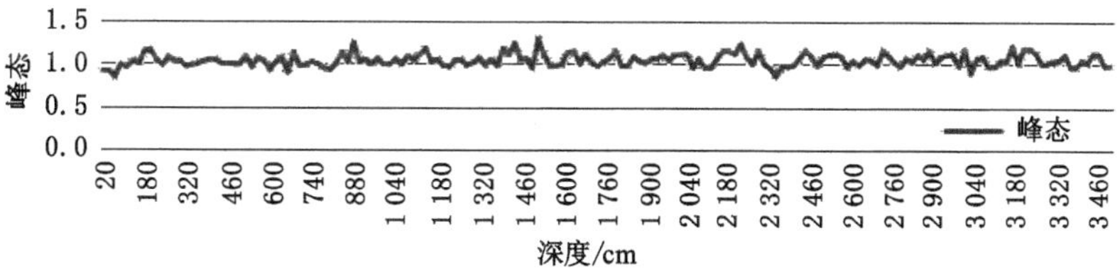

图8　正阳黄土峰态随深度变化曲线图

整个剖面平均粒径变化均匀，标准差变化较为均匀，表明整个剖面粒度组成变化不大；偏度均大于0，说明整个剖面粒度分布形态为正偏，符合黄土粒度分布特征；峰态变化均匀，属于中峰态，如果峰态很低，表明沉积物未经改造进入新环境，峰态中等表明正阳黄土受到了一定的后期改造。

3　元素地球化学特征

3.1　常量元素

正阳黄土的主要化学成分为SiO_2、Al_2O_3和Fe_2O_3，其含量分别为46.45%、9.73%和5.29%，

三者之和为61.47%。其中以SiO_2为主,平均占46.45%(41.24%~53.91%),Al_2O_3平均含量占9.73%(8.17%~11.70%),Fe_2O_3平均占5.29%(4.12%~6.95%)。而CaO、MgO、Na_2O、K_2O含量较低,分别仅为2.77%、1.43%、1.30%和0.62%。元素含量顺序呈现SiO_2>Al_2O_3>Fe_2O_3>CaO>MgO>Na_2O>K_2O的规律(见表3)。

表3　　正阳黄土常量元素含量　　单位:%

采样点	SiO_2	Al_2O_3	Fe_2O_3	K_2O	CaO	Na_2O	MgO
全剖面范围	41.24~53.91	8.17~11.70	4.12~6.95	0.41~1.19	2.73~2.97	1.20~1.53	1.39~1.50
均值	46.45	9.73	5.29	0.62	2.77	1.30	1.43
S 均值	46.54	9.75	4.68	0.93	2.76	1.29	1.43
L 均值	45.61	9.56	5.67	0.56	2.77	1.35	1.43
变异系数(*CV*)	0.056	0.075	0.072	0.269	0.014	0.055	0.017
洛川黄土	57.57	11.90	4.80	2.08	7.73	1.49	2.06
下蜀黄土	68.07	13.32	5.30	2.35	1.00	0.92	1.61
UCC	66.00	15.20	5.00	3.40	3.90	4.20	2.20

上述常量元素含量在黄土层和古土壤中的变异系数(*CV*)较低,除K_2O的*CV*值为0.27外,其他元素的*CV*值均小于0.10,其中SiO_2为0.056、Al_2O_3为0.075、Fe_2O_3为0.072、CaO为0.014、Na_2O为0.055、MgO为0.017,说明古土壤与黄土的元素组成具有高度一致性,暗示两者物质来源一致,即古土壤是黄土风化成壤改造的产物,具备风成黄土组成均一的特征。

3.2　元素的富集因子

以正阳黄土古土壤地球化学元素为研究对象,研究地球化学元素特征及变化规律,并尝试用地球化学元素富集因子法进行物源研究。

$$EF=\frac{C_n/C_{ref}}{B_n/B_{ref}}$$

式中　*EF*——富集因子;

C_n,B_n——某元素在测试和参照区浓度;

C_{ref},B_{ref}——参比元素在测试区和参照区浓度。

研究表明,当富集因子*EF*值约为1时,认为该元素来源于参照区,而当*EF*大于10时,该元素是非参照区物源(蒋富清等,2002)。

国际上常用:Al、Mn、Fe、Rb、Ti、Li作为参比元素。正阳黄土采用了化学性质稳定的Ti(钛)、Mn(锰)两种元素作为参比元素。

参照区元素均采用刘东生等的《黄土与环境》中洛川黄土剖面的离石黄土顶部层位化学元素值。

各元素的富集因子见表4,从表中可以看出,各富集因子值在0.19~2.82之间,大概围绕1值作左右震荡,均远小于10。从两个参比元素算出的富集因子值进行综合分析得出,正阳黄土古土壤与洛川黄土具有同源性。研究表明,洛川黄土来源于西北风尘沉积物(刘东生,1985),所以结合前人研究成果和元素富集因子值及其分布模式,推测正阳黄土古土壤同样来自西北堆积物(包括近源物质来自西北堆积物)。

而CaO、Na_2O、K_2O的富集因子较小,这可能与这些元素易淋溶迁移的地球化学特性有关,特别是CaO在地层中易淋滤富集,形成结核层,降低了土层中CaO的含量。正阳地区降水量比西北黄土高原地区高，更加剧了 CaO 的淋滤作用。因此，土层中 CaO 的含量比西北黄土高原低，K_2O 的亏损是因为黄土沉积物中斜长石矿物受到风化蚀变的结果；Na 在化学风化时非常活跃，迁移能力最强，因此，易通过迁移损失、亏损。

表 4　　正阳黄土化学元素富集因子

富集因子	SiO_2	Al_2O_3	Fe_2O_3	K_2O	Na_2O	CaO	MgO	Zn	P	Pb
EF(Ti)	0.75	0.77	1.39	0.19	0.51	0.33	0.66	0.71	2.21	1.31
EF(Mn)	0.96	0.99	1.77	0.24	0.66	0.42	0.84	0.91	2.82	1.32

4　粒度的沉积环境判别

根据不同沉积相的沉积物粒度参数的统计特征，可以找出判别不同沉积环境和不同沉积作用的环境指标值。前人得出了黄土风成沉积与水成沉积之间沉积环境判别的一个经验参数——环境判别参数 Y，并在沉积物判别中得到较好的应用(Sahu，1964)：

$$Y=-3.5688MZ+3.7016\delta^2-2.0766SK+3.1135KG$$

式中　MZ——中值粒径；

δ——标准差；

SK——偏度；

KG——为峰态。

Sahu 研究表明，风成沙丘的环境判别参数 $Y<-2.7411$(Sahu，1964)。鹿化煜等人研究表明，典型风成沉积物的环境判别参数 Y 皆为负值，而水成沉积物的环境判别参数 Y 则大部分为正值(鹿化煜等，1999；于学峰等，2006)。

本研究将正阳黄土粒度数据导入计算，得出图 9 所示 Y 值图。通过图 9 发现，正阳黄土的判别值 Y 值波动较大，介于 $-15.09\sim-3.05$ 之间，平均值为 -11.01，均为负值，与风尘黄土的判别值 Y 值一致。

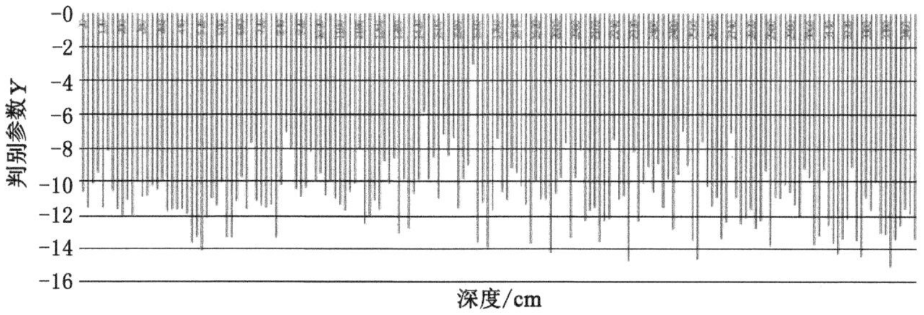

图 9　正阳黄土环境判别参数 Y 值图

5　正阳黄土成因

粉砂组分被称为黄土的"基本粒组"，正阳黄土的粒度组成以粗粉砂(10～50 μm)为主，这一组分高达 48.82%。这是风尘黄土的基本粒组，也是风尘黄土的重要标志之一。

如果该区黄土与西北黄土为一个风成系列，理论上正阳黄土的粒径应该比西北黄土细，但从测试结果看，该区黄土平均粒径比西北黄土大，说明有近源物质掺入。从粒度特征对成因的指示意义来看，黄土中的粗、细粒组分分别受到东亚季风主导的近地面气流与西风带控制的高空气流影响形成，正阳黄土也可能经过类似的风力搬运形成。

6 结论

通过对正阳地区 Q_2 地层取样、揭露剖面，从地层岩性、粒度频率分布曲线特征、粒度特征、常量元素、富集因子、环境判别参数等方面进行了分析研究，初步判断该地区 Q_2 黏性土为风积黄土。

参考文献

[1] 刘东生等. 黄土与环境[M]. 北京：科学出版社，1985.

[2] 刘东生. 黄土与干旱环境[M]. 合肥：安徽科学技术出版社，2009.

[3] 张华. 大别山北麓罗山黄土古土壤古环境信息研究[D]. 合肥：合肥工业大学，2012.

[4] 何忠. 河南禹州全新世风成黄土-土壤物质来源与沉积动力研究[D]. 西安：陕西师范大学，2006.

[5] 杨一鸣，黄春长，庞奖励. 淮河上游全新世风成黄土-土壤物质来源研究[J]. 地理与地理信息科学，2005，21(1)：43-46.

[6] 李徐生，杨达源，鹿化煜. 皖南风尘堆积序列氧化物地球化学特征与古气候记录[J]. 海洋地质与第四纪地质，1999，19(4)：75-82.

[7] 任少芳. 下蜀黄土地层的色度特征及环境信息[D]. 上海：华东师范大学，2001.

[8] 蒋富清，李安春. 冲绳海槽南部表层沉积物地球化学特征及其物源和环境指示意义[J]. 沉积学报，2002，20(4)：680-686.

[9] SAHU B K. Depositional mechanisms from the size analysis of clastic sediments[J]. Journal of Sedimentary Petrology，1964，34：73-83.

[10] 鹿化煜，安芷生. 黄土高原红粘土与黄土古土壤粒度特征对比：红粘土风成成因的新证据[J]. 沉积学报，1999，17(2)：226-232.

[11] 于学峰，周卫健，刘晓清，等. 青藏高原东部全新世泥炭灰分的粒度特征及其古气候意义[J]. 沉积学报，2006，24(6)：864-868.

矿产地质

登封市申家沟铝土矿矿体特征及找矿方向分析

梁　珂，周　莉

摘　要：本文通过对登封市申家沟铝土矿的区域成矿地质背景、矿区及矿床地质特征的研究，总结了本区铝土矿的沉积富集条件及找矿标志，认为本区铝土矿含矿岩系发育，铝土矿体层位稳定，找矿潜力巨大。

关键词：申家沟；铝土矿；矿体特征；潜力评价

1　区域成矿背景

矿区大地构造位于华北板内区嵩箕构造分区嵩箕断隆东南隅荟萃山-风后岭背斜的南西翼，南与华熊地块毗邻，东与周口坳陷相接。矿区受两弧（白沙向斜、段沟向斜）夹一隆（角子山背斜）构造型式的影响。成矿区划位于嵩箕铝（黏）土矿成矿亚区，王村-扒村铝（黏）土矿成矿带上。

嵩箕地区自嵩山运动后，所经历的构造运动主要为升降运动。自中奥陶世末，本区隆起上升遭受风化剥蚀，使整个豫西地区夷为准平原状态，寒武系和奥陶系的灰岩遭到微弱岩溶侵蚀，形成较浅及小的岩溶凹地。到晚石炭世早期，本区开始下沉接受沉积，豫西的铝土矿主要在这个时代开始形成[1]。铝土矿主要产在寒武系、奥陶系与石炭系上统的不整合接触面上。之后受燕山期运动影响较大，使铝（黏）土矿及结晶基底之上的中生代地层造成北西向开阔的背斜、向斜构造，岩层被多组断层先后切割，对矿体有一定程度的破坏。

2　矿区地质特征

2.1　地层

本区地层分区属于华北地层区豫西分区嵩箕小区，区内出露地层由老到新依次为：奥陶系中统马家沟组（O_2m），石炭系上统本溪组（C_2b）、太原组（C_2t），二叠系下统山西组（P_1s）。地层出露简单，铝土矿埋藏较浅[2]。图1所示为申家沟铝土矿地质简图。

中奥陶统马家沟组（O_2m）岩性单一，灰色、青灰色中厚层～厚层状石灰岩组成。上部常有角砾状灰岩层，颜色多为肉红色或浅紫红、灰色，含铁质较高。该组灰岩与上覆本溪组呈平行不整合接触，为含矿岩系直接底板。

上石炭统本溪组（C_2b）为本区主要含矿岩系，是一套连续沉积的铁质铝（黏）土质岩石，可分为三段：下段主要为铁质黏土岩；中段为铝土矿层的主要富集层位，岩性为含铝的黏土岩；上段为黏土质页

梁珂：男，1989年生，山西阳城县人。本科，地质学专业，助理工程师，主要从事地质矿产勘查工作。河南省有色金属地质矿产局第四地质大队。

周莉：河南恒瑞矿业有限公司。

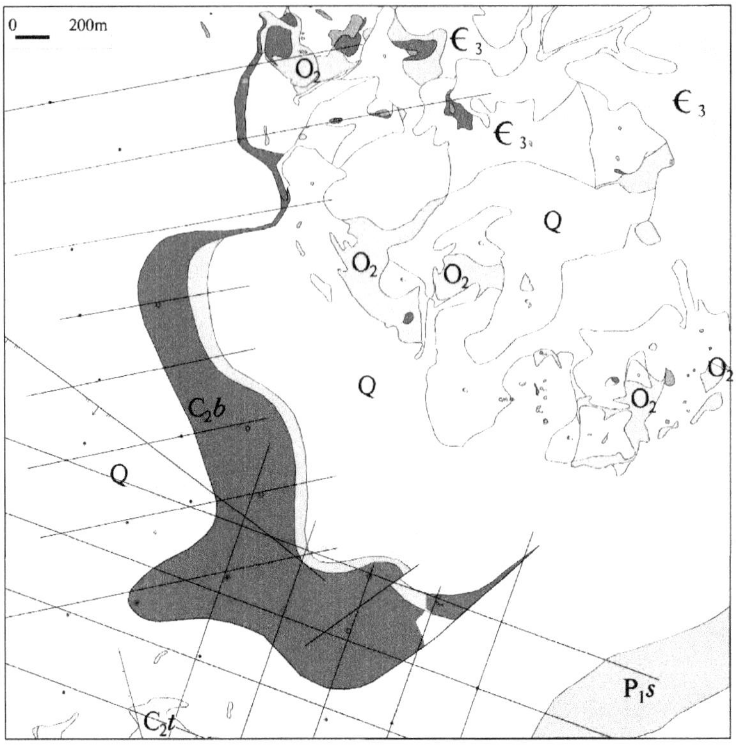

图 1 申家沟铝土矿地质简图

岩段，常常缺失。其厚度受古地形控制，变化大，厚度为 5.84～22.40 m，一般厚度为 8 m 左右。

石炭系上统太原组(C_2t)主要为泥岩、砂质泥岩、细砂岩，夹多层石灰岩及薄煤层，石灰岩常含古生物碎屑化石和丰富的蜓科化石。与下伏本溪组呈整合接触。其厚度为 67.00～82.60 m。

二叠系下统山西组(P_1s)底部为浅灰色长石石英细砂岩或砂质黏土岩，中下部为二$_1$ 煤层，中上部为砂质泥岩、细-中粒长石石英砂岩，夹薄层煤层。岩层面含植物化石碎片及白云母片。其厚度为 53.30～122.59 m。

2.2 构造

该区地处白沙向斜西北部转折端处，位于次一级褶皱新登背斜的倾伏端；该背斜轴向 NE～SW，向南西倾伏。在矿区东北部核部出露寒武系(ϵ_3)和奥陶系中统马家沟组(O_2m)地层，两翼断续出露石炭系上统本溪组(C_2b)及太原组(C_2t)地层，在矿区西部及南部零星出露石炭系上统太原组(C_2t)及二叠系下统山西(P_1s)地层。

该背斜北西翼岩层倾向 210°～300°，倾角 10°～15°；南东翼岩层倾向 210°～145°，倾角 1°～13°。在矿区内隐伏含矿岩系露头成弧形环绕其核部向南西倾伏。

2.3 含矿岩系地质特征

根据钻孔揭露，本溪组地层厚度不大，但岩性较为复杂，自下而上分三段。

(1) 铁质黏土岩段(C_2b^1)：该段由紫红色、杂色铁质黏(铝)土岩(惯称铁质黏土岩)组成。含黄铁矿、菱铁矿结核或铁质浸染体，富集处可形成铁矿体。其矿体呈不规则透镜状、似层状和鸡窝状，分布零星。可氧化而变成由赤铁矿、褐铁矿组成的山西式铁矿层。

本段岩石一般为泥质结构，内碎屑结构，少量鲕状结构。主要由显微鳞片状高岭石、水云母黏土矿物和褐铁矿组成。重矿物见有电气石、榍石、锐铁矿等。碎屑主要为水铝石铝土矿、铝质黏土岩和少量石英。碎屑呈次棱角状、棱角状，粒度 0.02～5 mm，但以粉砂级为主。碎屑在岩石中分布很不均匀，含量有时高达 40%以上，致使局部富集成黏土矿或铝土矿体，其矿体长度不大，多成透镜状、鸡窝状，在平面上分布零星。

本段岩石在化学成分上，一般以铝硅比值小于 1 或等于 1、氧化铁含量普遍比上覆岩层高为特征。

(2) 铝(黏)土质岩段(C_2b^2)：由灰色、灰白色铝(黏)土质岩夹铝土矿和耐火黏土矿组成，系矿区主要的含矿层位。岩石类型主要为铝质黏土岩($Al_2O_3$44.80%～71.75%)和少量黏土岩($Al_2O_3$37%左右)。铝土矿一般呈似层状、透镜状，赋存于本段的中部。铝土矿厚度一般为 0.66～8.35 m。耐火黏土以高铝黏土为主，少量硬质黏土。高铝黏土只见于铝土矿顶层、底板层位。耐火黏土多呈鸡窝状、小透镜状，而且分布零星，厚度一般较小，常在 0.80～2.00 m 之间。

本段岩石常具碎屑结构、晶粒状结构、鲕豆结构和泥质结构，偶见凝胶结构。碎屑成分主要为固结的水铝石质、黏土质碎屑。碎屑形态比较复杂，多呈次棱角状、次圆状、圆状、椭圆状。碎屑排列具有定向性，粒度最大达几十毫米。鲕豆粒形态呈圆状、椭圆状，核心一般为水铝石，外环由高岭石、水铝石交替形成；也有的核心为高岭石或水铝石，外环却由结晶不同的水铝石组成。鲕豆粒和碎屑的胶结物常是隐晶状黏土矿物，有时也有隐晶状或晶粒状水铝石。总之，岩石组成矿物主要为一水铝石，少量水云母和褐铁矿。重矿物有电气石、锆石、磷灰石和刚玉。

本段岩石在化学成分上，一般铝硅比大于 1，铁含量较低。

(3) 黏土质页岩段(C_2b^3)：主要由紫红色、褐黄色、黑紫色黏土质页岩、碳质页岩和煤层(线)组成。

黏土质页岩是本段的主要岩性。岩石呈泥质结构，页理发育，主要由高岭石、水云母组成，与铝(黏)土质岩段界线一般比较清楚。岩段厚度小是本段的主要特征，厚度均在 0.5 m 以下，大部分地段缺失。

3 矿床地质特征

3.1 矿体特征

据钻孔验证，申家沟铝土矿主要分布于登封市告成镇吴家村、冶上村、水峪村和王窑村，赋存于石炭系上统本溪组中上部，与下伏奥陶系中统马家沟组灰岩呈平行不整合接触关系，与上覆太原组灰岩呈整合接触关系。矿体在平面上的分布形态呈扇形分布，剖面上呈似层状、透镜状(见图 2)。矿体南东、西、南部为工业矿体，北部为低品位矿体。矿体被两条北西向断层、一条南北向断层和一条东西向断层破坏成 3 个大块段。矿体厚度 0.80～5.81 m，平均厚度 2.30 m，Al_2O_3 品位 42%～68%，铝硅比 1.8～6.9，平均 3.5。矿体沿走向长 2 518 m，沿倾向长 1 460 m。矿体呈似层状，倾向 200°～265°，倾角 1°～14°。矿体厚度变化系数 58%，厚度变化较稳定。矿体埋深较浅，在地表以下 10～80 m。

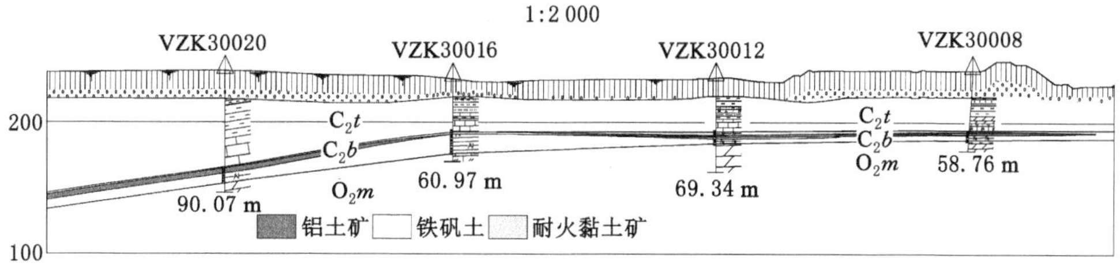

图 2 申家沟 V300 勘查线剖面图

3.2 矿石成分

根据区内的铝土矿矿石X射线鉴定报告，矿石中的矿物成分主要是为一水硬铝石；其次是伊利石、黄铁矿、蒙脱石、绿泥石、石英、褐铁矿、锐钛矿；还有少量的锆石。

一水硬铝石：含量约50%～77%，呈隐晶状、微晶状、结晶粒状、鲕粒状和碎屑状集合体。结晶粒状粒径为0.01～0.05 mm，鲕粒状粒径为0.2～0.8 mm，屑径为0.1～2.0 mm。

伊利石：含量约20%～50%，主要出现在低品位铝土矿中，呈鳞片状集合体。结晶粒状粒径为0.005～0.01 mm，部分粒度小于0.005 mm；少部分为蒙脱石和高岭石，混杂于伊利石间。

高岭石：含量约10%～30%，呈隐晶状、显微粒状、鳞片状，有重结晶并相对集中的现象。分布在一水硬铝石颗粒间，有的组成环带，主要还是在胶结物中。

褐铁矿：含量约5%～10%，呈粉尘状，以污染物状态分散出现为主，其次出现在胶结物里或裂隙中。

3.3 矿石结构构造

碎屑状结构：碎屑物由隐晶质、结晶粒状一水硬铝石及部分高岭石、黏土矿物等组成。碎屑呈棱角状、次棱角状、半圆状、滚圆状，有定向排列现象。碎屑颗粒大小分选性差，砾屑、砂屑、粉砂屑混杂分布，以砂屑为主，粒径为0.1～2.0 mm，砂屑、粉砂屑次之，碎屑含量一般30%左右。胶结物为粒状一水硬铝石、高岭石、黏土矿物、铁质、有机质等。胶结类型多为基底式胶结。

豆鲕状结构：豆鲕由大于2 mm的豆和小于2 mm的鲕组成。豆鲕多呈不规则的椭圆形、圆形，少数呈拉长形，长轴沿层面平行分布。鲕径一般为0.2～0.6 mm；豆径一般为2～4.5 mm，少数可达6.0 mm左右。豆鲕分布不均匀，多呈稀疏状产出，含量10%～30%。豆鲕内部构造发育程度不同。大部分由核心及同心圆构造，鲕核为显微结晶状水铝石和显微鳞片状高岭石和伊利石，同心圆由一水硬铝石与高岭石相间分布组成；部分豆鲕无核心和同心圆，呈假鲕结核；少数鲕粒脱水收缩形成的裂隙又被后期水铝石充填。

致密状结构：由隐晶质一水硬铝石、高岭石、伊利石和少量微粒状黏土组成。一水硬铝石呈凝胶状、隐晶胶状。高岭石和伊利石呈晶簇状、隐晶胶状、鳞片状，沿凝块边缘或一水硬铝石相间分布。

本区铝土矿主要构造类型有致密块状、层状、蜂窝状构造。

4 成矿条件和找矿标志

4.1 成矿条件

含铝岩系分布在奥陶系(局部为寒武系)灰岩的侵蚀面上，在中奥陶世浅海相碳酸盐沉积之后，地壳上升，古陆上的铝硅酸盐岩及基底的碳酸盐岩遭受充分的化学作用，活泼的K、Na、Ca、Mg等元素被带走，Al、Ti、Fe等元素残留原地，形成富含铝的残留型红土层，其后经历的地质构造运动，SiO_2、铁质被溶蚀带走，使矿石更富铝贫硅，形成优质铝土矿床。

沉积盆地中的岩溶漏斗不仅是沉积成矿的重要场所，一些漏斗状的厚大矿体常常又是富矿的产出部位。成矿后的断裂构造，可以使矿体的连续性遭到破坏，同时它又改变了矿体的埋藏条件，还由于构造裂隙的发育，加剧了地下水的循环，有助于次生风化脱硅去铁作用的进行。

4.2 找矿标志

地层：本地区是上石炭统广泛分布的地区，含矿岩系基底岩石为比较纯的奥陶统厚层状石灰岩或寒武统的白云岩，此种岩石易于喀斯特化，有利于优质铝土矿聚集。

古地理-岩相标志：在准平原化的古陆边缘，不仅含有丰富的物源来源，还可以提供成矿时的古地理环境，也是古岩溶和次生岩溶发育的有利地区。

煤层标志：有煤层的地方，下部必有铝土矿含矿岩系存在，而且在整个登封地区，$二_1$ 煤层的深浅预示着铝土矿矿层的深浅。

5 找矿方向分析

根据区域成矿地质背景及已发现矿床的研究认为，本区铝土矿沿地层倾向方向向深部延伸成矿条件依然较好。

根据现有资料统计，本溪组厚度一般 1.03～32.11 m，厚度变化大。该组厚度与铝土矿层厚度二者呈正相关。铝土矿的厚度变化严格受基底古岩溶地形的控制。在古侵蚀面的低凹处，即古岩溶洼斗处，含矿岩系厚度大，含矿率高，矿石质量最佳，容易形成较富的窝状矿体，是勘查中应注意寻找的地段。

参考文献

[1] 朱东晖，李国平，郭保健，等.河南省铝土矿[M].北京：地质出版社，2012.

[2] 薛亚飞，罗明强，李铁军，等.河南省禹州煤田煤下铝（黏）土矿普查（阶段）报告[R].河南省有色金属地质矿产局第四地质大队，2015.

方城县韩家庄稀有元素矿体特征与找矿方向

韩靖龙,方庆银,安风雷,芦光播

摘　要:方城县韩家庄稀土矿位于华北陆块南缘北秦岭东段北侧,紧邻栾川-明港断裂,在区域上属于多金属成矿有利地段。采用地面γ测量、工程γ编录、γ测井、样品分析等地物化综合探矿方法,对该矿做了较为详细的勘查,进一步明确了该矿分布及其成矿特征。结果表明,该矿以铌、钇为主,伴生元素有铀、钍、钽、镱、铈、镧等,矿化(体)赋存在石英脉或石英-重晶石脉、细晶岩脉、蚀变破碎带中,以细晶岩脉为主要含矿体。

关键词:韩家庄稀土矿;成矿特征;细晶岩脉

方城县韩家庄铀重稀土矿发现于20世纪60年代[1-2],限于探矿技术手段和任务,当时基本查清了铀、钍分布特征及规模,未对稀有元素做进一步研究。目前对韩家庄地区铀、钍、稀有、稀土元素做进一步研究,利用地物化等多种手段,对该矿成矿机理、矿体特征及分布规律有了更进一步的认识,取得了很好的探矿效果,也为寻找同类型矿床提供了可供借鉴的方法。

1　地质概况

1.1　区域地质特征

矿区地处秦岭山脉东段、南阳盆地北部、伏牛山东麓(如图1)。出露有中元古界宽坪群和熊耳群、上元古界栾川群和下古生界陶湾群地层。以栾川-明港断裂为界,北属华北地层区,区域地层具有基地和盖层二元结构,盖层主要由中元古界中-酸性火山岩、碎屑岩-碳酸岩、粗面岩、三岔口组砾岩夹碎屑岩、陶湾(岩)组碎屑岩、碳酸盐岩组成。南为北秦岭地层分区,区域深大断裂对本区沉积地层的展布、岩浆侵入、区域变质作用、构造热液活动及其成矿作用发生和演化等起到了重要的控制作用[3-4]。

矿区内构造十分发育。主要为栾川-明港断裂多期次、多阶段活动派生的次级断裂,主要有北西南东向和北东向两组。其次为褶皱构造。

区域岩浆活动强烈,岩浆岩分布广泛。中元古代的酸性岩、晚元古代酸性及碱性岩、加里东期基性岩及燕山早期和晚期的酸性-中性岩,在本区及周边大面积出露。其岩性为:变花岗斑岩;变正长岩、变正长斑岩、变石英斑岩和变霞石正长岩;辉长岩;似斑状斜长花岗岩、黑云母闪长岩和石英闪长岩;细粒二长花岗岩、细粒斜长花岗岩和钾长花岗岩。此外,还分布有一定数量的石英、辉长岩、花岗岩、细晶岩。矿化与石英脉或石英重金石脉、细晶岩、蚀变破碎带有密切关系。

韩靖龙:男,物探工程师,主要从事地球物理勘查技术的应用与研究。河南省核工业地质局。
方庆银:河南省核工业地质局。
安风雷:河南省核工业地质局。
芦光播:河南省核工业地质局。

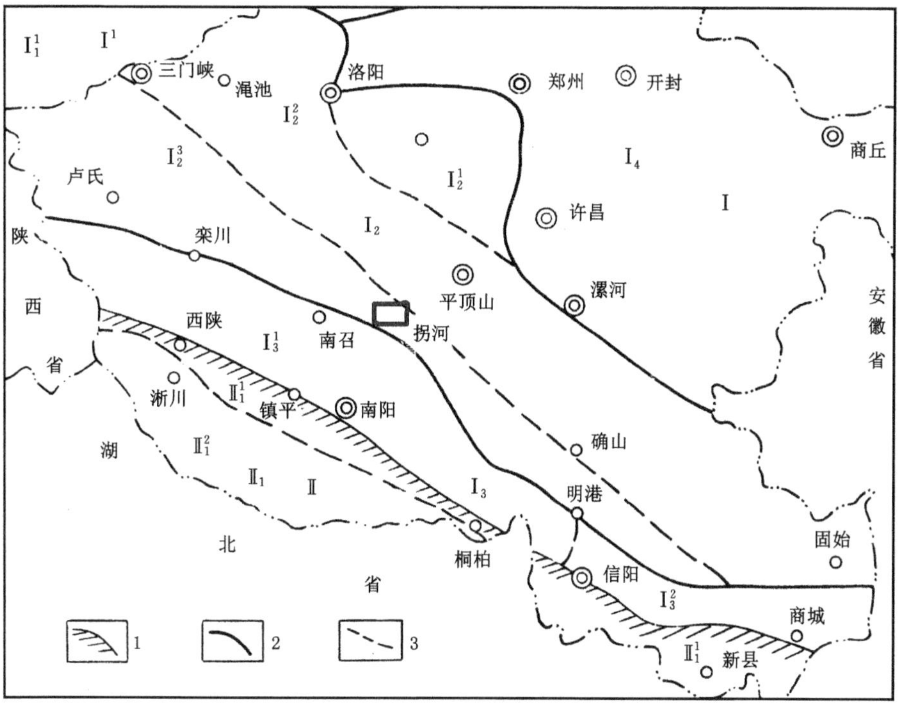

图 1　河南省综合地层区划图

1——地层区界线；2——地层分区界线；3——地层小区界线

Ⅰ——华北地层区：$Ⅰ_1$山西分区：$Ⅰ_1^1$ 太行小区；$Ⅰ_2$豫西-豫东南分区：$Ⅰ_2^1$ 嵩箕小区，

$Ⅰ_2^2$渑确小区（渑池-确山），$Ⅰ_2^3$ 卢明小区（卢氏-明港）；$Ⅰ_3$ 北秦岭分区：

$Ⅰ_3^1$ 南召小区，$Ⅰ_3^2$ 信商小区（信阳-商城）；$Ⅰ_4$华北平原分区。

Ⅱ——扬子地层区：$Ⅱ_1$ 南秦岭分区：$Ⅱ_1^1$ 西大小区（西峡-大别山），$Ⅱ_1^2$ 淅川小区。

1.2　矿区地质特征

矿区位于向斜构造轴部，向斜被岩浆活动所破坏，地质条件复杂。区内地层出露面积小，岩浆活动强烈，属多次侵入。区内出露地层主要为中元古界熊耳群(Pt_2xn)、上元古界南泥湖组中段(Pt_3n^2)和上段(Pt_3n^3)、煤窑沟组下段(Pt_3m^1)和中段(Pt_3m^2)以及第四系(Q_4^1al)。

矿区内断裂构造仅见北西向一组，位于韩家庄正南至浅水湖东，为元古代变花岗斑岩和南泥湖组中段的接触界线，长大于 1.8 km，倾向西南，倾角 45°。

矿区内岩浆活动强烈，为多时代多期次侵入。韩家庄一带共经历了从中元古代、晚元古代、加里东期到燕山早期和燕山晚期五个阶段的岩浆入侵活动。区内出露的主要岩浆岩有：王家营岩体，岩性为变花岗斑岩($\gamma_2^2\pi$)；王家沟岩体，岩性为斜长花岗岩(γ_5^2o)；七顶山岩体，岩性为斜长花岗岩(γ_5^3o)；河北岸岩体，岩性为二长花岗岩($\eta\gamma_5^3$)；变石英正长岩小岩株($\xi_2^3\pi$)。出露的岩脉主要有石英脉、细晶岩脉。

区内岩脉有石英脉和细晶岩脉，主要分布在韩家庄南部的斜长花岗岩、变花岗斑岩中，北北西向展布，长度一般 200～600 m，厚度 2～6 m，产状为 230°∠50°～55°。石英脉状穿插有重晶石小脉，稀土矿化与石英重晶石脉关系密切(如图 2 所示)。

1.3　矿化体地质特征

据资料统计，韩家庄一带斜长花岗岩、变花岗斑岩中有数量较多的石英脉或石英重晶石脉和细

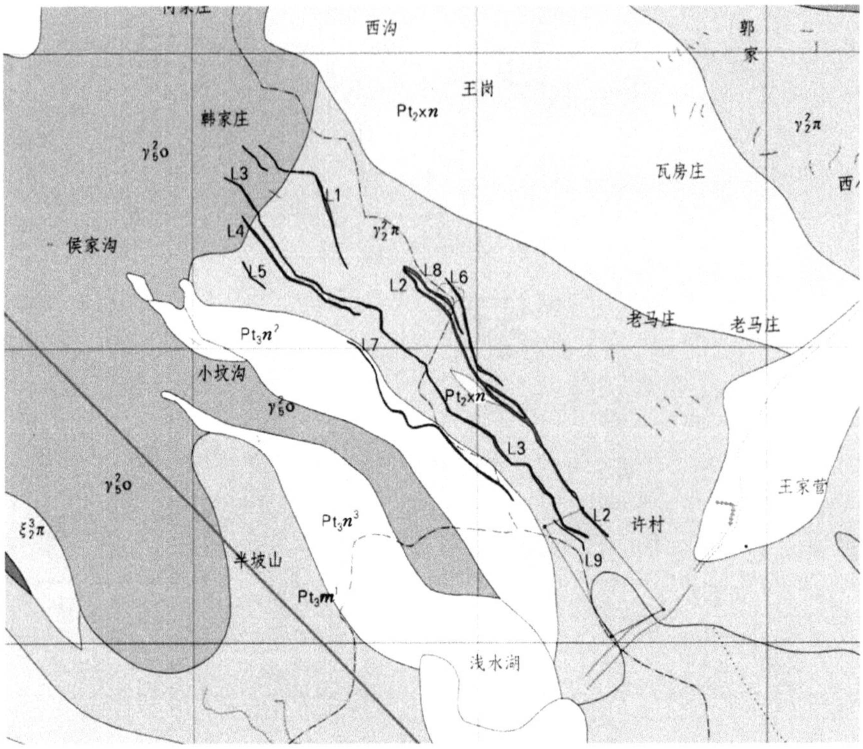

图 2　韩家庄铀重稀土矿地质简图

晶岩脉，长度一般为 200～600 m，厚度 2～6 m，地表放射性强度一般为 $50\times10^{-6}\sim300\times10^{-6}$，最高 $2\ 300\times10^{-6}$。矿化(体)赋存在石英脉或石英-重晶石脉、细晶岩脉、蚀变破碎带中，受脉体控制。脉体中铀、钍和稀有、稀土元素含量均较高，铀、钍含量一般为 $360\times10^{-6}\sim890\times10^{-6}$；在石英-重晶石脉中取样，经光谱半定量分析结果为：钇(Y)0.3%，镱(Yb)0.03%，此两项氧化物含量达工业品位；钍(Th)>0.3%；铈(Ce)≈0.1%；镧(La)≈0.1%。以重稀土为主，赋存状态主要为独立矿物褐钇矿和铌钇矿，少部分呈类质同相赋存在榍石和锆石中。

2　地球物理、化学特征

2.1　放射性特征

稀土矿往往和铀、钍等放射性元素共生[5]，韩家庄稀有、稀土矿也符合这一规律。在项目实施过程中，采用地面 γ 总量测量、探矿工程 γ 编录、γ 测井等大量的放射性测量手段。

本文只对本区主要的矿物五氧化二铌(Nb_2O_5)和五氧化二钽(Ta_2O_5)含量与放射性强度做了统计，参与统计样品为 Nb_2O_5 253 个、Ta_2O_5 31 个。通过 γ 强度与样品分析结果比较，放射性强度与稀有、稀土元素关系密切，稀有、稀土元素含量高，放射性比高；放射性高，不一定稀有、稀土元素含量高。由此可见，放射性 γ 射线是由多种放射性元素引起的，是多种元素含量高低的综合反映，放射性可以作为稀有、稀土元素重要的找矿标志之一，但与稀有、稀土元素含量的数学关系有待做进一步研究(如图 3、图 4 所示)。

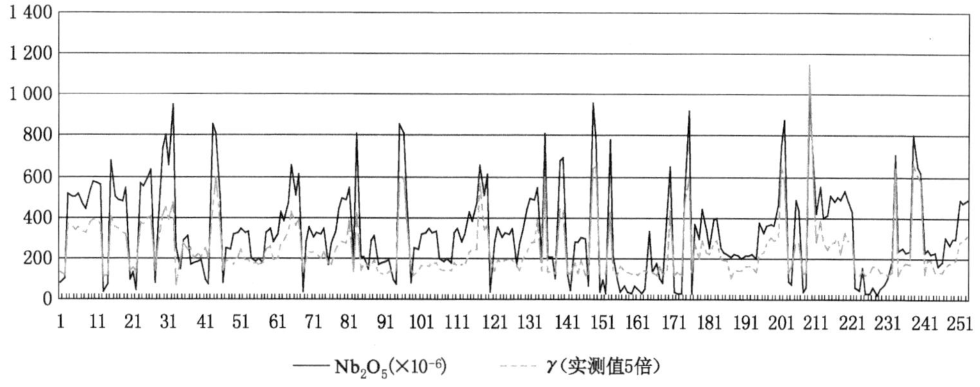

图 3　γ 强度与 Nb_2O_5 含量对比曲线

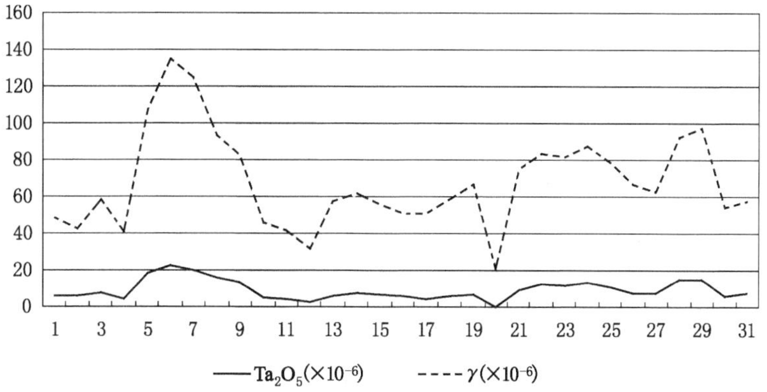

图 4　γ 强度与 Ta_2O_5 含量对比曲线

2.2　磁性特征

测试显示，本区稀有金属矿物和稀土矿物有 10 多种，主要矿物为铌铁矿和钽铁矿，其次为锰钽矿、钛铌钽矿、铌钛铀矿、褐钇铌矿等。Nb_2O_5、Ta_2O_5 在正长细晶岩中多以铌铁矿和锰钽矿形式存在，其物理特征为：铁黑色、板状、短柱状，强金属光泽，晶体以细粒为主，粒径 0.01～0.30 mm，其重要共生矿物有磁铁矿。笔者收集分析了大量有关该地区岩矿分析结果，认为该地区磁铁矿化与铌、钽等稀有元素关系密切，基本趋势为磁铁矿含量高的矿段，铌、钽含量也高。所以，磁铁矿可以作为该区铌、钽矿重要找矿标志。

2.3　地球化学特征

据 1∶50 万铀地球化学图分析，韩家庄一带存在呈北西向铀地球化学异常带，规模大、强度高(见图 5)，中心色区达 3.57～4.14。野外实测地表 γ 强度 160×10^{-6}～$4\ 000\times10^{-6}$，最高达 $8\ 000\times10^{-6}$；同时，测区还处于 1∶50 万 Nb、Ta 化学探测异常晕内，异常晕内带呈北西向分布，中心紧邻韩家庄，带内 Nb 异常强度大于 55.35×10^{-6}。由此可见，稀有、稀土元素和铀、钍等放射性元素关系密切。

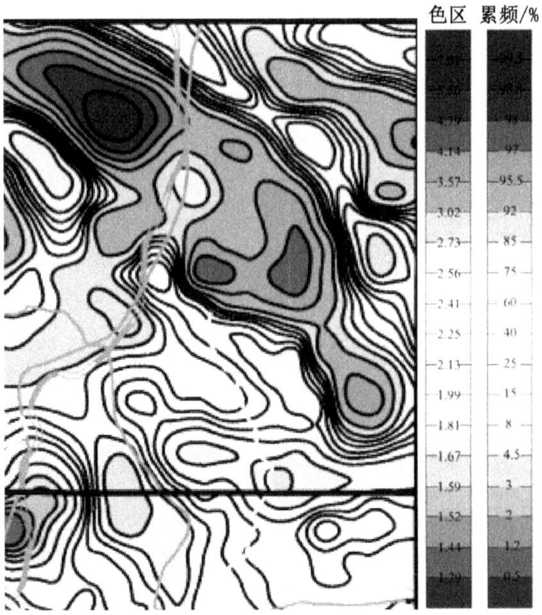

图 5　铀地球化学异常图

3　找矿标志

综上所述，综合地质成矿环境、地球物理特征、地球化学特征等，总结出韩家庄矿区稀有、稀土元素找矿标志：

(1) 放射性强度较高的石英脉或石英-重晶石脉、细晶岩脉、蚀变破碎带为稀有、稀土元素矿物富集区；

(2) 磁性较高的石英脉或石英-重晶石脉、细晶岩脉、蚀变破碎带为稀有、稀土元素富集区。

放射性测量、磁强度测量工作方法简单，易于野外操作，可以快速指示稀有、稀土矿的存在。

4　结论

韩家庄矿区所处位置独特，位于著名的秦岭-大别山多金属成矿带中心，地质活动强烈，成矿条件优越。通过半个多世纪的地质勘查，并随着探矿技术的不断进步，该区多金属成矿机理逐步趋于成熟，成矿规律更加明晰。相信根据成矿规律，“扩大老区，开辟新区，探索新类型”[6]，有望在该地区外围找到更大更富的稀有、稀土矿床资源。

参 考 文 献

[1] 方樟顺，宋大柯，张相岑，等. 方城碱性岩及毛集-尖山含铌铁矿花岗岩一九六一年地质普查总结报告[R]. 河南省地质局豫十三队，1962.

[2] 核工业中南地勘局三零八大队十一分队. 河南省方城县铀矿普查一九六二年地质报告[R]. 核工业中南地勘局三零八大队，1962.

[3] 雷大景，向媚. 河南省方城北碱性岩铌钽矿化及赋存状态[J]. 地质调查与研究，2017，40(1)：55-62.

[4] 李永峰. 豫西熊耳山地区中生代花岗岩类时空演化与钼(金)成矿作用[D]. 北京：中国地质大学(北京)，2005.

[5] 董春明，张志和，刘峙嵘. 共伴生放射性废渣合理化处置探讨[J]. 铀矿冶，2017，36(1)：46-50.

[6] 李靖辉. 河南省铀成矿规律与找矿前景分析[C]//河南地球科学通报 2008 年卷(上册)，2008.

非金属矿及非金属矿地下水化学找矿浅述

申硕果，张　南

摘　要：本文简要介绍了非金属矿产在人类社会中所起的作用，讨论了我国非金属矿产的现状，指出了当前面临的问题。探讨非金属矿的地球化学找矿方法，选取金刚石为例，认为在泥炭沼泽地区，泥炭地下水可能是表层地球化学勘查的一个有用介质，地下水地球化学可以为隐伏的岩石类型提供相关的信息。

关键词：非金属矿产；地球化学；金刚石；找矿方法

1　引　言

非金属矿产是指除能源矿产、金属矿产外，在当前经济技术条件下，可供工业上提取非金属化学元素、化合物或利用其特有的物理性质和工艺特性，为人类的经济活动所使用的矿物资源。国际上将非金属矿产称为工业矿物与岩石。

非金属矿产具有多种优异的物理化学性能，广泛应用于国防军工、交通运输、基础工业（如冶金、轻工、石化、机械、纺织、电子信息等）以及医药卫生、生物工程、环境保护等领域，是支撑国民经济的重要物质资源。现在，非金属的消费量和产值在世界矿产材料生产中已占据第一位，西方学者誉为“人类社会步入新的石器时代”[1]，非金属矿床的开发利用水平已成为衡量一个国家经济综合发展水平的重要标志之一。

2　我国非金属矿产资源现状

我国是世界上非金属矿产种类齐全、资源丰富的几个国家之一。20世纪初可供人类利用的非金属矿产约有60种，现在已达到200种以上。据统计，我国已开发利用的非金属矿矿种已达130种[2]，并随着科学技术进步和社会发展呈现加速增长的趋势。

通过近一个世纪的非金属矿产资源地质调查，我国已发现的矿产地超万处，储量丰富的矿产有菱镁矿、重晶石、滑石、石墨、硅质石、膨润土等。世界上业已发现的矿种我国几乎都有，目前已探明储量的矿产达87种，其中居世界首位的有石膏、石灰石、石墨和萤石等，居世界第二位的有滑石、硅灰石、石棉、膨润土和芒硝等，居世界第三位的有珍珠岩、沸石、硼石等，其次还有高岭土、铝土矿、天青石等，硅藻土、蓝晶石、伊利石、叶蜡石的潜在储量也很丰富[3]。通过系统深入的地质工作，我国还发现和勘察评估了一批世界上少见的特种非金属黏土类矿床，如凹凸棒石、累托石、沸石、海泡石等矿床，这些黏土类矿石具有优异的过滤吸附性功能，是新兴的环境保护产业的重要原料矿产[4-5]。我国非金属矿产品从数量和种类上均满足了我国建设的需要，而且大量出口，已建成了基本自给、

申硕果：女，河南唐河人。工程师，地球化学专业，主要从事地球化学及样品分析测试研究工作。河南省岩石矿物测试中心。
张南：河南省岩石矿物测试中心。

相对完整的非金属矿业体系。

3 非金属矿产成矿条件与成矿规律

我国非金属矿床的形成和分布受中国大陆古板块演化背景的控制。非金属矿的矿化与板块构造有着密切的关系。在中国大陆上，随着古板块的演化，不同的构造位置有规律地孕育着不同类型的非金属矿产资源，从而构成了中国非金属矿床形成和分布的若干规律[6]。如中生代以前主要形成与古板块聚合作用有关的变质矿床以及与聚合前后陆缘海中的沉积作用有关的矿床，矿带东西向延伸，成矿作用南北分带性较强；中生代开始主要形成与陆缘和岛弧火山作用、弧后陆内裂谷以及随于其后的风化和沉积作用有关的矿床，矿带北北东向延伸，成矿作用东西分带性较强。变质成因非金属矿床主要平行分布在中生代早期及其以前的古板块地缝合线附近。工业白云母矿床形成于残留下来的俯冲带中，温石棉、蛇纹石等矿床形成于蛇绿岩套之中，滑石和菱镁矿产在残留的已变质的海洋沉积层中；而主要的石墨矿床则形成于地缝合线向古陆一侧的高温变质岩带中，火山成因的非金属矿床多沿中生代以来的陆缘和岛弧火山带分布。沉积成因的非金属矿床在中生代早期及其以前多形成于古弧后陆缘海中，以后多沿陆内裂谷分布[6,7]。

不同的非金属矿床在地质历史中产出的时代也不尽相同，以硅藻土矿床为例，世界上最古老的硅藻土矿床不是只有侏罗纪早期，工业意义大的硅藻土矿床则主要发育于古近纪和新近纪。多数非金属矿床则随金属矿建造的地质演化，可以形成不同地质-构造时期的矿床形成高峰期，如在元古宙的镁质大理岩，在古元古代沉积期形成石灰岩、白云岩和菱铁矿岩的沉积矿床组合；在区域变质作用期（主要为晋宁期）可以形成菱镁矿（富化）、滑石、透闪石（包括软玉）、透辉石、蛇纹石（包括岫岩玉）、金云母等矿床组合；在中生代（主要为燕山期）岩浆侵入作用期形成水镁石、海泡石等矿床组合。

4 非金属地球化学找矿

地球化学勘查的目的，是查明那些在非均质地球化学场中，以元素在空间分布形式出现的与矿体有关的异常。这些异常位于有利的地质构造中，在矿体周围有元素的带入或带出的异常[7]。根据取样介质和研究目的，可分为岩石地球化学、水地球化学、生物地球化学和气体地球化学勘查方法等。非金属矿产有很多种，成因也有很多，本文选取比较典型的非金属矿产——金刚石，并结合相关的地球化学专业知识，来说明地球化学方法在金刚石找矿中的应用。

4.1 金刚石矿床的研究进展

20 世纪 70 年代以前，人们大都认为原生金刚石矿床只赋存于金伯利岩中。因此，很长一段时期，除砂矿外，金刚石主要发现于非洲南部、中部及西伯利亚雅库特地区的金伯利岩中。对于一些著名的金伯利岩筒，如南非的佩雷米尔，雅库特的和平、成功等，人们给予了很多关注。有关金伯利岩的岩石学、与金刚石伴生的矿物组合、金刚石矿床的成因和找矿模式等的研究都立足于几个典型金伯利岩体上[8]。

20 世纪 70 年代末，这一局面有所改观，在澳大利亚西北部钾镁煌斑岩中找到了金刚石矿床。人们的找矿视野扩大了，开始注意到其他地幔来源的岩石。如 Dibaev(1998)报道了 1996 年于乌兹别克斯坦南鲁拉套发现的产于碳酸岩中的金刚石矿化；Kaminsky(1998)报道了加拿大一处云煌岩中的金刚石矿化等[8]。金刚石产地也从传统的中-南非洲、雅库特地区拓展到俄罗斯的欧洲部分、澳大利亚西北、加拿大北部和哈萨克斯坦北部等。超镁铁质岩和地幔岩除金伯利岩外，在钾镁煌斑岩、云煌岩、碳酸岩中均发现了金刚石工业矿床或矿化。更重要的是走出了深成岩浆岩禁区，在变质岩中也找到了金刚石工业矿床。

4.2 金刚石矿床的找矿方法

由于许多金伯利岩都带有磁性，因此，以前寻找金伯利岩都会使用物探的方法。然而，金伯利岩并不总是带磁性的，磁异常也不一定都是金伯利岩。而且，在全球尺度上，北半球发现了大量的金伯利岩区，如俄罗斯和芬兰[9]，这些地方的泥炭沼泽区都很常见[10]。为了判定沉积覆盖区的地球物理响应是否是金伯利岩，冰冻区的表层地球化学勘查常借助于冰碛物和土壤[11-12]以及近来的泥炭[13]。

Sader 等[14]近来研究了位于加拿大安大略湖北部詹姆士湾低地(James Bay Lowlands)的金伯利岩。这个低地的面积将近 30 万 km^2，是地球上连绵不断的最大泥炭沼泽之一。在詹姆士湾低地，除了 Attawapiskat 金伯利岩区之外，还有好几个金伯利岩体组成的 Kyle 湖金伯利岩区。很可能在这两个区域之间还有一些没有发现的其他金伯利岩体。沼泽地区的地球化学勘查中，由于地表有大量的泥炭藓，所以传统的矿化土壤采样的方法并不可行。而詹姆士湾低地主要由水泡过的泥炭组成，泥炭地下水可能是表层地球化学勘查的一个有用介质。地下水地球化学勘查已经可以为隐伏的岩石类型提供相关的信息，也已经有效地用于寻找复杂地质背景中矿床[15]。近地表介质的地球化学异常响应，主要是一定深度风化过程中水-矿相互作用的结果[16-17]。

来自泥炭和其他地质单元的地下水是良好的地球化学勘查介质[15,17]。学者们的研究表明，泥炭地下水中的金伯利岩探途金属元素与金伯利岩的上涌地下水有很大的关系。浅部泥炭地下水可用于寻找湿地的隐伏金伯利岩，并且如果存在隐伏的金伯利岩，泥炭地下水中会有金属异常。金伯利岩很容易在低温条件下蛇纹石化[17]，与流经其他岩体类型的地下水[15]相比，这将导致流经这些岩体的地下水地球化学异常。而且，通过地球化学对比，来自石灰岩或 Tyrell 海相沉积物的水也能用于湿地金伯利岩的地球化学勘查。

在北半球较大的克拉通中，寻找那些还没发现的含金刚石的金伯利岩的潜力还是很大的[9]。由于这些地方普遍有广泛的湿地和沼泽，其中较浅的地下水可以作为一个地球化学勘查工具，以弥补物探法的不足。其他的侵入体，如正长岩和基性岩，也表现出了类似于金伯利岩的地球物理特征。钻探之前，表层水地球化学方法能帮助确定一个地球物理异常是否是金伯利岩。这些研究，为我国的矿业走出去开阔了视野，奠定了良好基础。

5 展望

当前我国正进入产业结构调整期，以电子、信息、生物医药、航空航天、海洋开发等相关的高技术和新材料产业正在不断壮大，其中对相关非金属矿物原材料既有量的巨大需求，也有对非金属矿物原材料的特殊性能要求，寻找能满足此类需求的非金属矿床还需要不断加强对非金属矿床的技术物理性能的研究和有针对性的地质勘查工作。冶金、化工、建材、机械、能源、轻工等传统产业同样面临产业升级，与非金属矿产和矿产品的深度加工密切相关，也是非金属矿床地质学的研究和地质勘查工作的新机遇。

参考文献

[1] 邓心安，高璐. 经济时代的发展阶段及其划分标志[J]. 中国科技论坛，2006(2)：111-114.

[2] 徐惠忠. 中国非金属矿床构造-建造分类初探[J]. 中国非金属矿工业导刊，1990(3)：33-35.

[3] 徐立铨，秦定惠. 中国非金属矿工业跨世纪发展战略与对策浅议[J]. 中国非金属矿工业导刊，1998(1)：11-12.

[4] 汪镜亮.当前非金属矿的开发及趋势(上)[J].矿产保护与利用,1992(5):42-47.

[5] 汪镜亮.当前非金属矿的开发及趋势(下) [J].矿产保护与利用,1992(6):44-49.

[6] 陶维屏.中国非金属矿床形成和分布的若干规律——中国的非金属矿床和板块构造[J].地质学报,1988(2):143-156.

[7] 秦大地.非金属矿产的地球化学勘查方法[J].中国非金属矿工业导刊,1986(3):32-38.

[8] 涂光炽.从一个侧面看矿床事业的发展——若干重要矿床领域的新进展及找矿思维的开拓[J].矿床地质,2002,21(2):97-105.

[9] JANSE A J A,SHEAHAN P A. Catalogue of world wide diamond and kimberlite occurrences:a selective and annotative approach[J]. Journal of Geochemical Exploration,1995,53(1-3):77-111.

[10] FRENZEI B. Mires-repositories of climatic information or self-perpetuating ecosystems[M]//Gore A J P, Editor. Mires: swamp, bog, fen and moor. Amsterdam, Oxford, NewYork: Elsevier Scientific Publishing Company.

[11] MANN A W,BIRRELL R D,MANN A T,et al. Application of the mobile metal ion technique to routine geochemical exploration[J]. Journal of Geochemical Exploration,1998,61(1-3):87-102.

[12] CAMERON E M, HAMILTON S M, LEYBOURNE M I, et al. Finding deeply buried deposits using geochemistry[J]. Geochemistry:Exploration,Environment,Analysis,2004,4(1):7-32.

[13] HATTORI K H,HAMILTON S. Geochemistry of peat over kimberlites in the Attawapiskat area,James Bay Lowlands,northern Canada[J]. Applied Geochemistry,2008,23(12):3767-3782.

[14] SADER J A,HATTORI K H,KONG J M,et al. Geochemical responses in peat groundwater over Attawapiskat kimberlites,James Bay Lowlands,Canada and their application to diamond exploration[J]. Geochemistry: Exploration,Environment,Analysis,2011,11(3):193-210.

[15] LEYBOURNE M I,CAMERON E M. Groundwater in geochemical exploration[J]. Geochemistry:Exploration, Environment,Analysis,2010,10(2):99-118.

[16] LEYBOURNE M I,CAMERON E M. Composition of ground waters associated with porphyry-Cu deposits, Atacama Desert,Chile:Elemental and isotopic constraints on water sources and water-rock reactions[J]. Geochimica et Cosmochimica Acta,2006,70(7):1616-1635.

[17] SADER J A,LEYBOURNE M I,McCLENAGHAN M B,et al. Low-temperature serpentinization processes and kimberlite groundwater signatures in the Kirkland Lake and Lake Timiskiming kimberlite fields,Ontario, Canada:implications for diamond exploration[J]. Geochemistry: Exploration,Environment,Analysis,2007,7(1):3-21.

河南省海陆过渡相页岩有机地化特征及含气性

瓮纪昌，王　鹍，魏振伟

摘　要： 为评价河南省上古生界山西组、太原组泥页岩有机地化发育特征及含气性，本文通过对该区牟页1井岩芯样品的有机地球化学特征进行系统性分析，发现山西组、太原组泥页岩具有有机碳含量中一高（山西组、太原组TOC分别为1.74%、2.73%）、热演化程度高（R_o>3.0%）以及惰质组含量高等特点。利用解析法对岩芯进行含气量测试，表明山西组、太原组地层具有较高的含气量，其含气量分别为1.82 m^3/t、2.64 m^3/t，显示出河南省上古生界山西组、太原组具有良好的页岩气勘探开发潜力。

关键词： 页岩气；海陆过渡相；有机地化；含气性

0　引言

北美页岩气的成功开发在全球范围内引发页岩气勘探开发热潮。为了抢占发展机遇，优化能源发展结构，在借鉴北美页岩气勘探开发成功经验的基础之上，我国从2008年开始对中国富有机质泥页岩的发育及分布展开研究。与美国泥页岩以海相成因为主不同的是，中国在多旋回的构造背景下发育了下古生界海相、上古生界海陆过渡相和中-新生界陆相三类富有机质泥页岩，且这三类泥页岩均为中国含油气盆地中极为重要的烃源岩[1-2]。截至2014年底，中国地质学者已经对南方地区海相页岩层系以及北方地区陆相页岩层系开展了大量的研究工作，部署了大量的探井，取得了一系列的成果。尤其令人兴奋的是，我国已于2014年成功在重庆涪陵地区建成中国第一个海相页岩气田，使我国成为继美国和加拿大之后第三个实现页岩气商业开发的国家。然而，与海相和陆相页岩相比，海陆过渡相地层在沉积环境上的特殊性决定了发育具有单层厚度薄、平面连续性差以及黏土矿物含量高等特点的泥页岩。整体来看，目前针对海陆过渡相页岩气的研究较少，认识不一，制约了对其潜力的认识。

南华北盆内油气勘探始于20世纪50年代中期，先后有地质部门、物探局及胜利、河南[3]、中原[4]、华北、江苏油田等多家油气勘探单位在该区开展油气勘探工作。勘探对象从以新生界古近系找油为主，逐步过渡到中生界和上、下古生界找油找气。总体上勘探程度较低，尤其是钻探程度低，凹陷间差别大。至2010年，油气勘探未能获得较大的发现。2011年，国土资源部开展了全国页岩气资源潜力调查与评价工作，评价结果认为，南华北盆地整个山西组和太原组页岩气地质可采储量为0.86×10^{12} m^3，逐步拉开对南华北盆地页岩气勘探的序幕。但需要注意的是，由于全国页岩气

瓮纪昌：男，河南省尉氏人。硕士，教授级高级工程师，长期从事页岩气、固体矿产勘查工作。河南豫矿地质勘查投资有限公司，河南省地质调查院，地下清洁能源勘查开发产业技术创新战略联盟。

王鹍：河南豫矿地质勘查投资有限公司，河南省地质矿产勘查开发局第二地质勘查院，地下清洁能源勘查开发产业技术创新战略联盟。

魏振伟：河南省地质矿产勘查开发局第二地质勘查院。

勘探在 2011 年时尚处于萌芽期，南华北地区尚无页岩气钻井，故评价资料的来源以露头资料及邻区资料为主，不能够完全反映该区页岩气发育潜力的真实情况。2014 年，河南豫矿地质勘查投资有限公司实施的牟页 1 井获得了 1 256 m^3/d 的稳定页岩气流，率先取得我国海陆过渡相页岩气勘查的重大发现。为进一步认识海陆过渡相页岩发育特征，掌握海陆过渡相页岩含气潜力，本文以牟页 1 井作为重点剖析对象，在通过系统采样、处理、观察、实验及分析的基础之上，获得下二叠统山西组和太原组海陆过渡相泥页岩的有机地化特征，包括有机质丰度、有机质类型、有机质成熟度等，以期掌握该区海陆过渡相页岩气形成潜力。

1 地质背景

南华北盆地位于河南省、安徽省、江苏省、山东省四省交界处，主体在河南省境内，总面积约 15 ×10^4 km^2。大地构造位置属于华北板块南部及其边缘，南缘以栾川-固始-肥中断裂(F_1)与秦岭-大别造山带相邻，东以郯城-庐江断裂(F_2)为界与下扬子区(扬子板块)接邻，北以焦作-商丘断裂(F_3)为界与渤海湾盆地(北华北地区)分界。其构造线走向主要表现为 NW-NWW 向，与北华北地区以 NE-NNE 向为主的构造有明显差别[5-7]。其中，牟页 1 井位于南华北盆地北侧的太康隆起之上(图 1)。

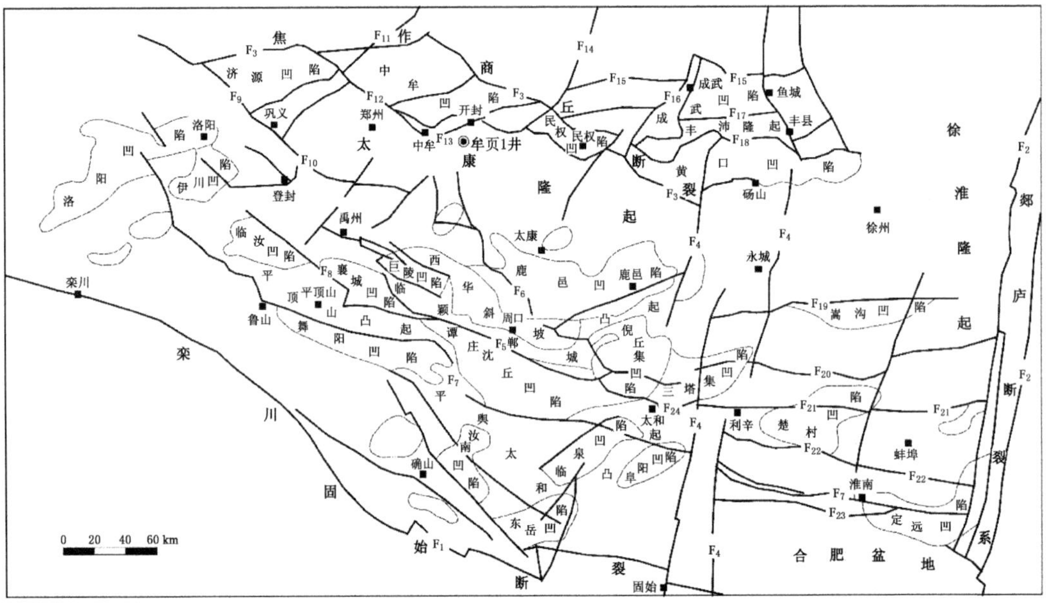

图 1 南华北盆地主要断裂分布及牟页 1 井井位图

F_1——栾川-固始-肥中断裂；F_2——郯城-庐江断裂；F_3——焦作-商丘断裂；F_4——夏邑-涡阳-麻城断裂；F_5——商水-沈丘断裂；F_6——砖楼-淮阳断裂；F_7——叶县-鲁山-淮南断裂；F_8——襄城-郏县断裂；F_9——济源-巩义断裂；F_{10}——五指岭断裂；F_{11}——青羊口断裂；F_{12}——武陟断裂；F_{13}——中牟断裂；F_{14}——聊城-兰考断裂；F_{15}——凫山断裂；F_{16}——曹县断裂；F_{17}——单县断裂；F_{18}——丰沛断裂；F_{19}——宿北断裂；F_{20}——板桥断裂；F_{21}——五河断裂；F_{22}——尚塘集断裂；F_{23}——颍上断裂；F_{24}——太和断裂

河南省上古生界地层是在经过晚奥陶世-早石炭世长达 150 Ma 的隆升、风化、剥蚀之后才开始沉积一套煤系地层。在进入早石炭世之前，华北地台受加里东运动的影响，整体处于南高北低的构造格局，使得该地区长期遭受风化剥蚀，全区大面积缺失上奥陶统、志留系、泥盆系以及中、下石炭统地层[8]，形成巨厚的风化壳，直至进入晚石炭世才又开始接受沉积，并且整个上古生界地层的形成、沉积演化受构造作用控制明显，主要可以分成以下三个阶段：

（1）华北陆表海盆地形成阶段。从进入晚石炭世以后，华北地台重新沉降接受沉积，古地貌依然表现出南高北低的特点，海水由北东向南西方向侵入，形成广阔的华北陆表海盆地，这一古构造环境一直持续到早二叠世太原期。

（2）华北内陆盆地形成阶段。在进入早二叠世山西期以后，由于华北板块与西伯利亚板块发生对接碰撞，使得华北地台北部地区不断隆升，整体发生了大规模的北升南降的构造运动，从而改变了华北地台南高北低的古地理面貌，海水由北向南逐步退出，沉积环境由晚石炭世本溪期-早二叠世太原期的陆表海沉积环境逐步过渡到早二叠世山西期的海陆过渡三角洲沉积环境，结束了陆表海盆地沉积，形成统一的华北内陆盆地。

（3）克拉通内陆坳陷盆地形成阶段。进入晚二叠世晚期之后，华北板块受南北挤压作用而再次隆升，海水由北向南全面退出华北地区，沉积环境由海陆过渡三角洲沉积转变为陆相湖泊沉积[8]，形成克拉通内陆坳陷盆地。整体来看，河南省晚古生代的沉积环境由早到晚经历了由陆表海环境、过渡环境向大陆环境的演变，相应地形成了垂向上下部以碳酸盐岩台地体系沉积为主、中部以三角洲沉积体系为主、上部以河流体系和湖泊体系为主的沉积演化序列，海退特征明显。

2　地层与岩性

河南省下二叠统太原组和山西组地层是我国典型的煤系地层。其中，太原组是一套海侵背景下发育的陆表海碳酸盐岩、滨岸碎屑岩沉积，其下部以碳酸盐岩建造为主，沉积环境主要发育开阔台地和局限台地相，岩性以生物碎屑泥晶灰岩和含生物碎屑泥晶灰岩为主，反映陆表海总体中等—低能的浅水沉积环境。而中上部则以碎屑岩建造为主，发育潮坪、障壁砂坝和潟湖等沉积环境，岩性包括暗色泥页岩、粉砂岩以及煤层。整个太原组地层厚度约为 30～175 m，厚度变化范围较大，整体呈现东北厚而西南薄的特征。山西组地层则是由两种截然不同的沉积环境发育而成，与下伏太原组为整合接触关系。其中，山西组早期是在晚石炭世末期陆表海海水逐渐退出的基础上形成的潮坪沉积环境，岩性以泥岩、粉砂质泥岩、泥质粉砂岩以及煤层为主。而山西组沉积晚期沉积环境则为以河流作用为主的浅水三角洲沉积体系，岩性主要发育灰色、灰黑色泥岩、粉砂质泥岩、中细粒砂岩、粉砂岩以及煤线。地层沉积厚度约为 50～130 m，盆地内整体同样表现出东北厚西南薄的特点[9]。此外，从图 2 可以看出，下二叠统太原组和山西组地层垂向岩性变化频繁，泥岩、砂岩、灰岩以及煤四种岩性频繁互层，构成显著的韵律性特征，反映在基地缓慢沉降背景下海平面的频繁变化。多种沉积体系交互发育，平面和垂向上沉积相变化较快，不过总体以水体变浅为特征。

3　有机地化特征

3.1　页岩有机质丰度

无论对于常规油气还是非常规油气而言，较高的有机质丰度通常都能够代表较好的油气资源前景。泥页岩中总有机碳含量（TOC）是反映烃源岩中有机质丰度大小的常用指标之一，但是对于高热演化程度的烃源岩而言，现今测得的有机碳含量仅为岩石中的剩余有机碳含量，仅能反映现今烃源岩的有机质丰度。对牟页 1 井页岩岩芯样品的总有机碳含量测试分析后表明，山西组和太原组泥岩有机碳含量主要介于 0.5%～5.0%，占所有岩芯样品的 95%，平均有机碳含量为 2.8%。其中山西组泥岩样品有机碳含量介于 0.25%～33.61%之间，平均有机碳含量为 2.44%；太原组泥岩样品有机碳含量介于 0.31%～38.41%之间，平均有机碳含量为 4.63%，为中等-好烃源岩。纵

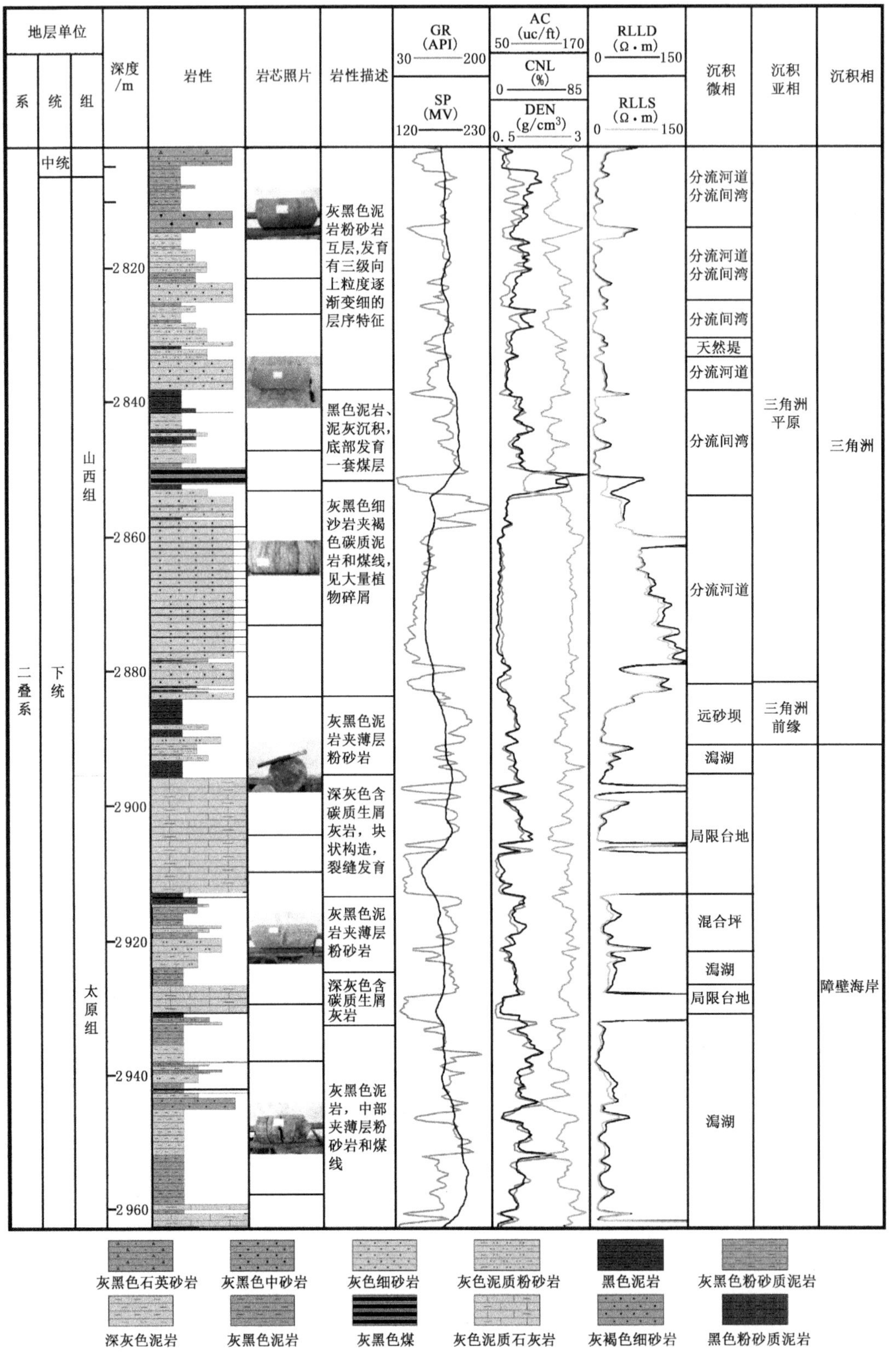

图 2　牟页 1 井岩性柱状图

向上来看(见图 3),河南省下二叠统泥岩有机碳含量整体较高,且太原组泥岩的有机碳含量要高于山西组,且随着埋藏深度的加大,有机碳含量有逐渐增加的趋势,非均质性较强。前人[10]对我国泥岩类烃源岩有机质发育主控因素及非均质性研究后认为,烃源岩中有机质的非均质分布主要受沉积环境所控制,其中古生产力和保存条件是主要因素。

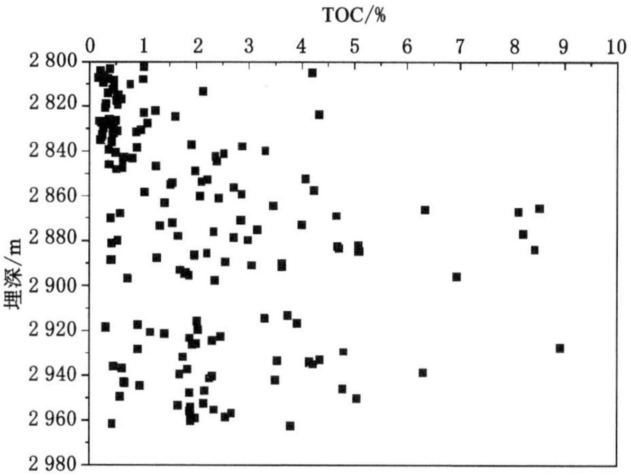

图 3　牟页 1 井 TOC 含量纵向分布图

3.2　有机质类型

不同的有机质类型是由不同的显微组分以不同的比例组成的,其决定了烃源岩在漫长的热演化过程中的生烃能力及生烃类型。因此,准确判断页岩有机质类型对于初步掌握页岩气资源潜力具有重要意义。在本文中,作者采用显微组分和稳定碳同位素两种方法去判别牟页 1 井山西组和太原组泥岩有机质类型,以便相互补充和验证。其中,干酪根稳定碳同位素测试结果表明,下二叠统山西组和太原组所测试泥岩干酪根稳定碳同位素值介于−23.8‰～−25.4‰之间,除部分样品的稳定碳同位素大于−25‰而表现为Ⅱ$_2$型干酪根以外,其余所有样品均小于−25‰,为典型Ⅲ型干酪根。此外,太原组和山西组泥岩的有机质类型指数(TI)同样表明,除部分样品的 TI 值大于 0 而表现出Ⅱ$_2$型干酪根以外,其他所有泥岩样品的 TI 指数均小于 0,表现为Ⅲ型干酪根。整体来看,牟页 1 井山西组和太原组泥岩中有机质类型以Ⅲ型为主,Ⅱ$_2$型有机质含量较少。其中的惰质组、镜质组和壳质组是组成有机质的主要显微组分,且均以含量变化范围大为特征,这可能与煤系泥岩海陆过渡相沉积环境的频繁变化有关。其中惰质组含量占有机质显微组分的 5.6%～86.6%,平均含量为 62.2%;而镜质组含量约为 5.6%～77.0%,平均含量为 25.4%;壳质组含量最低,平均含量仅为 12.4%,表明该区有机质主要以陆源高等植物输入为主,水生浮游生物较少甚至没有,且太原组泥岩惰质组含量(69.4%)要明显高于山西组(56.4%)。

3.3　有机质成熟度

对于Ⅲ型干酪根而言,实测镜质体反射率(R_o)能够很好地反映烃源岩中有机质的成熟度。结果表明,牟页 1 井下二叠统山西组和太原组镜质体反射率均在 3%以上,其中太原组和山西组泥岩实测镜质体反射率平均值分别达到 3.51%和 3.37%,处于过成熟阶段。

按照烃类形成的一般模式,对于富含惰质组的Ⅲ型干酪根而言,其在整个热演化过程中以生气为主,生油量极少甚至没有,且当烃源岩进入成岩阶段的晚期(R_o>2.0%)以后,已经生成的少量液态烃和重质气态烃也将裂解形成甲烷气体。而当有机质镜质体反射率达到 3.0%以上时,干酪根已无明显的生烃能力。虽然现今生烃能力较低,但高热演化程度也同时表明河南省地区海陆过渡相页岩气在热演化过程中已经生成了大量的天然气,为该区页岩气的富集提供了良好的基础。

4 页岩含气量

作为计算页岩原地气量的关键参数,页岩含气量指每吨页岩中所含天然气在标准状态(0 ℃,101.325 kPa)下的体积,其对页岩含气性评价、资源储量预测及计算具有十分重要的意义。页岩含气量实验方法分为直接法和间接法,直接法主要为现场解析,而间接法包括等温吸附实验和测井分析等。本文主要利用现场解析法获得的含气量实验数据对牟页1井山西组、太原组泥页岩含气量进行分析,以求为南华北地区上古生界页岩气资源储量评价提供重要参数。

解析法是测量页岩含气量最直接的方法,它能够在模拟地层实际环境的条件下反映页岩的含气性特征,因此也是作为页岩气含量测试最基本的方法。在该方法中,页岩含气量由三部分组成:损失气量、解析气量和残余气量。其中,解析气量是指页岩岩芯装入解析罐后在地表条件下模拟地层温度使其自然解析出的气体含量,并按时记录不同时刻解析气体积,直到解析结束,该测量主要在钻井取芯现场完成,要求岩芯从提出到装入解析罐的时间尽可能短。损失气量是指钻头钻遇岩层到岩芯从井口取出装入解析罐之前释放出的气体体积,其计算通常通过线性回归拟合和多项式回归拟合得到。残余气量是指样品在解析罐中解析终止后仍滞留在岩芯中的气体体积,其计算主要通过将解析结束后的岩芯球磨粉碎到60目以下,将其放入恒温装置中模拟储层温度进行解析求得[11]。

牟页1井预测钻穿山西组、太原组地层厚度分别为75 m、100 m,实际钻穿地层厚度分别为91 m、67 m。现场共取解析样品55块,其中泥页岩样品36块,分别包括山西组22块、太原组14块。通过对所取泥页岩样品进行现场解析以及室内测量分析得到泥页岩总含气量。根据实验所得数据统计,牟页1井山西组泥页岩含气量介于0.85~3.70 m^3/t,平均含气量为1.82 m^3/t;太原组泥页岩含气量介于1.09~4.30 m^3/t,平均含气量为2.64 m^3/t,可以看出,太原组含气量要优于山西组,并且与美国泥页岩含气量底线0.5~1.0 m^3/t相比,牟页1井山西组、太原组泥页岩含气量也要远高于该底线值,表明其具有很好的勘探开发前景。

5 页岩有机地化特征对含气量的影响

前已述及,页岩有机质丰度对于评价页岩气资源潜力具有重要意义。一方面,高页岩有机质丰度、高有机质成熟度能够为页岩气的生成奠定良好的物质基础和条件;另一方面,高有机质丰度和成熟度还能够为所生成的页岩气提供更多的赋存空间。将页岩有机质丰度和成熟度与页岩含气量进行拟合对比后发现(见图4、图5),河南省山西组、太原组页岩样品有机质丰度和成熟度均与页岩含气量呈明显的正相关关系,表明河南省山西组、太原组海陆过渡相页岩有机地化条件对页岩含气量有明显的控制作用,对于指导未来南华北盆地的页岩气勘探具有重要意义。

6 结论

(1) 河南省牟页1井山西、太原组海陆过渡相泥页岩具有高有机质丰度、高热演化程度特征,有机质类型以偏生气型为主,且有机质显微组分具有高惰质组的特点,而这一特点可能与物源供给、沉积环境以及搬运距离等因素有关。

(2) 河南省牟页1井山西组、太原组海陆过渡相泥页岩现场解析含气量整体较高,远高于规定的下限值，且太原组泥页岩含气量要高于山西组，与有机质在纵向上的变化具有一致性。从含气潜力的角度出发，太原组的资源潜力要明显优于山西组。

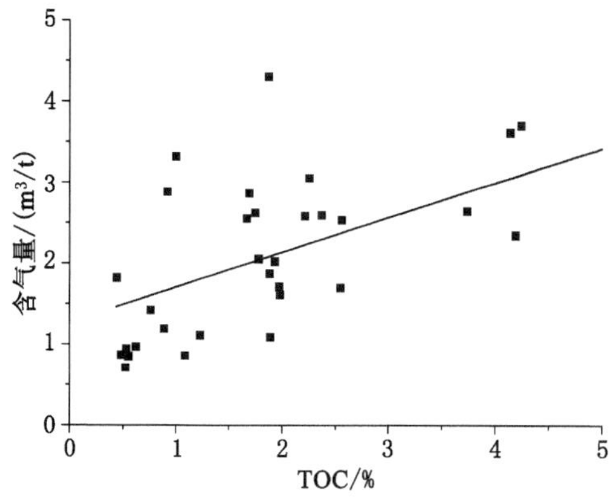

图 4　TOC 与页岩现场解析含气量关系

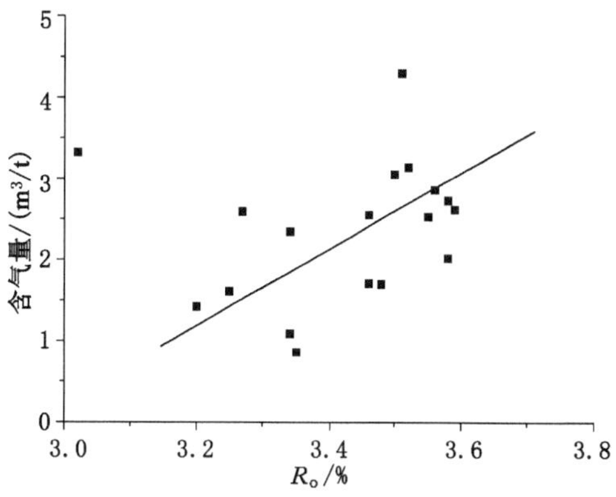

图 5　R_o 与页岩现场解析含气量关系

(3) 河南省牟页 1 井山西组、太原组海陆过渡相页岩含气量受有机地化控制作用明显，其中泥页岩含气量与 TOC 和成熟度 R_o 均呈现明显的正相关关系。

参 考 文 献

[1] 张金川，金之钧，袁明生. 页岩气成藏机理和分布[J]. 天然气工业，2004(7)：15-18，131-132.

[2] 张金川，姜生玲，唐玄，等. 我国页岩气富集类型及资源特点[J]. 天然气工业，2009(12)：109-114，151-152.

[3] 南阳油田石油地质志编辑委员会. 中国石油地质志[卷七(下册). 南阳油田][M]. 北京：石油工业出版社，1993：4-8，24-33，234-237，277-284.

[4] 中原油田石油地质志编辑委员会. 中国石油地质志[卷七(上册). 中原油田][M]. 北京：石油工业出版社，1993：252-266.

[5] 徐汉林，赵宗举，杨以宁，等. 南华北盆地构造格局及构造样式[J]. 地球学报，2003(1)：27-33.

[6] 宋慧波，胡斌，张璐，等. 河南省太原组沉积时期岩相古地理特征[J]. 沉积学报，2011(5)：876-888.

[7] 解东宁. 南华北盆地晚古生代以来构造沉积演化与天然气形成条件研究[D]. 西安：西北大学，2007.

[8] 余和中，吕福亮，郭庆新，等. 华北板块南缘原型沉积盆地类型与构造演化[J]. 石油实验地质，2005，27(2)：111-117.

[9] 刁玉杰，魏久传，曹红. 南华北盆地石炭-二叠系沉积环境与聚煤规律研究[J]. 海洋科学集刊，2010(50)：138-143.

[10] 朱光有，金强. 烃源岩的非均质性研究[J]. 石油学报，2002，23(5)：34-39.

[11] 唐颖，张金川，刘珠江，等. 解析法测量页岩含气量及其方法的改进[J]. 天然气工业，2011，31(10)：108-112.

河南省南召县水洞岭铜锌矿矿床地质特征及成因浅析

郭宾锋，秦战营

摘　要：河南省南召县水洞岭铜锌矿区位于秦岭构造带北秦岭构造亚带二郎坪地体东段北侧的南召-刘山岩铜锌多金属成矿带内。根据矿床产出的地质构造环境、矿床的基本地质特征，基本认定该矿床成因为早古生代加里东期形成于弧后盆地海相火山岩系中的海底火山热液沉积矿床，也即块状硫化物型铜铅锌矿床。

关键词：水洞岭；铜铅锌矿产；地质特征；矿床成因

20世纪70年代至今，中南冶金601队、河南省冶金三队、河南省有色金属地质矿产局第三地质大队、南京大学等多家地勘单位及科研机构先后在该区开展过普查、详查和科研工作[1]。根据矿床产出的地质构造环境、矿床的基本地质特征和同位素组成特点，可以基本确定该矿床为早古生代加里东期形成于弧后盆地海相火山岩系中的海底火山热液沉积矿床，即块状硫化物型铜铅锌矿床[2-3]。

1　区域地质背景

矿区位于秦岭构造带北秦岭构造亚带二郎坪地体东段北侧的南召-刘山岩铜锌多金属成矿带内[4-5]。区域自北而南发育一系列规模巨大的NWW向韧性剪切带，主要为朱阳关-夏馆韧性剪切带和瓦穴子-乔端韧性剪切带，是北秦岭构造亚带二郎坪地体、秦岭地体、宽坪地体的界限断裂[6]，也是两条重要的控岩控矿构造，有利于海底火山块状硫化物型铜铅锌矿床的形成。

2　矿区地质概况

矿区内上古生界海相火山岩地层巨厚，褶皱、断裂构造发育，不同时代的岩浆活动频繁，铜锌等有色金属矿产成矿地质条件较为有利[3]。水洞岭矿区出露地层主要为下古生界二郎坪群火神庙组海相火山岩系及第四系残坡积物、冲洪积层等[4]。水洞岭矿段地表出露地层主要岩性以酸性火山岩为主。见图1。

3　矿体地质特征

3.1　矿体地质特征

水洞岭铜锌矿区主要由Ⅰ-1、Ⅰ-2、Ⅱ-1、Ⅱ-2、Ⅱ-3、Ⅱ-4、Ⅲ-1、Ⅲ-2、Ⅲ、Ⅳ-1、Ⅳ、Ⅴ-1、Ⅴ-2号

郭宾锋：男，1985年生，河南周口人。助理工程师，资源勘查工程专业，主要从事地质勘查研究工作。河南省有色金属地质矿产局第三地质大队。

秦战营：河南省有色金属地质矿产局第三地质大队。

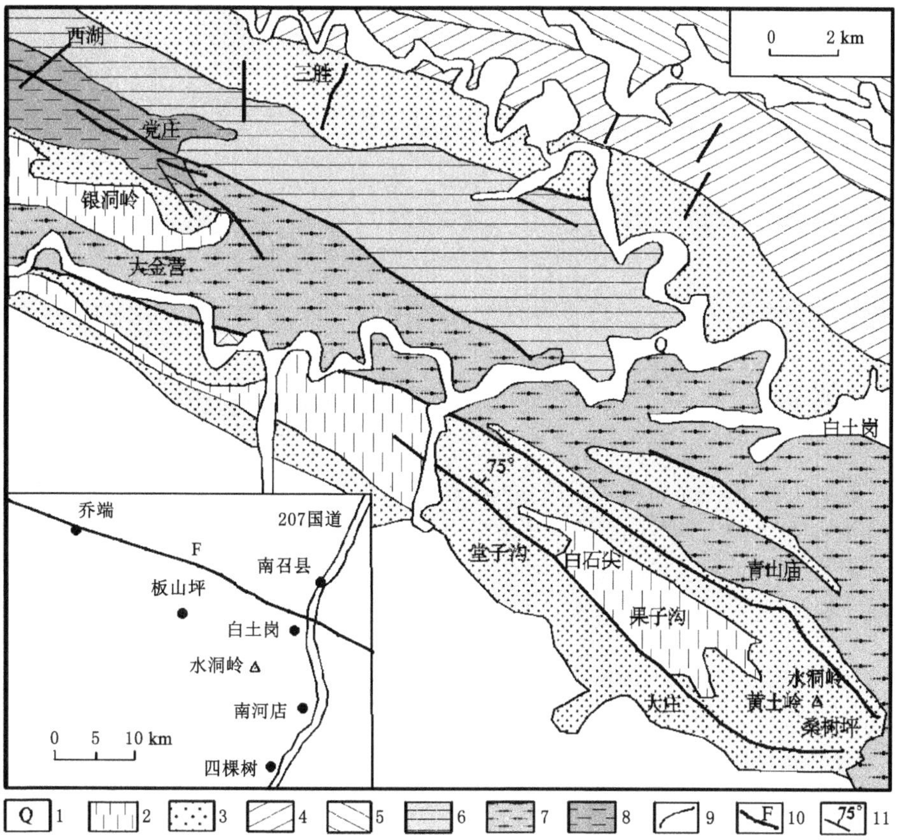

图 1 南召西部区域地质图

1——第四系；2——大庙组；3——火神庙组；4——小寨组；5——铁匠沟组；6——斜长花岗岩；
7——闪长岩；8——花岗闪长岩、角闪斜长花岗岩；9——地质界线；10——断层；11——地层产状

矿体组成，共计 13 个矿体（见表 1），均赋存于二郎坪群火神庙组海相火山沉积岩系的石英角斑凝灰岩中，矿体产出严格受地层层位控制，并随地层产状变化而变化。见图 2。

表 1 矿体特征一览表[2]

矿体编号	长度/m	厚度/m		赋存标高/m		埋深/m		延深/m		Zn 品位/%
		平均	系数	最高	最低	最大	最小	最大	平均	平均
Ⅰ-1	105	1.66	32.65	335	252	80	0	85	62	4.69
Ⅰ-2	75	1.28	71.64	325	265	59	0	60	60	4.14
Ⅱ-1	475	1.89	57.14	349	208	143	0	123	79	3.74
Ⅱ-2	121	1.52	17.76	350	285	58	0	73	58	0.82
Ⅱ-3	100	2.89		345	290	50	9	65	65	1.48
Ⅱ-4	124	2.37		307	238	103	52	82	82	0.76
Ⅲ-1	100	4.33		97	25	118	63	83	83	0.93
Ⅲ-2	100	2.16		235	165	174	125	80	80	0.74
Ⅲ	133	3.57	116.25	337	198	147	12	172	150	1.11

续表 1

矿体编号	长度/m	厚度/m		赋存标高/m		埋深/m		延深/m		Zn品位/%
		平均	系数	最高	最低	最大	最小	最大	平均	平均
Ⅳ-1	100	1.47		347	291	105	58	62	62	0.79
Ⅳ	228	2.12	49.53	413	273	120	0	149	115	5.24
Ⅴ-1	333	2.56	96.88	420	112	274	0	360	354	4.30
Ⅴ-2	148	3.47	103.75	435	112	280	0	372	355	1.55

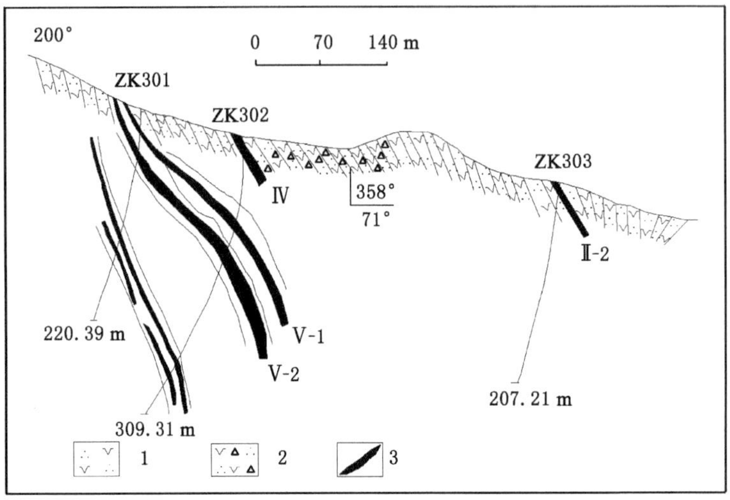

图 2　水洞岭铜锌矿区 3 勘探线剖面示意图

1——石英角斑岩；2——石英角斑凝灰岩；3——矿体及编号

3.2　矿石质量

3.2.1　*矿石结构、构造*

矿区内矿石结构常见自形晶结构、半自形晶结构、交代残余结构等；矿石构造为块状构造、稠密浸染状构造和星点状构造，局部可见到角砾状构造。

3.2.2　*矿石类型*

依据岩石类型、蚀变特征及结构、构造将矿石类型划分为细脉浸染状矿石和致密团块状矿石两种；依据矿石中的主要矿物成分划分工业类型，主要有氧化矿石、原生矿石两种。

3.2.3　*矿石矿物成分*

矿石中主要金属矿物为闪锌矿、黄铜矿、斑铜矿、黄铁矿、方铅矿等，脉石矿物常见重晶石、绢云母、石英及少量黑云母、角闪石等。

3.2.4　*矿石化学成分*

矿石的化学成分中成岩元素以 Al、Fe、Si 为主，成矿元素主要为 Zn、Cu、Pb，而 Au、Ag、S 等元素在矿石中含量均不高(见表 2)。

表 2　　矿石光谱分析结果表[2]

样品编号	分析结果($\times10^{-2}$)										
	Ba	Be	B	Au ($\times10^{-6}$)	Zn	Pb	WO_3	Cr	Sn	Ni	Ag ($\times10^{-6}$)
G01	0.003	<0.001	<0.001	0.32	2.46	0.76	0.03	0.004	0.001	0.03	31.32
G02	0.004	<0.001	<0.001	0.64	3.41	0.87	0.02	0.005	0.001	0.02	45.03
G03	0.006	<0.001	<0.001	0.38	1.47	0.67	0.03	0.006	0.002	0.02	40.62
G04	0.006	<0.001	<0.001	0.61	5.19	0.56	0.04	0.002	0.001	0.04	27.37
G05	0.004	<0.001	<0.001	0.29	2.47	0.91	0.03	0.006	0.001	0.03	36.20
G06	0.005	<0.001	<0.001	0.19	1.44	0.62	0.02	0.004	0.002	0.04	61.27
G07	0.004	<0.001	<0.001	0.53	1.49	0.73	0.03	0.005	0.001	0.03	27.82
平均	0.005	<0.001	<0.001	0.42	2.56	0.73	0.03	0.005	0	0.03	38.52

样品编号	分析结果($\times10^{-2}$)										
	V	Y	Zr	Cu	Mo	Co	Si	Fe	Al	Ca	Mg	Na
G01	0.01	0.01	0.01	0.41	<0.001	0.002	>1	>1	>1	0.1	0.1	0.2
G02	0	0.01	0.01	0.22	<0.001	0.002	>1	>1	>1	0.2	0.1	0.3
G03	0.002	0.02	0.01	0.31	<0.001	0.001	>1	>1	>1	0.1	0.2	0.4
G04	0.001	0.01	0.02	0.24	<0.001	0.004	>1	>1	>1	0.1	0.3	0.1
G05	0.002	0	0.01	0.52	<0.001	0.002	>1	>1	>1	0.1	0.1	0.3
G06	0	0.02	0.02	0.33	<0.001	0.003	>1	>1	>1	0.2	0.1	0.3
G07	0.001	0.01	0.01	0.26	<0.001	0.004	>1	>1	>1	0.1	0.1	0.2
平均	0.001	0.01	0.01	0.33	<0.001	0.003	>1	>1	>1	0.1	0.1	0.3

3.3 围岩蚀变

矿区矿体围岩主要为二郎坪群火神庙组石英角斑凝灰岩及炭硅质板岩。围岩蚀变主要包括硅化、绢云母化、绿泥石化、重晶石化、碳酸盐化、金云母化及少量的钠长石化。

4 矿床成因及找矿标志

4.1 矿床成因

根据矿床产出的地质构造环境、矿床的基本地质特征，基本认定该矿床为早古生代加里东期形成于弧后盆地海相火山岩系中的海底火山热液沉积矿床，也即块状硫化物型铜铅锌矿床。

(1) 该矿床产出于秦岭造山带北秦岭构造亚带早古生代加里东期弧后盆地中。这种大地构造环境易于发生大规模海底火山喷发，出现巨厚的海相火山岩建造，从而有利于海底火山热液活动而形成块状硫化物铜铅锌矿床。

(2) 该矿床产出于二郎坪群火神庙组海相火山岩系中，赋存矿围岩具连续分异特点，且酸性火山岩厚度较大。这与国内外同类块状硫化物型铜铅锌矿床含矿火山岩系地质特征完全一致。

(3) 矿体产出受火山岩地层层位制约特点十分明显。区内铜铅锌矿体主要产出于石英角斑凝灰岩中，矿体形态随火山岩层褶皱变形而变形。

(4) 矿体具有成层产出的基本特点。个别矿体具有粒序层理等沉积岩石的基本特点，同时，矿体多呈层状、似层状产出，产状变化随火山岩地层产状变化而变化。

（5）矿体附近存在大量火山角砾岩、火山集块岩、次火山岩等近火山口相的火山岩石，也说明矿床形成于古火山活动中心附近。

（6）矿石铅、硫同位素组成具有深源特点，成矿流体氢氧同位素组成具有岩浆热液的基本特征。

上述地质特征充分说明该矿床为产出于海相火山岩系中的火山热液沉积矿床块状硫化物型铜铅锌矿床。

4.2 找矿标志

（1）水洞岭矿区，（含角砾）的石英角斑岩-石英角斑凝灰岩，是寻找块状硫化物型矿床的直接标志；

（2）矿区内出露的长英岩、硅质岩，是找矿床的良好标志；

（3）火山喷发中心附近的重晶石层、重晶石化石英角斑凝灰岩，是找矿的直接标志；

（4）物探激电异常与矿化重晶石化层相吻合部位，是找矿的重要地段。

参考文献

[1] 河南省地矿厅区域地质调查队，河南省有色金属地质勘查局第三队．河南省南召县水洞岭铜锌矿区详查报告[R]．1997.

[2] 河南省有色金属地质矿产局第三地质大队，河南省南召鑫地矿业有限公司．水洞岭铜锌矿生产勘探报告[R]．2013.

[3] 河南省有色金属地质矿产局．河南省内乡-南召地区银铅锌矿评价报告[R]．2003.

[4] 河南省地质矿产局．河南省区域地质志[M]．北京：地质出版社，1989.

[5] 中国有色金属工业总公司矿产地质研究所．河南水洞岭-桑树坪海相火山岩铜锌矿找矿靶位研究[R]．1995.

[6] 罗铭玖，黎世美，卢欣祥，等．河南省主要矿产的成矿作用及矿床成矿系列[M]．北京：地质出版社，2000.

河南省汝阳县南部铅锌矿成矿规律研究

朱厚广，刘立强，朱展翅

摘　要：通过对汝阳县南部铅锌矿成矿地质背景和控矿地质条件的研究，分析总结了铅锌矿成矿规律，总结了找矿标志，为今后地质找矿工作提供有效方法。

关键词：铅锌矿；分布特征；成矿规律；找矿标志

河南省汝阳县南部（靳村～付店～王坪一带）是以铅、锌、钼为主的多金属矿田，是河南省“十三五”矿产资源规划的开采规划区中划定的13个重点矿区之一。区内自20世纪80年代以来先后探明了西灶沟、老代仗沟两个中型铅锌矿床及王坪西沟大型铅锌矿床。近年，又探明了马庙东沟特大型钼矿。现有钼矿矿石年生产能力663万t，铅锌矿矿石年生产能力124.3万t。因此，进一步分析总结区内铅锌矿的赋存规律，总结找矿标志对今后生产勘探及找矿工作具有现实的指导意义。

1　地质背景

该区位于栾川-固始断裂以北，华北地台南缘隆起区与台缘坳陷区之间的过渡地带。区内褶皱平缓，断裂发育，主要有近东西向、北西向及北东向三组断裂（图1）。

1.1　地层

该区地层主要为中元古界长城系熊耳群火山岩，总厚达6 000余米，根据喷发旋回，由早到晚划分为许山组、鸡蛋坪组和马家河组。该区火山熔岩主要岩石类型有高铝玄武岩、玄武安山岩、安山岩、英安岩、英安流纹岩及流纹岩。见图1。

1.2　构造

1.2.1　褶皱

褶皱主要为拔菜坪宽缓背斜。发育在付店拔菜坪一带，轴向近东西，向东轴向转弯呈北东向，向西被杨坪-王坪北西向断裂顺扭错开约700 m，西端倾状，东端扬起。背斜核部出露为熊耳群鸡蛋坪组一段的杏仁状玄武安山岩、英安流纹岩、凝灰岩等，两翼及西端分布为熊耳群鸡蛋坪组五段的英安岩、英安流纹岩。

1.2.2　断裂

断裂构造以近东西、北东、北西向三组为主，近南北、北北东、北北西向断裂规模小，不同方向的断裂互相交汇或穿切，特征如下：

朱厚广：男，1969年10月生，河南省商丘市人。地质工程师，长期从事地质找矿工作。河南省地质矿产勘查开发局第四地质矿产调查院。

刘立强：河南省地质学会。

朱展翅：河南新首钢地质矿产勘查有限公司。

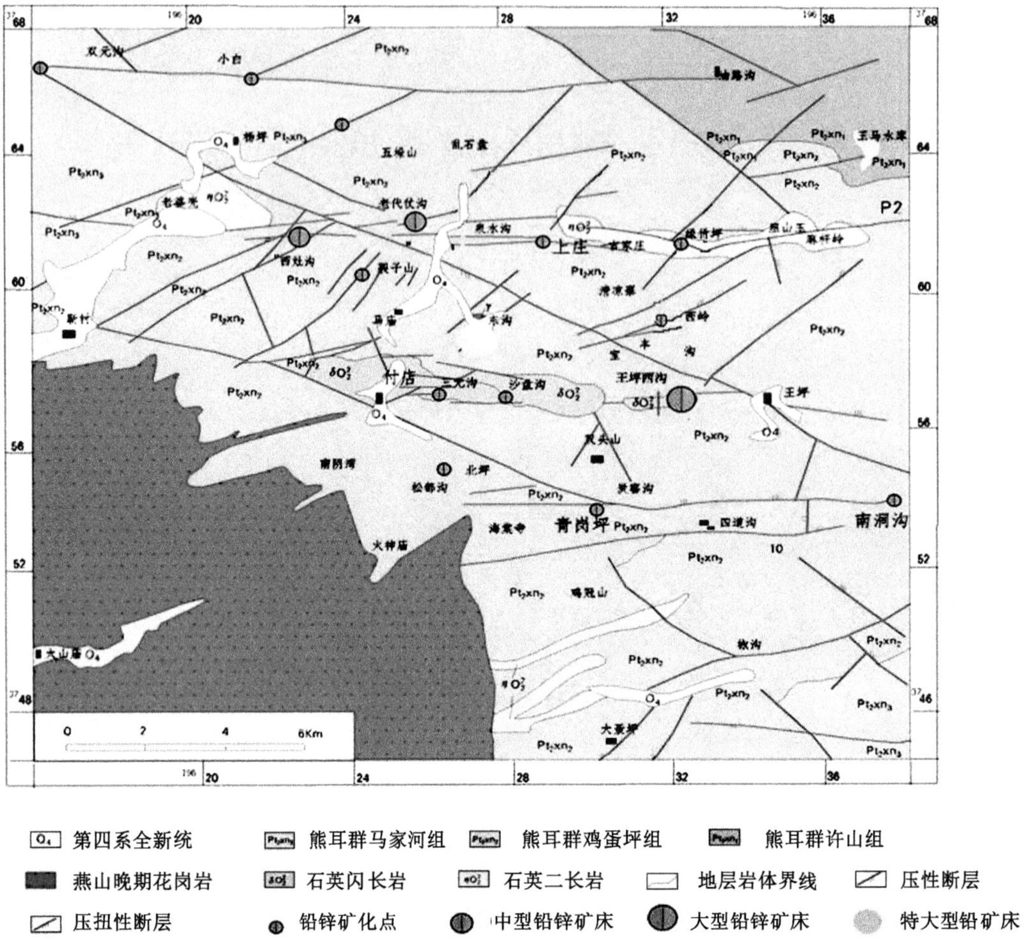

图 1　区域地质矿产简图

近东西向断裂构造：该方向断裂具有彼此平行、密集成束、横贯全区的特点，自北而南可划分为西灶沟-老代仗沟-黄沙岭-绿竹坪、付店-王坪西沟和松都沟-青岗坪-南洞沟三个大的断裂带。

北东向断裂构造：该方向断裂是区内最发育、数量最多的一组，集中分布于裂子山、清凉寨山一带；有向北东方向撒开、向南西方向收敛的趋势；沿走向长 500～2 000 m 不等；倾角 60°～70°。

北西向断裂构造：该方向断裂主要有杨坪-王坪断裂和靳村-付店断裂，压扭性构造特征明显。两条断裂近平行展布，斜贯全区，延伸长 20 多千米。杨坪-王坪断裂倾向南西，倾角 70°～82°；靳村-付店断裂倾向北东，倾角 75°～85°。

1.3　侵入岩

区内侵入岩的形成主要有两期，早期为王屋山晚期中偏酸性石英二（闪）长岩，晚期为燕山晚期酸性花岗岩及各类脉岩。

1.3.1　王屋山晚期石英二长岩

王屋山晚期石英二长岩体平面上多为长条状，其形成明显受东西向断裂带控制，与围岩呈外倾侵入接触，界限清楚，倾角较陡。该类侵入岩可分为石英二长岩、辉石石英二长岩、角闪石石英二长岩、石英正长闪长岩等岩相。

1.3.2 燕山晚期花岗岩

燕山晚期花岗岩体中心相由粗粒斑状、似斑状黑云母花岗岩组成，边缘相为中细粒-细粒黑云母花岗岩，二者呈渐变关系。岩体剥蚀较浅，多见边缘相，局部可见熊耳群火山岩残留体。边界呈港湾状，常见其岩枝沿北东向深入到围岩中。地表产状外倾，一般为 40°～60°。围岩具角岩化，岩体内及接触带上见钼、萤石矿化。

2 区域地球物理特征

2.1 重力场

该区域处于 1∶20 万布格重力异常等值线发生规律性曲率变化较大的地段，等值线值在－50～80 mgal 间，在布格重力异常分区图上属韩城-付店梯级带东侧同向扭曲部位，梯度值 30 mgal。异常轴呈北东向，其范围与基底断隆带和推断的隐伏花岗岩体展布方向一致，反映了构造格架的基本特征（见图 2）。

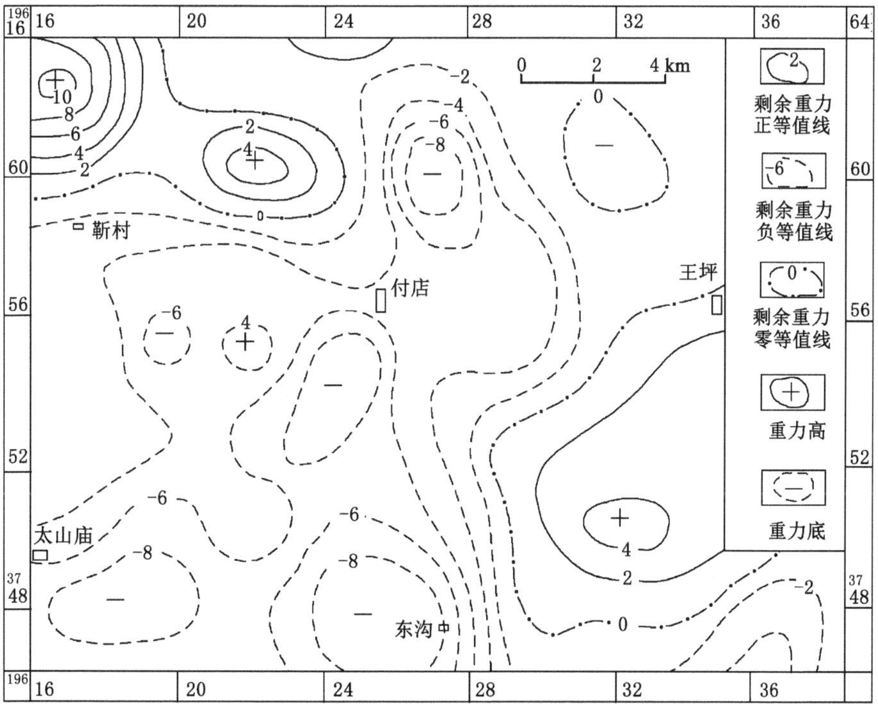

图 2 付店幅剩余布格重力异常图

2.2 航磁场

中元古界熊耳群火山岩的区域磁场为正负相伴的跳跃场，磁场轴向和地层展布方向基本一致，均为近东西向。区域性断裂构造显示明显的航磁区域场梯度带，呈线性分布。王屋山晚期石英二（闪）长岩体表现为叠加在区域中等正、负跳跃场之上的局部中高负值叠加场，近东西向延伸，太山庙花岗岩体表现为大面积平缓低负值场，岩体外接触带被断续串珠状局部正磁异常所环绕（图 3）。

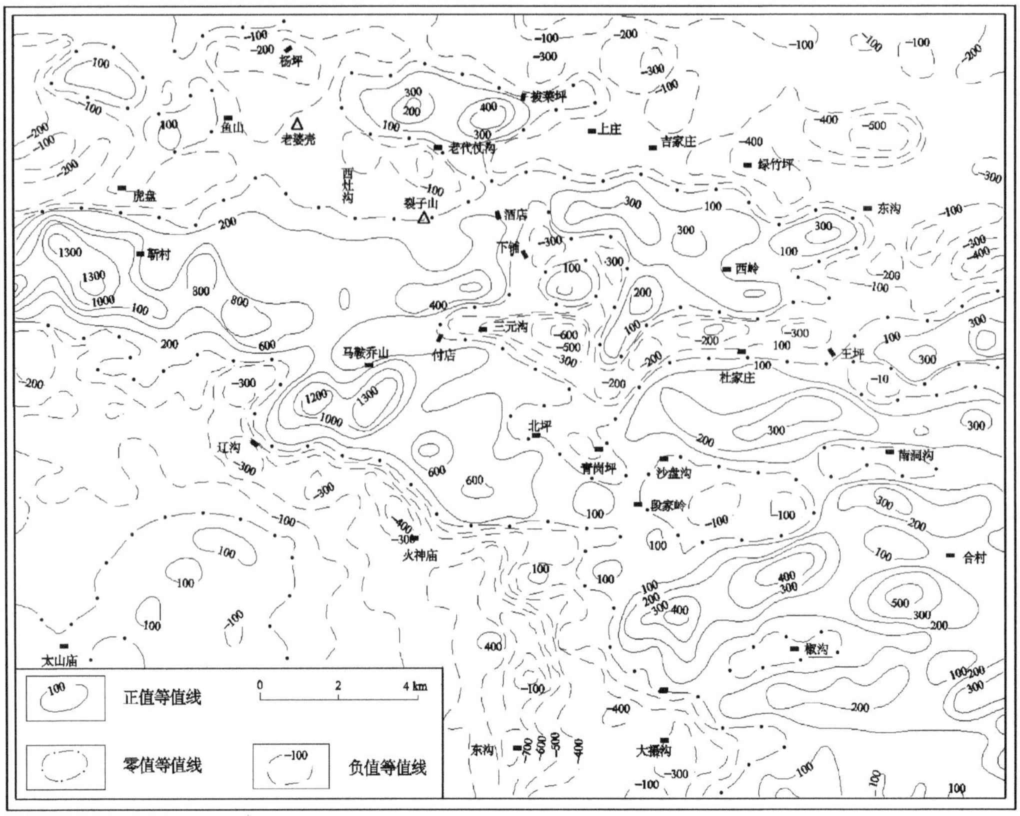

图 3 付店幅航磁化极等值线图

3 地球化学特征

3.1 分散流化探异常特征

主要成矿元素 Pb、Zn、Ag 等组合元素集中分布于太山庙花岗岩体外接触带，即杨坪-王坪熊耳群鸡蛋坪组火山岩地层中。总体上呈北西～南东向展布，与铅锌矿床分布一致，长近百千米，宽几到几十千米。Pb、Zn 两元素异常强度高、规模大、套合好，有两个浓集中心，分别位于西灶沟和清凉寨一带，异常浓度梯度变化大。局部高浓度异常呈近东西向展布，进一步说明北西～南东向及近东西向断裂为区内重要的控矿断裂构造。

分散流化探异常具有较明显的侧向水平分带。以下铺为中心，向北西、南东方向对称地依次分布着 Mo→Mo-Cu-Pb-Zn→Pb-Zn-Ag 组合异常。

3.2 次生晕化探异常特征

据 1∶10 000 次生晕化探成果：不同元素其高背景带的展布方向及浓集中心分布位置和形态特征各异。

Pb、Zn 两元素浓集区的空间展布总体上呈北北东和北西向，与矿田内北北东向燕山晚期断裂构造岩浆岩带和北西向导矿断裂构造相吻合。浓集区的短轴方向与区内容矿构造一致。各浓集区均有铅锌矿床(点)分布并且规模大，浓集梯度较大的浓集区常对应着较大规模的铅锌矿床。

Ag 元素浓集区集中分布于上庄-酒店-付店以西地区，其他地区分布较零星。浓集区长轴方向与 Pb、Zn 元素基本一致，且浓集中心与 Pb、Zn 元素吻合较好。

Mo 元素浓集区主要分布在下铺-大房庄一带，长轴方向呈北北东向，与东沟钼矿床地表矿化范围吻合（图 4）。

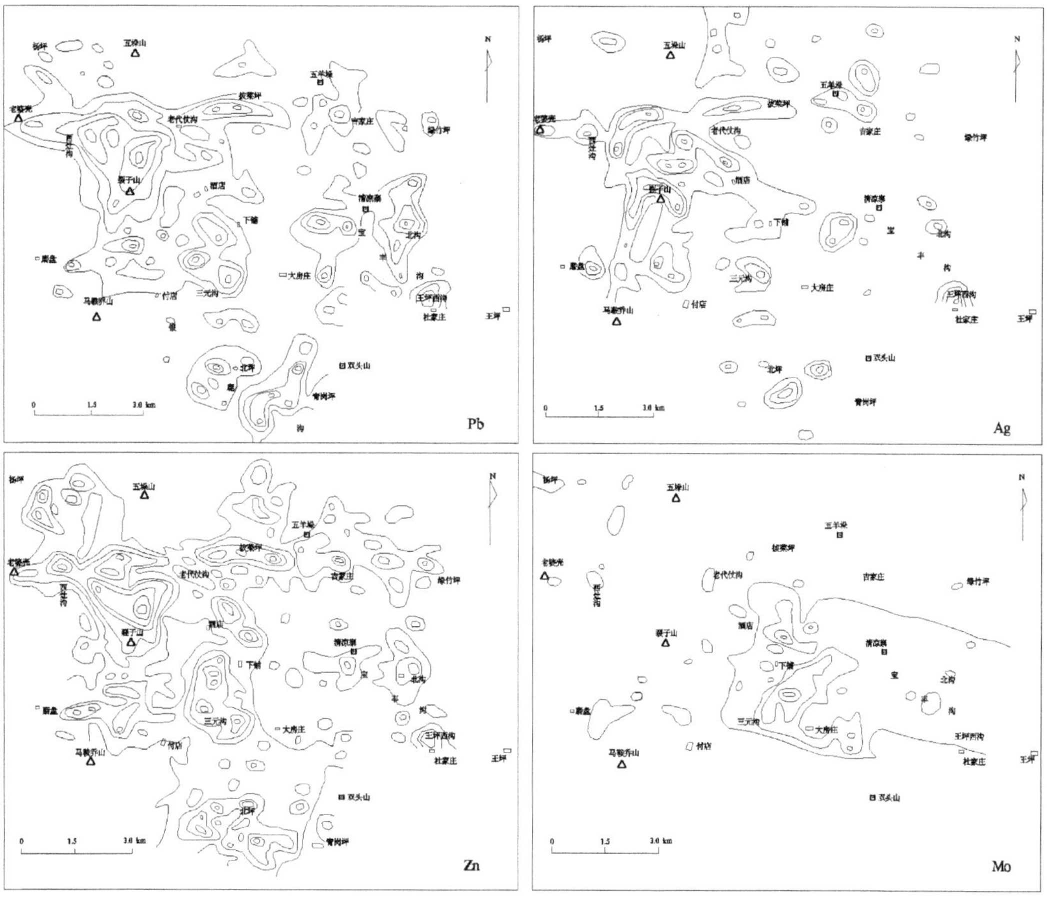

图 4　元素对数泛克立格估值图

3.3　重砂异常特征

据 1∶50 000 重砂测量成果：铅族、锌族重砂矿物异常分布于杨坪-王坪铅锌多金属矿田内，总体展布方向为北西～南东向，与矿田展布方向一致，高浓度异常近东西向展布，与近东西向含矿带走向一致。两族矿物异常重叠较好，直接指示铅锌矿床（点）的存在。

重砂矿物组合有明显的侧向水平分带现象。中高温矿物组合泡铋矿、白钨矿、辉钼矿主要分布于太山庙花岗岩体内及东沟下铺附近，低温矿物组合重晶石、雌黄、辰砂等主要分布于中高温矿物异常之外侧。以下铺斑岩体为中心，向北西、南东方向对称地依次分布着泡铋矿-白钨矿-辉钼矿组合→铅族-锌族矿物组合→辰砂-雌黄-重晶石组合。

4　铅锌矿产分布特征

4.1　空间分布特点

汝阳县南部铅锌矿主要分布在太山庙花岗岩体北部，以中部马庙东沟钼矿高温矿产为中心，周围铅、锌、银中温矿产严格受杨坪-王坪、靳村-青岗坪两组北西向断裂控制(见图 1)。

4.2 断裂控矿特点

通过对区内不同方向的矿化断裂构造进行构造化探剖面测量，对 Pb、Zn、Ag、Cu、Sn、Cd、Ba、As 几种元素进行了光谱近似定量分析测定，各方向断裂构造各元素平均含量见表 1。

表 1　　不同方向断裂构造微量元素平均含量表

断裂	光谱分析结果($\times10^{-6}$)							
	Cu	Pb	Zn	Ag	Ba	Sn	As	Cd
近东西向	84.44	914.35	2 294.54	4.12	964.1	6.31	16.9	43.41
北东向	158.93	1 286.36	1 909.21	4.56	1 430.36	7.875	17.7	5.025
北西向	38.97	225.9	876.57	3.61	1240	22.63	22.1	2.23

从表 1 中可以看出：

(1) 区内各方向断裂构造的 Pb、Zn、Ag 三元素存在明显的正相关关系；

(2) Cu、Pb、Ag 三元素平均含量在北东向断裂内最高，其次是近东西向断裂，北西向断裂含量最低；

(3) Zn、Cd 二元素在近东西向断裂中含量最高，北东向断裂内稍低，北西向断裂含量最低；

(4) Sn、Ba、As 三种元素含量总体上变化不大，但 Sn 元素平均含量在北西向断裂内明显偏高。

总的特点是，北东向断裂以 Pb、Ag、Cu 矿化为主；近东西向断裂矿化元素组合较复杂，主要为 Zn、Cd、Pb、Ag、Cu；北西向断裂除 Sn 元素平均含量偏高外，其他元素含量基本上都偏低。这表明近东西向和北东向断裂构造为本区铅锌矿的主要控矿构造，而北西向断裂为本区的主要导矿构造。

4.3 岩浆岩控矿分析

太山庙花岗岩体及晚期斑岩体的侵入，对该区多金属矿的形成起着主要的控制作用，不仅矿床的分布在时间和空间上与其密切相关，而且在成因上与其有着密切的亲缘关系。同位素资料表明，成矿溶液以岩浆水为主，硫源也主要来自岩浆。燕山晚期酸性侵入岩形成的巨大热场也为矿质的活化迁移提供了热源。

5 铅锌矿成矿规律研究

区内铅锌矿矿体严格受构造控制，成矿规律主要有：

(1) 铅锌矿矿体均赋存于断裂破碎带内，矿体形态受断裂破碎带控制。

(2) 铅锌矿矿体的厚度、长度及延深大小受断裂破碎带发育程度的控制。

(3) 铅锌矿矿体产状受控于断裂破碎带的产状，矿体在走向和倾向上随断裂破碎带产状的变化而变化。

(4) 断裂破碎带沿走向顶板弯曲部位和沿倾向倾角由大变小部位即构造的启张部位，利于矿体赋存。

(5) 铅锌矿体常沿断裂破碎带的顶、底板附近赋存，矿体内部近顶、底板部位矿体也相对较富。

(6) 断裂破碎带构造岩发育围岩蚀变硅化较强地段常有矿体赋存。

(7) 在断裂破碎带较宽地段赋存的矿体常出现分枝，并于断裂破碎带变窄处复合。

6 铅锌矿找矿标志总结

6.1 区域分布标志

铅锌矿(点)床平面上呈环状围绕东沟钼矿分布，显示了中部高温矿床向周边过渡为中高温矿床的趋势。在东沟钼矿南北两侧呈近等间距分布在近东西向构造带内，间距 2～3 km；东西两侧分布在北东向构造带内。

6.2 构造成矿标志

区内铅锌矿床多富集在近东西向断裂带和北东向断裂带内。赋存于近东西向断裂带内的矿床规模较大，北东向断裂控制的矿床规模相对较小，已发现的西灶沟、老代仗沟、王坪西沟矿床均赋存在近东西向断裂内。

6.3 物探标志

布格重力异常图上梯度变大的地段及航磁异常呈近东西向延伸的梯度带，高激电、低阻、低磁或高激电、高阻、低磁为矿(化)体的物探标志。贫矿与各类矿化岩石的 η 和 ρ 差别不大，η_s 异常较低时，难以判断矿与非矿，可确认矿化破碎断裂构造，但富矿 η_s 与岩石电性差异明显，一般 $\eta_s>8\%$ 所圈定的范围为矿化富集地段。

6.4 化探标志

分散流 Pb、Zn 元素和铅族、锌族重砂矿物的高浓度异常地段及土壤化探 Pb、Zn 元素浓集区的高浓度异常为找矿的化探标志。

6.5 围岩蚀变标志

强硅化、绢英岩化、绿泥石化和碳酸盐化等多种蚀变的叠加部位是指示成矿的有利部位，地表由铅锌矿(化)体氧化而成的铁锰矿化(铁锰帽)是矿体的直接找矿标志。

6.6 采矿遗迹标志

地表串珠状老硐分布等采矿遗迹是矿体的直接找矿标志。

河南省西峡县白仗山金矿床地质特征及成因浅析

王丽娜，金　丽

摘　要：本文在对白仗山金矿床的区域地质背景和矿区地层、构造、岩浆岩、变质作用、地球化学等成矿地质条件综合分析的基础上，通过对矿区内4条主要矿体的形态、规模和矿石矿物等特征的研究，认为白仗山金矿床为中-低温热液充填交代型金矿床，并总结了找矿标志，对矿带内的找矿工作具有一定的借鉴意义。

关键词：金矿床；地质特征；矿床成因；找矿标志

河南省西峡县白仗山金矿床处于秦岭多金属成矿带东段，朱阳关-夏馆断裂带中部，矿带内已先后发现了河南庄、莎草沟等金矿床，矿带内各矿床的地质特征和成因研究对矿带内的找矿突破具有借鉴意义。

1　区域地质概况

白仗山金矿床位于北秦岭褶皱带东段，寨根-彭家寨背斜褶皱束北段，朱阳关-夏馆断裂带的次级断裂带上；地层大致以朱阳关-夏馆断裂带为界，断裂以北出露下古生界二郎坪岩群，其南出露古元古界秦岭岩群。区域上构造发育，以朱阳关-夏馆断裂带为主，该断裂带为韧脆性剪切带，走向290°～310°，断裂带内主要由组合复杂的糜棱岩、构造片岩、碎裂岩、构造角砾岩组成[1]，该带控制着秦岭岩群内断裂的形成、演化及展布，并经过多期活动控制后期的岩浆活动、变质作用、构造以及矿化的分布[2]。岩浆岩自晋宁期至燕山期均有出露，其中燕山期花岗岩与成矿关系密切。白仗山金矿床产于花岗岩与地层的接触带中，赋存矿地层为古元古界秦岭岩群石槽沟岩组（见图1）。

2　矿区地质特征

2.1　地层

区内出露地层主要有古元古界秦岭岩群石槽沟岩组和雁岭沟岩组。石槽沟岩组岩性主要为黑云斜长片麻岩、斜长角闪片麻岩、黑云斜长角闪片麻岩、大理岩等，是区内的控矿层位，已发现的主矿脉均产于石槽沟岩组中。

2.2　构造

受朱阳关-夏馆断裂带影响，区内韧性剪切构造和脆性构造较发育。其中韧性剪切构造主要表现为一系列北西向的糜棱岩带，宽1～10 m，带内岩石大多数经过蚀变，主要有硅化、黄铁矿化、绢

王丽娜：女。本科，助理工程师，主要从事地质勘查及研究工作。河南省地质矿产勘查开发局第一地质勘查院。
金丽：河南省地质矿产勘查开发局第一地质勘查院。

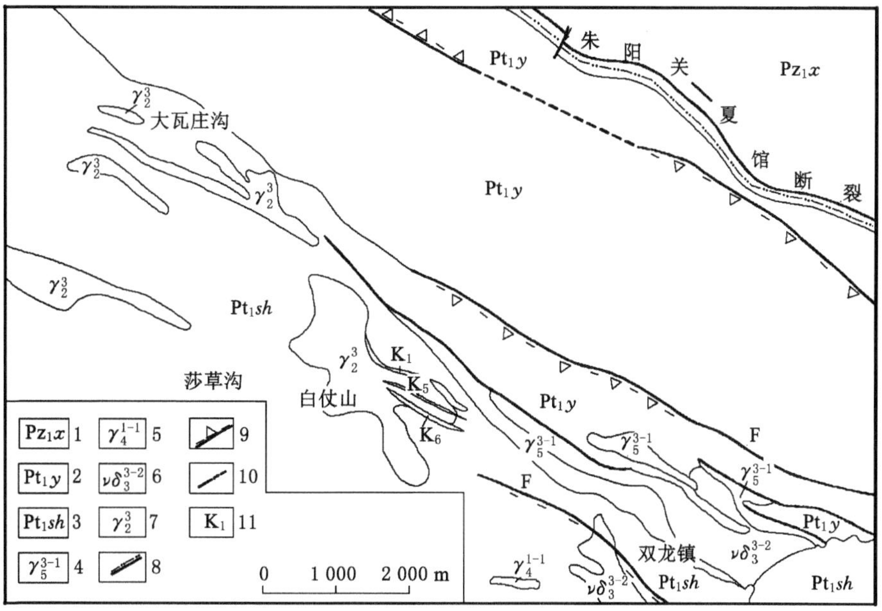

图 1 白仗山金矿地质简图

1——下古生界二郎坪岩群小寨岩组；2——古元古界秦岭岩群雁岭沟岩组；
3——古元古界秦岭岩群石槽沟岩组；4——燕山期中粗粒似斑状黑云母花岗岩；
5——华力西期花岗岩；6——加里东期辉石闪长岩；7——晋宁期片麻状中细粒二长花岗岩；
8——区域韧性剪切带；9——碎裂岩及断层角砾带；10——断层及推测断层；11——矿脉及编号

云母化等；脆性构造主要表现为北西西向的一些小型张性断裂，断裂破碎带由构造角砾岩、碎裂岩、糜棱岩组成，绝大部分具金矿化。

2.3 岩浆岩

区内岩浆岩发育，主要出露有晋宁期片麻状中细粒二长花岗岩体和燕山期中粗粒似斑状黑云母花岗岩体。其中与成矿有关的主要是燕山期中粗粒似斑状黑云母花岗岩体，呈脉状展布。

2.4 变质作用

区内区域变质作用强烈，大理岩中出现了黑云母、透辉石、绿帘石等，斜长角闪岩中出现有绿泥石、绿帘石、高岭石，黑云斜长片麻岩中出现矽线石、石榴石等，说明该区是在中-高温及中压条件下达到了绿帘-角闪岩相。区内断裂构造发育，经多次构造活动，并伴随变形及重结晶作用，形成许多动力变质矿物。全区受应力作用影响，岩石大部分或强或弱地具糜棱岩化；而且断裂带两侧经过多期次构造作用在断裂带内形成一系列动力变质岩石。

2.5 地球化学

矿床位于 1∶2 万水系沉积物测量圈出的独阜岭沟异常带上，赋存矿地层秦岭岩群石槽沟岩组中各类岩石和构造蚀变带等地质体具明显的地球化学特征[3-5]。区内土壤地球化学金以 25×10^{-9} 圈出了 5 个化探异常，有 3 个呈北西向带状展布的化探异常规模较大，已被证实为矿致异常。区内的岩石化探剖面均显示出较好的 Au、As、Sb、Cu、Pb 组合异常。

3 矿(化)带特征

区内的金矿脉产于糜棱岩化花岗岩与其两侧地层的接触带上，均赋存于秦岭岩群石槽沟岩组中下部地层的构造蚀变带中，由蚀变大理岩、蚀变黑云斜长片麻岩、蚀变角闪斜长片麻岩、蚀变花岗片麻岩、糜棱岩化花岗岩等组成，呈脉状、透镜状、似层状产出。一般长 60～380 m，最长达 1 200 m，宽 3～30 m，最宽达 80 m，产状稳定，走向 280°～310°，倾向北东，倾角 60°～85°，呈相互平行雁列状排列，具分枝复合、尖灭再现特征。主要蚀变为硅化、褐铁矿化、毒砂化，矿化比较均匀。已发现的金矿体均产于构造蚀变带中。

4 矿体特征

4.1 矿体形态、产状和规模

区内主要圈出了 4 条金矿体，另发现了一些规模较小的金矿脉，4 条主要矿体特征见表 1。

表 1 白仗山金矿床主矿体特征一览表

矿体号	走向延伸 /m	倾向延伸 /m	平均厚度 /m	倾向 /(°)	倾角 (°)	形态	蚀变特征
K_1-1	520	>200	1.6	29～35	60～85	脉状、沿走向和倾向具波状弯曲及膨缩现象	黄铁矿化、绢云母化、绿泥石化、硅化、毒砂化
K_5-1	580	>200	1.3	25～30	65～80		
K_6-1	720	>100	1.7	26～30	60～85		
K_8-1	170	>50	1.2	25～50	60～80		

4.2 矿石的矿物成分

区内矿石主要为蚀变岩型矿石，金属矿物主要有：黄铁矿、磁黄铁矿、黄铜矿、毒砂等，脉石矿物主要由斜长石、角闪石、石英、黑云母组成，少量绢云母、方解石、绿帘石等零星分布。

4.3 矿石结构、构造

区内矿石结构比较复杂，主要有细粒、他形-半自形粒状结构、碎裂结构、充填结构。

矿石构造主要为细脉浸染状构造、浸染状构造、碎裂构造、角砾状构造。

4.4 矿石的自然类型

矿石总体为蚀变岩型金矿石，根据脉石矿物，矿石可分为斜长角闪片麻岩型、黑云斜长片麻岩型、糜棱岩化花岗岩型等几种类型。

4.5 围岩蚀变特征

白仗山金矿床热液蚀变强烈，主要的围岩蚀变有：绢云母化、绿泥石化、绿帘石化、碳酸盐化、透辉石化、高岭石化。与矿化有关的蚀变有：硅化、黄铁矿化、黄铜矿化、毒砂化等。

5 矿床成因及找矿标志

5.1 矿床成因

白仗山金矿床位于河南庄白仗山大瓦庄沟金矿带上，其赋存矿地层秦岭岩群是金的高背景区。矿区位于朱阳关-夏馆区域性成矿构造带南侧，次级构造发育，碎裂岩化、糜棱岩化等现象普遍，为成矿物质的迁移和富集提供了有利场所。燕山期为地台活化期，极易诱发形成重熔花岗岩[6]。矿区内及附近出露有燕山期花岗岩体，它们可以重熔矿源层秦岭岩群地层，并释放出部分金，而且可以在岩浆热液运移过程中交代、萃取秦岭岩群地层中的成矿物质。含矿热液沿构造破碎带运移时，当物理化学条件发生改变时，金及其他元素在合适的空间发生沉淀、交代，充填破碎带的裂隙、石英脉裂隙及其他空洞中，形成金矿脉及矿体。根据矿石矿物共生组合关系、矿石结构及蚀变特征，可说明本矿床的成矿作用从中温阶段开始，主成矿期在中低温阶段。因此，作者认为该矿床属中-低温热液充填交代型金矿床。

5.2 找矿标志

区域构造标志：白仗山金矿床处于朱阳关-夏馆断裂带的次级构造带中，赋顾矿地层为秦岭岩群，因此秦岭岩群内走向290°～310°的区域深大断裂之次级构造蚀变带是控矿和储矿的有利部位。

岩浆岩标志：燕山期花岗岩体岩浆活动为矿质活化迁移富集创造了充分的热动力条件，侵入秦岭岩群地层中的燕山期花岗岩脉是区域找多金属矿床的重要标志。

地球化学组合异常标志：白仗山金矿床位于1/2万水系沉积物测量圈出的独阜岭沟异带上，区域地球化学组合异常，是寻找多金属矿产的可靠信息。

矿体标志：矿化蚀变带是矿体赋存的主要部位。硅化、黄铁化、毒砂化及多金属硫化物蚀变是主要矿化标志，以Au、As、Sb、Cu、Pb等元素异常套合较好地段是找矿的有利地段。

参考文献

[1] 河南省地质矿产局. 河南省区域地质志[M]. 北京：地质出版社，1989：623-624.

[2] 河南省地质矿产局. 河南省地质矿产志[M]. 北京：中国展望出版社，1992：518-519.

[3] 张本仁，骆庭川，高山，等. 秦巴岩石圈构造及成矿规律地球化学研究[M]. 武汉：中国地质大学出版，1994：11-56.

[4] 杨文智，燕长海，宋锋，等. 河南湍源地区银矿资源的化探找矿评价[J]. 中国地质，2001，28(8)：33-38.

[5] 时毓，于津海，徐夕生，等. 秦岭造山带东段秦岭岩群的年代学和地球化学研究[J]. 岩石学报，2009，25(10)：2651-2670.

[6] 张国伟，张本仁，袁学诚，等. 秦岭造山带与大陆动力学[M]. 北京：科学出版社，2001：421-430.

河南省西峡县大庙金多金属矿床成矿地质特征及找矿规律浅析

秦战营

摘　要：大庙金多金属矿床赋存在东秦岭二郎坪群中，二郎坪群是东秦岭造山带重要的组成部分，其火山岩建造中广泛发育有火山成因矿床。分析区位于秦岭褶皱带二郎坪地体中部，成矿区划属朱夏断裂带与瓦穴子-乔端深断裂之间，区内主要的成矿带为红石崖-蒿坪-梅子沟-大黄沟-水洞岭的Au-Ag-Cu-Zn-Pb韧性剪切成矿带上。通过野外调查与研究，大庙金多金属矿床矿体均赋存于碳硅质板岩构造破碎带中，产出严格受地层层位及顺层构造控制，并随地层产状变化而变化。综合信息表明，二郎坪群具有巨大的金多金属找矿潜力。本文着重论述西峡县大庙金多金属矿床的成矿地质特征及深部找矿规律，以期对本区找矿有所裨益。

关键词：大庙金多金属矿床；地质特征；找矿规律；河南省西峡县

1　概述

西峡县大庙金多金属矿床位于扬子板块和华北板块的拼合带——秦岭造山带的东段，夹持于NW向瓦穴子-乔端、朱阳关-夏馆两个区域性深大断裂之间[1]，由于其特殊的大地构造位置和成岩成矿环境，受到国内外众多地质学家的关注。本文以笔者近期开展的西峡大庙金多金属矿床详查工作和成矿规律研究的最新资料为依据，结合前人大量地质和科研工作的多项成果资料，着重论述西峡县大庙金多金属矿床的地质特征及成矿规律，为本区的找矿工作提供科学依据和理论支撑。通过相关工作基本查清了该区矿体地质特征和控矿因素。

2　区域地质背景

大庙金多金属矿床所处大地构造位置属秦岭褶皱系北秦岭褶皱带二郎坪地体东段，其南、北两侧为NWW向展布的瓦穴子-乔端断裂、朱阳关-夏馆断裂，褶皱构造为两断裂之间的二郎坪地体向斜束[2]。区内岩浆活动频繁，构造变动剧烈，为一重要构造岩浆活动带。出露地层为二郎坪岩群，南与秦岭岩群相接，北与宽坪岩群相邻，作为北秦岭褶皱带出露地层主体的二郎坪群，为一套厚度巨大的海相火山沉积岩系，与成矿关系密切，为区内重要的有色金属及贵金属成矿地质单元，其形成后经受了印支、燕山、喜山运动强烈改造，使得其中构造型式十分复杂，并发育多期次岩浆侵入活动和区域变质作用，有利于贵金属矿床的形成。

秦战营：男，河南焦作人。工程师，地质工程专业，主要从事地质勘查研究工作。河南省有色金属地质矿产局第三地质大队。

3 矿床地质特征

矿区位于秦岭构造带北秦岭构造亚带二郎坪地体东段，区内断裂构造发育，岩浆活动频繁。出露地层较简单，主要分布的地层为古生界二郎坪群大庙组(Pt_3d)，其岩性主要为碳硅质板岩、条带状大理岩、变质凝灰岩、角斑岩等。

矿区总体表现为一走向NW、倾向SW的单斜，受断层作用影响，地层产状局部比较零乱；受红石崖-蒿坪-梅子沟-大黄沟-水洞岭的Au-Ag-Cu-Zn-Pb韧性剪切成矿带影响，区内断裂构造发育，主要有近SN向、NE向及NW向三组。其性质多为压扭性，具韧性剪切特征，常形成糜棱岩、碎裂岩等。成矿前、成矿期、成矿后皆有分布。其中近SN向、NE向断裂规模较大，是区内主要的控矿构造。区内岩浆活动强烈，主要有：中生代燕山期晚期的花岗岩主要分布在矿区北部，加里东晚期花岗岩分布在矿区西北部。矿区内岩浆活动较为强烈，为矿床的形成提供了大量的热动力及部分成矿物质。

大庙金多金属矿床共圈出13个矿体，均产于二郎坪群大庙组中，矿体与地层产态基本一致，受多组顺层断层构造破碎带控制[3]。矿体呈似层状、豆荚状、透镜状。矿石以团块状、浸染状、条带状为主，多以Ag、Pb为主，Au、Cu、Zn共生或伴生，并多与黄铁矿相伴产出，矿化与绿泥石化及硅化蚀变密切。矿体厚度总体较为稳定，一般0.5～0.8 m，平均0.65 m，走向上表现为中间稍厚、两端略薄，沿走向存在局部膨大或狭缩现象，呈波浪形，沿倾向向深部呈增大趋势，中部存在厚度缩小且品位变低现象。

大庙矿区矿体以石英脉型金铅多金属矿为主，因此研究矿体与石英脉的关系，是揭开成矿规律、探求找矿方向的重要内容之一。矿体与脉带有下列关系：各金铅多金属矿体均分布于石英脉带中，但不是所有石英脉都含矿，从某些矿体的金属矿物分布规律可以大致总结出本区成矿属于多期次热液充填成矿。同一条脉带不是全脉带都含矿，而是局部地段含矿。脉带中工业矿体不是一个类型，除石英脉型矿体外，还存在部分蚀变岩型矿石，从野外观察发现，蚀变岩型矿石石英含量较少，由低温的一些绿泥石、绿帘石等矿物代替，由此可以说明，矿体与石英脉并没有必然关系，石英脉也不是矿体唯一的储存空间，而只是有利空间。矿体主要赋存在矿脉内少硫化物石英脉、石英磁黄铁矿脉、石英黄铁矿脉三种类型叠加的地段，缺后二者不能成矿；只构成石英脉带，缺前者而有后二者，虽品位较低，但也可构成蚀变岩型矿石，只是后者往往产于前者之中或者边部。因此可以说，前者与后二者存在某种内在联系，是后二者的前导。

金属矿物主要有自然金、方铅矿、闪锌矿、黄铁矿、黄铜矿、磁黄铁矿及少量褐铁矿等；脉石矿物主要有石英、长石、绢云母、绿泥石、方解石等。

矿石结构主要为自形-他形粒状结构、碎裂结构、填隙结构、包含结构、交代残余结构等；矿石构造主要有浸染状、块状、条带状、网脉状构造及角砾状、蜂窝状构造等。

矿区内矿石矿物共生组合常见以下两种类型：

(1) 黄铁矿-金矿、银矿-铅锌矿、黄铁矿；

(2) 黄铁矿-金矿、银矿-黄铜矿、方铅矿、闪锌矿-磁黄铁矿。

根据矿石中不同金属矿物之间的交代、溶蚀、穿插及共生组合关系，可以大致确定本区矿石中金、银主要以独立矿物的形式存在。方铅矿、黄铜矿等硫化物是金、银的最重要的载体矿物，部分金、银矿物以连生或包含结构嵌布于黄铜矿、方铅矿等硫化物中。黄铜矿、闪锌矿与方铅矿等关系密切，三者相互交错、穿插、包裹，呈密切的连生关系。

4 矿床成因探讨

从区域大地构造位置看，大庙矿区位于华北板块与扬子板块碰撞带上，早古生代本区处于该带中秦岭大洋或岛弧环境，由于地壳的拉张，使大量的基性岩浆从洋底喷溢，形成二郎坪群[2-3]，金多金属从地幔深部随岩浆被带进地壳中。

随着上覆沉积物的增厚，使二郎坪群逐渐处于高温高压环境中，在区域变质的作用下，转变为蛇绿片岩-角闪岩相的变质岩，在此封闭的环境内，金开始处于活化状态。

在叠加了巨大区域性岩浆热能及挥发流体之后，区域的抬升加剧了脆性破裂的作用，进一步加速了地下水的活动以及金的活化、迁移，剪切带的中心成为金溶液扩散、渗透、迁移的最佳场所，深层次剪切带引导着深部溶液上升，由剪切带中心向两侧扩散、渗透。随着构造活动的多期次反复进行、不断演变，累加变形不断变化，矿液沉淀环境不断改变，由低硫半氧化环境向氧化环境过渡，早期金矿化体不断被叠加、再次加富，除了在破碎的石英脉中富集外，在剪切带构造破碎的地层及岩脉内均有不同程度的矿化，形成构造蚀变岩型矿体。综上所述，大庙金多金属矿为海底火山喷流-岩浆热液-构造热液叠加改造形成的含金石英脉-蚀变构造岩型金矿[4]。

5 找矿标志

根据该区矿床地质特征及区内各矿化点的特征，综合分析本区的主要找矿标志有：

(1) 韧性剪切带：红石崖-蒿坪-梅子沟-大黄沟-水洞岭的 Au-Ag-Cu-Zn-Pb 韧性剪切成矿带。

(2) 地层标志：大庙组是本区金矿的赋矿层位。

(3) 火山机构标志：残余火山口这种火山机构与火山喷流型矿床分布关系十分密切，是找矿的重要标志。

(4) 围岩蚀变标志：硅化、钾化及多金属硫化物蚀变是主要的间接找矿标志。

6 找矿前景

大庙金多金属矿床位于秦岭褶皱带二郎坪地体中部，成矿区划属朱夏断裂带、瓦穴子-乔端深大断裂之间，区内主要的成矿带为红石崖-蒿坪-梅子沟-大黄沟-水洞岭的 Au-Ag-Cu-Zn-Pb 韧性剪切成矿带，沿断裂带分布有众多的燕山期深源中酸性花岗岩岩体，以及较多的 NWW 向 Au、Pb、Ag、Zn、Cu 等元素地球化学异常和地球物理异常，该区(带)成矿条件极为有利[5]。

大庙金多金属矿床赋存在二郎坪群内，二郎坪地体中的含矿层位在区域上广泛分布。如产于二郎坪群的火神庙组(变)细碧岩系及大庙组中与断裂有关的破碎带蚀变岩型金铅多金属矿床(点)，主要有蒿坪金矿、梅子沟铅矿、银洞沟银金多金属矿床等；如产于南召西部洞街-水洞岭古火山构造洼地内与二郎坪群火神庙组酸性熔岩(石英角斑岩及凝灰岩)有关的块状硫化物型铜锌矿(床)点，主要有水洞岭铜锌矿床、曾家庄铜锌矿床、三胜铜锌矿床、西庄河铜锌矿、大河铜矿和庙岭铜锌矿点等，说明区域中二郎坪地体具有良好的找矿前景；尤其是在近期的勘查工作中，发现大庙金多金属矿床、梅子沟金多金属矿床深部矿体有变厚变富的趋势，相信随着深部地质找矿的进一步开展，在该区可望找到大型金多金属矿床，也为该区域成矿规律及找矿方向提供借鉴之处。

参考文献

[1] 河南省地质矿产局.河南省区域地质志[M].北京:北京出版社,1989.
[2] 杨志华,郭俊锋,苏生瑞,等.秦岭造山带基础地质研究新进展[J].中国地质,2002,29(3):246-256.
[3] 河南省有色金属地质矿产局第三地质大队.河南省西峡县大庙矿区铁(金多金属)矿详查报告[R].2016.
[4] 罗铭玖,黎世美,卢欣祥,等.河南省主要矿产的成矿作用及矿床成矿系列[M].北京:地质出版社,2000.
[5] 燕长海,彭翼,曾宪友,等.东秦岭二郎坪群铜多金属成矿规律研究[M].北京:地质出版社,2007.

河南省禹州市磨街铝土矿地质特征及找矿标志

梁　珂，周　莉

摘　要：禹州市磨街乡铝土矿埋藏浅，地表直接出露并顺层向下延伸，地层较为稳定，构造较简单。本文通过对该铝土矿地质特征的系统研究，总结了找矿标志，以期对下一步找矿工作提供一定的借鉴。

关键词：磨街；铝土矿；地质特征；找矿标志

1　区域成矿背景

勘查区位于中朝准地台西南部的嵩箕台隆南缘，嵩箕铝（黏）土矿成矿亚区，郑庄-黄道铝（黏）土矿带上。

自嵩山运动后，嵩箕地区经历的构造运动主要表现为升降运动，造成寒武系底界、奥陶系底界及上石炭统底界三个区域性平行不整合[1]。其中以上石炭统底界的区域性平行不整合意义最大，豫西的铝（黏）土矿无一不是产在该平行不整合面之上。本区受燕山期运动影响较大，使铝（黏）土矿及结晶基底之上的中生代地层造成北西向开阔的背斜、向斜构造，岩层被多组断层先后切割，喜山运动对本区影响不大，主要表现为升降运动，控制着第四系的分布。区域内构造-岩浆活动极其微弱，说明环境比较平静，有利于沉积矿产（煤、铝）的形成。

2　矿区地质特征

2.1　地层

本区地层分区属于华北地层区豫西分区嵩箕小区，区内出露的地层从下到上、自老而新为：寒武系中统（ϵ_2）、上统（ϵ_3），奥陶系中统（O_2），石炭系上统本溪组（C_2b）、太原组（C_2t），二叠系下统山西组（P_1s）、中统下石盒子组（P_2s_1）、上石盒子组（P_2s_2）、上统石千峰组（P_3sh）及新生界的第四系（Q）等[2]。见图 1。

寒武系中统主要为灰色、深灰色厚-巨厚层亮晶鲕粒灰岩，含泥质条带鲕粒灰岩及白云质灰岩、白云岩、亮晶鲕粒白云岩等。含化石丰富。厚度约 179～268 m。

寒武系上统分三个组，在本矿区均有出露，自下而上主要为：

（1）崮山组（ϵ_3g）：主要岩性为灰黄色薄-中厚层泥质条带灰岩、灰色厚层细晶白云岩，含燧石团块白云岩。含丰富三叶虫化石。厚度 86～189 m。

（2）长山组（ϵ_3ch）：主要岩性为灰黄色薄-中厚层含泥质白云岩、灰白色厚层细晶白云岩，含丰

梁珂：男，1989 年生。本科，助理工程师，主要从事地质矿产勘查工作。河南省有色金属地质矿产局第四地质大队。
周莉：河南恒瑞矿业有限公司。

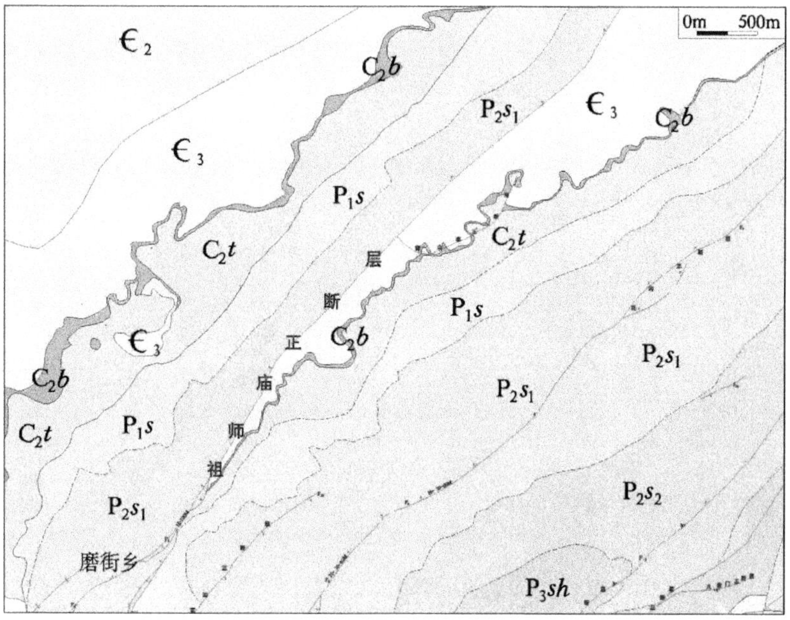

图 1　磨街铝土矿地质简图

富的三叶虫化石。厚度 109～213 m。

(3) 凤山组(Є$_3f$)：本组岩性稳定，主要为灰色、灰白色中厚层细晶白云岩，含燧石团块白云岩夹黄色薄层泥质白云岩，白云质泥灰岩等。含少量化石。厚度 44～77 m。

奥陶系仅局部保留有中统马家沟组(O_2m)，岩性单一，均为灰色、青灰色中厚-厚层状石灰岩。上部常有角砾状灰岩层，颜色多为肉红色或浅紫红、灰色，含铁质较高，沉积连续。厚度 5～30 m。

石炭系上统本溪组(C_2b)为本区主要含矿岩系，是一套连续沉积的铁质铝(黏)土质岩石，可分为三段：下段主要为铁质黏土岩；中段为铝土矿层的主要富集层位，岩性为含铝的黏土岩；上段为黏土质页岩段，局部缺失。本溪组与下伏奥陶系、寒武系呈平行不整合接触，其厚度受古地形控制，变化大。厚度 5.84～22.40 m，一般厚 8 m 左右。

石炭系上统太原组(C_2t)主要为泥岩、砂质泥岩、细砂岩，夹多层石灰岩及薄煤层，石灰岩常含古生物碎屑化石和丰富的蜓科化石。与下伏本溪组呈整合接触。厚度 67.00～82.60 m，

二叠系下统山西组(P_1s)底部为浅灰色长石石英细砂岩或砂质黏土岩。中下部为二$_1$煤层，中上部为砂质泥岩、细-中粒长石石英砂岩，夹薄层煤层。岩层面含植物化石碎片及白云母片。厚度 53.30～122.59 m。

二叠系中统下石盒子组(P_2s_1)岩性以灰黄色的砂岩、砂质泥岩为主，夹煤层(线)。富含鳞木和木贼类植物化石。含三、四、五、六煤组，底部为砂锅窑砂岩。与下伏山西组为整合接触。厚度 250.48～350.68 m。

二叠系中统上石盒子组(P_2s_2)岩性以灰黄色、灰白色长石石英砂岩或石英杂砂岩、长石砂岩、粉砂质黏土岩、高岭石黏土岩、碳质黏土岩、煤线(煤层)为主。含丰富的植物化石、舌形贝类化石，植物以银杏类最为繁盛，即通常所称的“银杏树层”。底部为田家沟砂岩，含七、八、九煤组。厚度 227.87～289.40 m。

二叠系上统石千峰组(P_3sh)底部为平顶山砂岩段，以灰白、灰色巨厚层粗-细粒长石石英砂岩为主，夹灰绿、灰黄色及紫红色黏土岩或薄层粉砂岩；中部以灰绿、灰黄色细砂岩、粉砂岩、紫红色砂质黏土岩为主，夹紫红色黏土岩、灰黄色薄层砂屑灰岩；上部色调以暗紫色为主。厚度 44.05～112.89 m。

2.2 构造

区内构造为一走向 NE～SW、倾向 SW 的单斜构造。区内最主要断层为祖师庙正断层，即一平行地层走向的断层，与之相平行的还有云盖山断层、花沟断层、凡家门断层等，断层均为 NW 盘下降的阶梯状正断层。矿段内地层走向 50°，倾向 140°，倾角 5°～20°，构造简单。地层由西北往东南依次为寒武系、石炭系和二叠系地层出露。

祖师庙断层东北起纸房水库，经闫庄、磨街，南西止于郏县的梁家门，全长约 14 km。断层走向 35°，倾向 NW，倾角 60°～70°，断层为 NW 盘下降的走向正断层。断距由 SW～NE 方向渐大，约 150～400 m。由于该断层的影响破坏，使得本溪组含矿岩系在地表出露两条基本平行的含矿带。同时，根据地表钻孔揭露，本区还发育大量平行于祖师庙断层的次级小断裂，对矿体有一定程度的破坏作用。

3 含矿岩系及铝土矿体特征

铝土矿含矿岩系在产出时严格受古地形的制约。由于沉积是在古岩溶侵蚀面上进行的，对基底起到了填平补齐的作用，因而其上平下凹成为本溪组基本的形态特征。

整个本溪组厚度虽然不大，但岩性复杂，自下而上可分为六层：

(1) 铁质黏土岩：地表为褐铁矿化或赤铁矿化黏土岩，局部所形成的铁矿体均不可采。深部为黄铁矿化黏土岩，局部形成黄铁矿。厚度 0～22.03 m。

(2) 富铁铝土矿：仅存于古岩溶洼斗内，矿石一般呈土状、多孔状或蜂窝状。

(3) 铝土矿及黏土岩：该层是主要含矿层位，层位较稳定，但厚度变化大。颜色杂，以灰色为主，夹杂黄褐、土黄、青灰、灰白色。中、下部一般为豆鲕状结构或微粒凝聚结构，鲕状矿石常呈褐色，其中含铁高；上部为碎屑状结构、致密状结构，块状构造。该层大多可达到铝土矿工业指标要求，局部为耐火黏土矿，Al_2O_3 品位在 50%～60%之间，铝硅比多在 2.0～5.0 之间，矿体呈似层状，已查明的矿体沿走向长 1 580 m，沿倾向长 600 m。该层南部因出工作区边界，未能完全控制到。矿体倾向 135°，倾角 12°～22°。铝土矿厚度 0.80～9.08 m。

(4) 古占煤：在个别钻孔见到。煤厚 0.24～0.87 m，煤有分叉现象出现。

(5) 硬质耐火黏土矿：通常为铝土矿的直接顶板，浅灰色，泥质结构，块状构造，是矿区主要耐火黏土矿层。厚度 0.84～2.43 m。

(6) 黑色伊利石黏土岩：呈透镜状分布于局部地段，泥质结构，块状构造，风化后极易破碎。厚度 0.50～1.0 m。

4 找矿标志

找矿标志主要有如下几个方面：

(1) 地层标志：本区内铝土矿层直接顶板为太原组生物碎屑灰岩，与含矿岩系为平行整合接触关系。因此，找到生物碎屑灰岩，其下覆岩层基本为本溪组含矿地层，根据该地区钻孔揭示无一例外，除局部受断层错动。

本区含矿岩系基底岩石主要为比较纯的奥陶统厚层状泥灰岩或寒武统的白云岩。在磨街一带以白云岩为主，此种岩石易于形成岩溶化地貌，有利于优质铝土矿聚集。

(2) 含矿岩系：在本区无论是含矿带还是无矿带，总有一层铁质黏土岩存在，在地表或浅部为红褐色、黄褐色混杂的铁质黏土岩夹山西式铁矿，深部钻孔中则为灰色-深灰色的含硫铁矿团块的铝质黏土岩。本溪组厚度变化大，在厚度达 10 m 以上的地段，容易出现厚大铝土矿。

(3) 煤层标志：本区广泛发育含煤岩系，在煤层开采或出露的地方，下部必有铝土矿含矿岩系存在。尤其是$二_1$煤层的深浅决定铝土矿矿层的深浅，一般在$二_1$煤层下 50～80 m 即为本溪组含矿岩系。

(4) 以往铝土矿资料：本区的铝土矿找矿工作仅限于浅部(0～100 m)，浅部铝土矿资料是找矿的重要标志之一。在该地区地表，采坑及竖井遍布，均分布在两条含矿带上，是找矿最为直接的标志。

参考文献

[1] 朱东晖，李国平，郭保健，等.河南省铝土矿[M].北京：地质出版社，2012.

[2] 薛亚飞，李铁军，等.河南省禹州煤田煤下铝(黏)土矿普查(阶段)报告[R].河南省有色金属地质矿产局第四地质大队，2015.

鲁山县银洞沟铅矿地质特征及矿床成因浅析

高鹏飞

摘　要：银洞沟矿区位于华北地台南缘，车村-鲁山大断裂以北，豫西南重要成矿带上。本区出露地层主要为中元古界长城系熊耳群鸡蛋坪组火山岩，地球化学异常特征与磁异常推断的断裂构造具有明显的叠合关系，已发现矿床受断裂构造控制明显。通过对矿床地质、矿体地质等特征的详细研究，笔者认为该矿床为热液蚀变充填型铅矿床。

关键词：地质特征；铅矿；热液蚀变充填型；银洞沟

自 2007 年以来，河南省有色金属地质矿产局第四地质大队对银洞沟矿区铅银矿开展了系统的勘查工作[1]。笔者有幸参与了本区的找矿工作，本文拟就本区铅银矿成矿地质条件做些分析和探讨，希望能对本区后续找矿工作提供有益的思考。

1　成矿地质背景

矿区位于华北地台南缘，车村-鲁山大断裂以北，华熊台缘坳陷，渑池-鲁山台陷(图 1)。

1.1　地层

区内地层划分属华北区，华熊分区，崤山-鲁山小区。矿区出露地层简单，主要为中元古界长城系熊耳群鸡蛋坪组(Pt_2j)。该组地层主要岩性为安山岩、安山玢岩、流纹斑岩、石英斑岩、紫红色-青灰色凝灰岩等。地层走向北东 5°～30°，倾向南东，倾角 12°～46°。厚度约 15 km。

1.2　构造

区内共发现构造带 8 条，按走向可分为三组：一组为北东向，共 6 条，编号为 F1、F2、F3、F4、F5、F8；一组为近东西向，编号为 F6；一组北西向，编号 F7。按带内充填物分可分为两类：一类为石英脉型，有 F6；一类为破碎带型，有 F1、F2、F3、F4、F5、F7、F8。

F1 破碎带，位于矿区西北部下寺村附近，地表出露长度约 200 m，宽约 1 m，产状 323°∠75°，岩性为构造碎裂岩，岩石较破碎，夹石英细脉，可见黄铁矿化、褐铁矿化。

F2 破碎带，位于矿区西北部火神庙村枣沟内，长约 500 m，宽约 1 m，产状 160°∠70°，岩性为构造碎裂岩，可见铅矿化。

F3 破碎带，位于矿区中西部火神庙村三岔口附近，长度约 350 m，岩性为构造碎裂岩，围岩为凝灰岩、大理岩。产状：倾向 340°～0°，倾角 74°～80°。此条破碎带内赋存Ⅰ号矿体。

F4 破碎带，位于矿区西部火神庙村水泉沟附近，地表出露长度约 80 m，宽度 0.9 m，产状 350°∠82°。

高鹏飞：男，1990 年 6 月生。本科，助理工程师，从事野外地质勘查方面的工作。河南省有色金属地质矿产局第四地质大队。

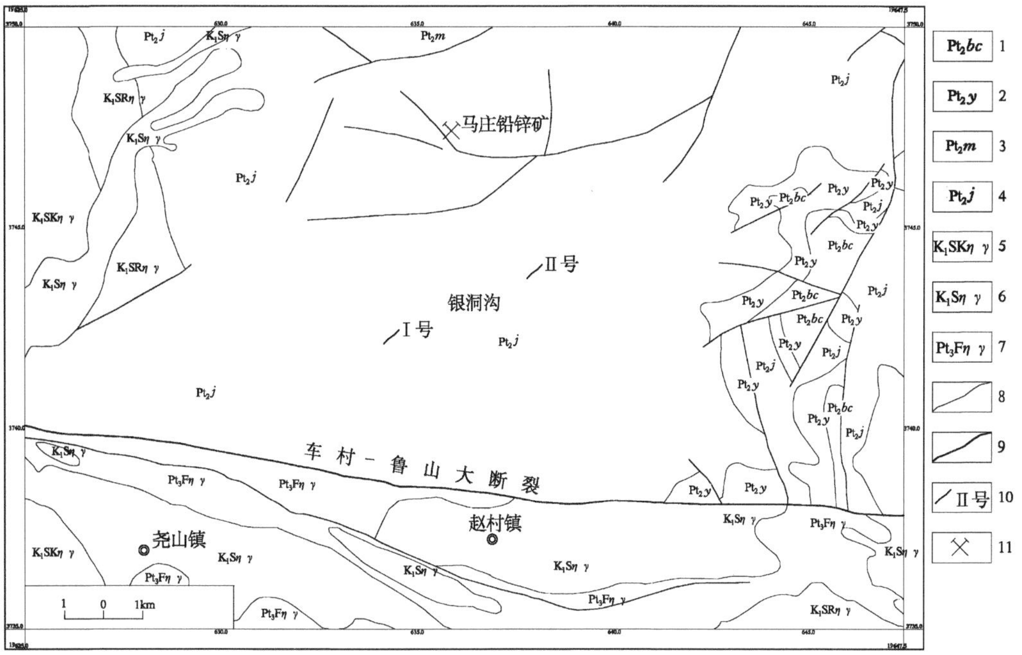

图 1　银洞沟地质概况图

1——中元古界汝阳群白草坪组；2——中元古界汝阳群云梦山组；3——中元古界熊耳群马家河组；
4——中元古界熊耳群鸡蛋坪组；5——早白垩世四棵树序列；6——早白垩世神林超单元；
7——新元古界伏牛山序列；8——地质界线；9——断层；
10——铅锌矿体及编号；11——铅锌矿点

F5 破碎带，位于矿区中部火神庙村上东沟附近，地表出露长度约 80 m，宽度约 1 m，产状 330°∠65°。

F6 石英脉，位于矿区中部银洞岭附近，地表出露长度约 160 m，宽度约 1 m，产状 180°∠85°，可见星点状铅矿化。

F7 破碎带，在老硐 LD7 中发现，长度 20 m，宽度 0.6 m，产状 205°∠65°，可见少量铅矿化。

F8 破碎带，位于矿区北东部，白草坪村南部，长度约 480 m，岩性为构造碎裂岩，围岩为杏仁状安山岩、安山玢岩。产状：倾向 315°～322°，倾角 76°～80°。此条破碎带内赋存Ⅱ号矿体。

1.3　岩浆岩

矿区内岩浆活动主要有两期：第一期为中元古代长城纪的大陆裂谷盆地的钙碱性系列～火山喷发，形成了中元古界长城系熊耳群鸡蛋坪组（Pt_2j）地层的原岩；第二期为中生代早白垩世小规模的中酸性岩浆侵入，形成较小脉岩，主要有石英脉岩、伟晶质脉岩等。

1.4　地球物理场特征

（1）磁异常分布特征

矿区磁场分为两个部分，东北部地区磁场强度较弱，西部地区磁场较强，磁场总体呈北东向分布，形成较大的两个磁异常带。

矿区共圈定磁异常 11 处，编号为 C1～C11 磁异常（图 2、图 3）。其中主要磁异常特征描述如下：

C1 磁异常是区内最强磁异常，大于 1 000 nT，磁异常呈北东向，上延 100 m 后 C1 和 C4 磁

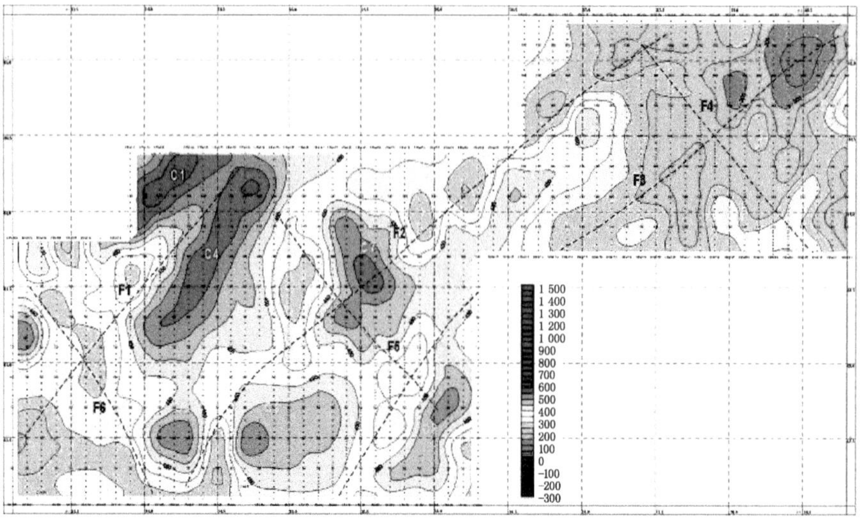

图 2　银洞沟磁异常化极上延 100 m 平面等值线图

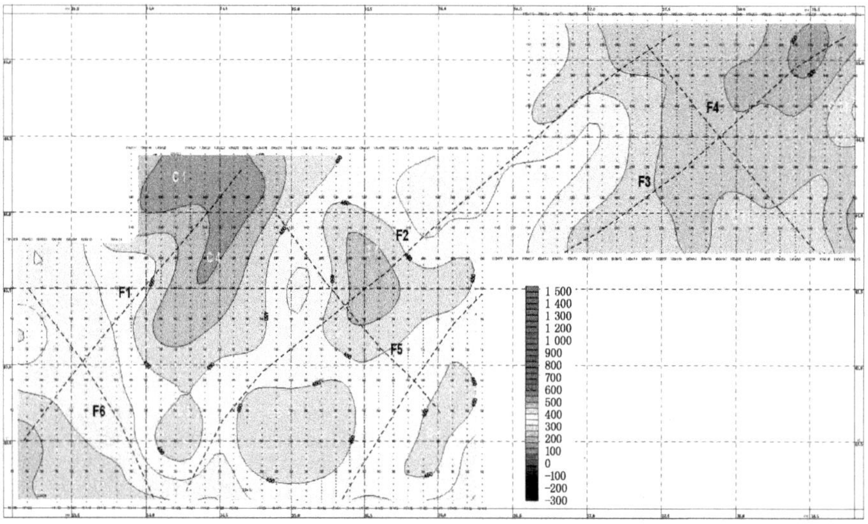

图 3　银洞沟磁异常化极上延 200 m 平面等值线图

异常在北侧合为一个，上延 200 m 后，该磁异常仍较强，异常范围变化不大，且四周几个磁异常也同样存在，形成一个高值磁异常区，可能为埋藏较厚的侵入岩体所引起；C3 磁异常值较高，但范围较小，异常上延衰减较慢，上延 200 m 后依然存在，磁异常体埋藏较深；C4 磁异常呈北东走向，异常范围大于 1 500 m×500 m，是区内较大的磁异常，上延后和 C1 磁异常合为一个，成为测区最大的磁异常；C5 磁异常是 C4 磁异常向南突出的一个次级异常，上延 100 m 后更明显；C6 磁异常呈圆形，位于北东向磁异常带上，西侧磁异常强、正负差值大，东侧相对低缓，上延后该磁异常衰减慢，且成为一个独立磁异常；C7 磁异常位于北东向磁异常带中部，由多个磁异常组成一个近似的圆形，上延后该磁异常具有北北西和北东走向特点，可能为受断裂构造影响所致；C8 磁异常位于 C6 磁异常东侧，呈北东向，其性质和 C6、C7 磁异常一致；C9 磁异常位于北东向磁异常带东段，由多个磁异常组成北东向磁异常带，上延处理后该磁异常衰减较快，可能为深部岩体沿断裂上侵所致。

（2）磁异常的地质解释

本区磁场变化较乱，磁异常强度变化较大，化极后的磁场最大差值大于 1 000 nT，显示区内地质构造复杂。根据磁场异常解释断裂构造和侵入岩体存在的依据包括：呈一定走向分布的串珠状磁异常带；较大的磁场低值或高值异常带，断裂的破坏作用会造成磁场值降低；磁场分布突然截断、发生走向变化的异常带；较大的磁场梯度带；磁性侵入岩体为较大面积的磁异常。

对照磁场实测平面等值线图及其相关的磁场化极、化极上延处理图件进行分析，新推测出测区存在断裂构造 6 条，依次为：F1 断裂西段磁场为北西向的负磁异常，东段在高磁异常中形成的磁异常相对低，沿断裂发现铅矿化带；F2 断裂为磁场低值异常带，异常形态差异较大，测区东南分布的花岗斑岩脉可能与该断裂有关；F3 断裂是区内较大断裂，沿断裂带为磁场低值异常带，在中部和西部低值异常带变宽，可能和北东向断裂交汇所致；F4 断裂异常特征同 F3 断裂；F5 断裂南段为磁场低值带，北段为杂乱低值磁异常，C4 磁异常可能和 F5 断裂有关；F6 断裂亦是区内较大断裂，沿断裂为磁场低值带，该断裂的存在使得矿区两个北西走向的磁异常带不连续和发生错动，断裂南段沿断裂铅矿（化）体发生错动，北段为弱磁异常。

1.5 地球化学特征

（1）元素的地球化学分布特征

通过 1∶10 000 比例尺土壤测量，获得银洞沟矿区中 Au、Ag、Pb、Zn、Cu、As、Sb、Mo、Ni 等 9 个元素的地球化学分布特征，绘制了各元素地球化学图，其中以 Ag、Pb、Zn 等为主的几个成矿元素呈现出北东-南西展布的串珠状异常带，与磁测结果推测的主断裂构造方向一致。9 个元素中大部分元素的共同特点是东北部背景低、异常衬值高、浓集中心明显，而西南部背景相对较高、异常衬值较低；不过 Ni 元素表现出相反的特点，即东北部背景高、西南背景低，而且高值区主要集中在工作区的中部，形成大面积异常；Cu 元素也有类似的特点，但异常分布特征与其他元素相似。Ni 元素表现出的地球化学分布特征可能与地层分布有关。

进一步深入分析研究可以发现，Ag、Pb、Zn 等 3 个元素的地球化学分布特征基本一致，均有两条北东-南西展布的串珠状异常带，与磁测结果推测的两条主断裂构造基本一致，表明工作区内主成矿元素为 Ag、Pb、Zn，同时成矿与断裂蚀变带有密切关系。另外，Ag 的高值区主要分布在工作区东北部，而 Pb 的高值区主要分布在西南部，根据磁测结果，这两个地段正好是次级断裂构造较发育的区域。

（2）元素异常分布特征

通过 1∶10 000 比例尺土壤测量结果，在工作区内圈出了多处以 Ag、Pb、Zn 元素为主，且具有极好找矿前景的异常。根据聚类分析结果，结合实际异常分布特征，将异常元素分为两组：Ag-Pb-Zn-Cu-Sb（图 4）和 Au-Mo-As（图 5）。按照规模、强度、元素套合情况等，圈定有找矿远景的组合异常 10 处，现将主要的 7 处综合异常简述如下。

Ⅰ号异常：位于工作区西南角，该地段有一正在开采的铅锌矿，异常面积约 0.2 km^2，等轴状展布，以 Ag、Pb、Zn、Cu、Sb 元素异常为主，伴随有弱的 As 异常，显示了很好的组合异常，各元素浓集中心明显，且高度叠加，异常强度高。其中 Ag 的最高值达到 104 992 ng/g（105×10^{-6}），已达到工业品位；Pb 最高值为 5 617 μg/g（0.56%，超过边界品位），Zn 最高值为 610 μg/g。根据磁测结果，Ⅰ号异常处于次级断裂边缘，初步判断应与次级构造活动有密切关系。根据分析结果，除 Pb、Zn 外，Ag 也应该是该矿床的主要成矿元素。另外，Sb 元素在该异常有很好的显示，并沿北北西方向出现连续的串珠状异常，异常强度逐渐变弱，形成一条异常带，与磁测结果推测的次级断裂方向一致，表明该矿床的矿体应向北北西方向延伸，且主矿体向北北西方向隐伏，有一定埋深，未出露地表。

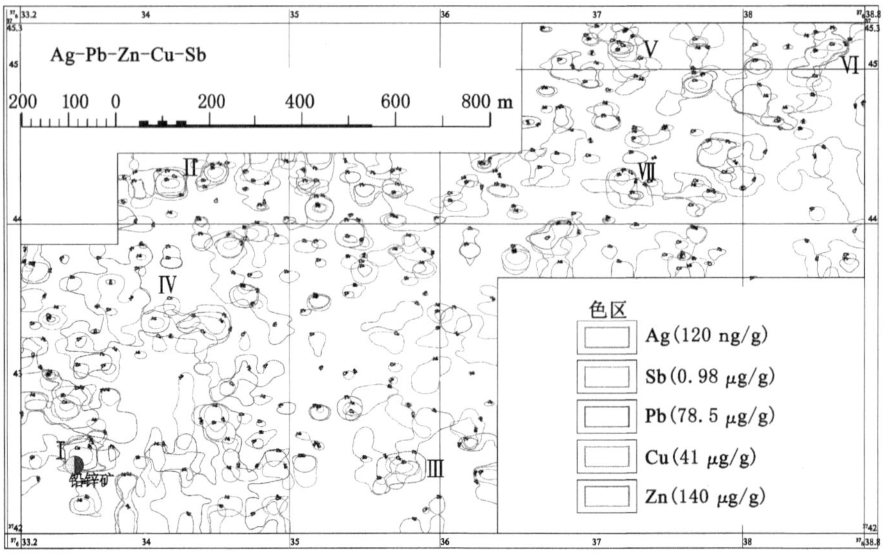

图 4　银洞沟土壤测量 Ag-Pb-Zn-Cu-Sb 组合异常图

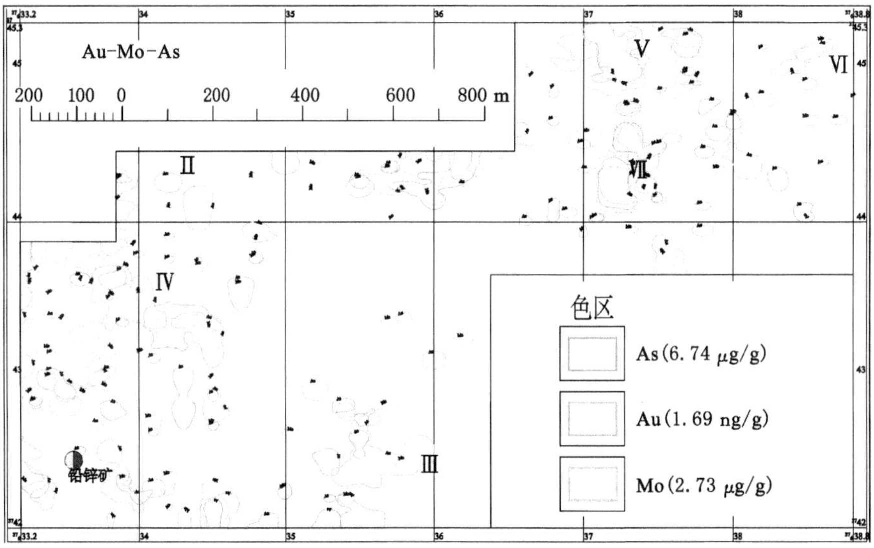

图 5　银洞沟土壤测量 Au-Mo-As 组合异常图

Ⅱ号异常:位于工作区西北角,异常面积约 0.2 km^2,北东东-南西西方向展布。以 Ag、Pb、Zn、Cu 等元素异常为主,伴随有弱的 Sb 异常,异常组合较好,具有两个浓集中心,相距约 300 m。其中 Ag 的最高值达到 19 936 ng/g(19.9×10^{-6}),Pb 最高值为 3 071 μg/g(0.3%,达到边界品位),Zn 最高值为 1 676 μg/g。该异常同样处于磁测推断的断裂构造附近,同时,推测深部可能存在侵入岩体,野外观察发现有不连续破碎蚀变带,元素组合及异常的地球化学特征与Ⅰ号异常十分相似,表明Ⅱ号异常极有可能是矿致异常,应重点查证。

Ⅲ号异常:位于工作区的中南部,异常面积约 0.1 km^2,近东西向展布。以 Pb、Zn、Au、Ag 等元素异常为主,伴随有弱的 Cu、Mo、Sb 异常,异常强度高,元素组合较好,浓集中心明显。其中 Pb 的最高值达到 7 465 μg/g(0.746%,超过工业品位),Zn 最高值为 261 μg/g,Au 最高值为 38.32 ng/g,Ag 最高值为 592 ng/g。该异常同样处于两组断裂构造交汇处南侧,经野外观察,异常地段破碎蚀变带十分发育，是成矿有利地段。

Ⅳ号异常：位于工作区西侧，北西西-南东东向展布，长约 1 200 m。元素组合以 Pb 元素为主，由 5 个浓集中心组成，形成串珠状异常带，伴有 Au、Ag、Zn、As 异常，以及弱的 Cu、Mo、Sb 异常。整条异常带上 Pb 的最高值为 5 436 μg/g(0.54%)，Ag 最高值为 1 710 ng/g，Au 最高值为 243 ng/g，Zn 最高值为 1 578 μg/g，As 最高值为 87 μg/g。野外观察结果发现，该异常带破碎蚀变十分发育，是成矿的有利条件。

Ⅴ号异常：位于工作区北部偏西，北西-南东向展布，面积约 0.15 km^2。该异常以 Au、Ag、Mo 为主，伴有 Zn、As、Cu、Pb 以及弱的 Sb 异常。其中 Au 的最高值达到 778 ng/g(0.778×10^{-6})，已接近边界品位；Ag 最高值为 1 002 ng/g，Mo 最高值为 67.66 μg/g，As 最高值为 102.8 μg/g。异常元素组合较好，具有明显的带状分布特征，特别是 As 和 Au，异常的南东延伸方向有连续的串珠状异常出现，与磁测结果推测的次级断裂基本吻合，表明该异常为矿致异常的可能性极大，且与断裂蚀变带有密切关系。另外，该异常南东延伸方向约 700 m 处有一处很好的以 Ag、Pb、Zn 为主的多元素组合异常，Ag 最高值达到 6 893 ng/g，Pb 最高值为 2 633 μg/g，Zn 最高值为 2 340 μg/g，也具有极好的找银铅矿前景。

Ⅵ号异常：位于工作区东北角，北东-南西向展布，面积约 0.2 km^2。该异常以 Ag、Zn、Pb 为主，伴有 Mo 的中等异常以及弱的 Sb、Au、Cu 异常。其中 Ag 的最高值为 9 485 ng/g(9.485×10^{-6})，Pb 最高值为 2 166 μg/g，Zn 最高值为 649 μg/g，Mo 最高值为 37.85 μg/g。该异常是工作区两条大异常带中南侧异常带的东北端，与工作区主体控矿断裂构造带的展布方向一致，异常元素组合好、强度高、浓集中心明显，具有良好的找矿前景。另外，距Ⅵ号异常以西约 300～600 m 处存在一处以 Ag、Zn 为主的多元素组合异常，由三个浓集中心组成，Ag 的最高值为 2 888 ng/g，Zn 最高值为 1 493 μg/g。该异常同样具有良好的找矿意义。

Ⅶ号异常：与Ⅵ号异常同属一个异常带，位于Ⅵ号异常西南延伸方向约 1 300 m 处，面积约 0.3 km^2。以 Mo 为主，伴有 Cu、Au、Zn、As、Pb 以及弱的 Sb 异常。Mo 的最高值达到 1 215.93 μg/g (0.12%)，已超过工业品位；Ag 最高值为 4 988 ng/g，Au 最高值为 35.31 ng/g，Zn 最高值为 411 μg/g，As 最高值为 191 μg/g，Cu 最高值为 210 μg/g。该异常为多点、多元素组合异常，强度高、面积大、元素组合好、浓集中心明显，处在主断裂构造带上，通过野外现场观察，次级蚀变破碎带发育，因此具有极好的找矿前景。另外，Ⅶ号异常西南延伸方向约 700 m 处存在一个以 Ag、Zn 为主伴有 Pb 等元素的组合异常，有 2 个浓集中心，Ag 的最高值分别达到了 2 360 ng/g 和 1 698 ng/g，Zn 最高值为 427 μg/g 和 955 μg/g。同样为多点、多元素组合异常，因此，也应引起重视。

2 矿体特征

本区铅矿矿体严格受含矿断裂构造带控制，矿体基本上分布在含矿断裂构造带中部，矿体产状与构造带基本一致。本次通过对 F3、F8 构造带进行工作，在其内圈定矿体 2 个，编号为Ⅰ、Ⅱ。

2.1 Ⅰ号矿体特征

Ⅰ号矿体赋存于 F3 构造带中，地表由探槽 TC205、TC203 控制，中深部由 LD4 控制。矿体赋存标高＋673～＋630 m，地表控制长度 40 m，倾向最大延伸 12 m。矿体形态呈脉状，保存完整，未受后期构造破坏和岩脉穿插，矿体厚度 0.85～0.90 m，平均厚度 0.88 m，厚度变化系数 1%。Pb 品位 1.02%～1.2%，平均品位 1.08%，品位变化系数 9%；Ag 品位 5.3×10^{-6}～8.2×10^{-6}，平均品位 7.21×10^{-6}，品位变化系数 21%。

2.2 Ⅱ号矿体特征

Ⅱ号矿体赋存于F8构造带中，地表由探槽TC307、TC307-1、TC305、TC305-1控制，中深部由LD7控制。矿体赋存标高+447～+368 m，地表控制长度60 m，倾向最大延伸60 m。矿体形态呈脉状，保存完整，未受后期构造破坏和岩脉穿插，矿体厚度0.84～6.23 m，平均厚度3.37 m，厚度变化系数46%。Pb品位0.58%～1.75%，平均品位1.24%，品位变化系数39%；Ag品位4.4×10^{-6}～$3\ 185.00\times10^{-6}$，平均品位54.61×10^{-6}，品位变化系数93%。

2.3 矿石质量

(1) 矿石物质组成

根据薄片鉴定及肉眼观察，本区矿石矿物成分较为复杂，数量十余种。主要金属矿物有黄铁矿、方铅矿、闪锌矿，次要金属矿物有褐铁矿、黄铜矿等。脉石矿物以石英、方解石为主，次为重晶石、绢云母等。副矿物有铁质、锆石、磷灰石等、

(2) 矿石化学成分

全区送矿石基本分析样409个，化验结果表明，矿石中有益成分为Ag、Pb、Zn。Ag含量最高位$3\ 185.0\times10^{-6}$，最低位$<2.0\times10^{-6}$，平均51.26×10^{-6}。

化学成分中，Pb、Zn含量与矿石中方铅矿和闪锌矿的含量直接相关，矿物含量高，其相应组分品位亦高。一般地表矿物含量较贫，下部较富。Pb、Ag关系密切，二者具正相关关系[2]。

(3) 矿石结构、构造

矿石结构以粒状结构、胶状结构、碎裂结构为主，其次为交代结构、鳞片粒状变晶结构等。

矿石构造以块状构造、浸染状构造、脉状构造为主，其次有角砾状构造等。

2.4 矿石类型

矿体的矿石自然类型，地表及浅部为氧化矿石，以碎裂岩型方铅矿为主；中深部位为原生矿石，主要类型为石英-铅银矿型矿石及褐铁-铅银矿型矿石。

2.5 矿体围岩

矿体围岩为蚀变少杏仁状安山岩，矿石与围岩界线清楚。岩石具斑状结构，少杏仁状构造。杏仁内充填物有石英、碳酸盐、绿泥石和褐铁矿。斑晶成分有斜长石和角闪石，分布不均匀。基质具安山结构，成分为斜长石、玻璃质和角闪石。斜长石杂乱分布，在其粒间分布有玻璃质和角闪石等。

3 矿床成因浅析

3.1 成矿规律

(1) 本区地球化学异常与磁异常推断的断裂构造具有明显的叠合关系，已控制矿体受断裂构造控制明显，控矿断裂多为走向北东或北西向断裂，断层面产状陡立，多为65°～82°，断裂构造控矿特征明显；

(2) 矿体围岩为安山岩(或安山玢岩)，矿体对围岩选择不明显；

(3) 矿(化)体含矿岩性分为石英脉和蚀变岩，但以后者为主。

3.2 矿床成因

通过对区内的铅矿矿体的分布特征进行深入研究[3]，发现该区的矿(化)体多分布于北北东向

及北西向断裂构造中，在北北东向与北西向构造交汇部位矿体分布较为集中，这与本区所做地面高精度磁测工作解译断裂构造特征基本一致，也直接说明了该区矿化受断裂构造控制。

矿石结构、构造特征表明矿石多呈碎裂结构，局部具有交代结构特征，因此初步认为该区矿化为受构造控制的中低温热液型矿化。

参 考 文 献

[1] 尹乐，李原，高鹏飞，等.河南省鲁山县银洞沟铅矿详查报告[R].河南慧采矿业有限公司，2014.

[2] 白楠，王帅.浅析鲁山某矿区铅锌矿矿床地质特征[J].科技资讯，2016，14(28)：174-175.

[3] 白楠，王帅.鲁山某矿区铅矿矿床地质特征[J].科技资讯，2016，14(24)：168-169.

栾川县牛心垛金矿矿床成因及找矿方向探讨

许 芸

摘 要:牛心垛金矿位于华北地台南缘,华山-熊耳台隆的外方山隆断区,矿体受北北西向构造带控制。本文通过对矿体地质特征、含矿性和矿体的规模、形态、产状及赋存规律、矿石类型和结构构造等的研究,认为该矿床为中温热液-表生富集型金矿床,并总结了找矿标志,为本区向深部和外围空间的找矿指明了方向。

关键词:栾川县;牛心垛金矿;地质特征;找矿方向

牛心垛金矿位于河南省栾川县城两北 10 km 处,该矿床最早由洛阳市矿业发展中心开展了系列勘查工作,2011 年河南省有色金属地质矿产局第四地质大队又在本区开展了生产勘探工作,对该区矿体进行了较系统的控制。

1 区域成矿地质条件

矿区处于华北地台南缘,以狮子庙-古城断裂带为界,以北为华熊古隆起,以南为华北陆块南缘褶断带[1]。区域构造活动强烈,岩浆活动频繁,具有良好的金属成矿地质背景(图 1)。

本区属华北地层区豫西分区华熊地层小区。区内各组、段地层均呈北西向条带状展布,相互间部分为断层接触。地层走向北西西-近东西,倾向南西西-南西,倾角 45°~70°。本区经历多次构造运动,以断裂发育为特征,褶皱不发育。区域性栾川深大断裂从矿区南侧通过,其中北西西向断裂在该区分布广泛,规模较大,活动时间长,具多期活动性质,常成群出现,以压性为主,局部压扭性。

长期和多阶段的地壳运动,使区内岩浆活动频繁,延续时间长,自太古代、元古代到中生代都有表现,具有多旋回、多期性的特征。区内岩浆岩主要包括:前加里东期变辉长岩(υNh)、长城纪龙王幢岩体粗中粒富铁钠闪石正长花岗岩($\xi\gamma ChL^1$)、燕山期巨斑状黑云二长花岗岩、燕山期合峪中粗粒含斑黑云母二长花岗岩。该区频繁的岩浆活动为矿物质的活化运移富集起到了积极的作用[2]。

区域内变质岩发育,由于区域构造—岩浆活动的多期性,致使区内地层遭受多期变质作用,形成大面积的变质岩系。变质作用类型主要为区域变质作用,其次为动力变质作用。区域变质岩为本区主要岩石类型,根据变质程度,本区变质相带属绿片岩相-钠长石带,带内普遍发育变质碳酸盐岩类、片岩以及石英岩、大理岩等。动力变质作用系伴随断裂活动而产生,分布范围仅局限于断裂带及附近,形成各种构造岩-碎裂岩、角砾岩、糜棱岩等。

许芸:女,1984 年 9 月生。助理工程师,主要从事矿产勘查和技术管理工作。河南省有色金属地质矿产局第四地质大队。

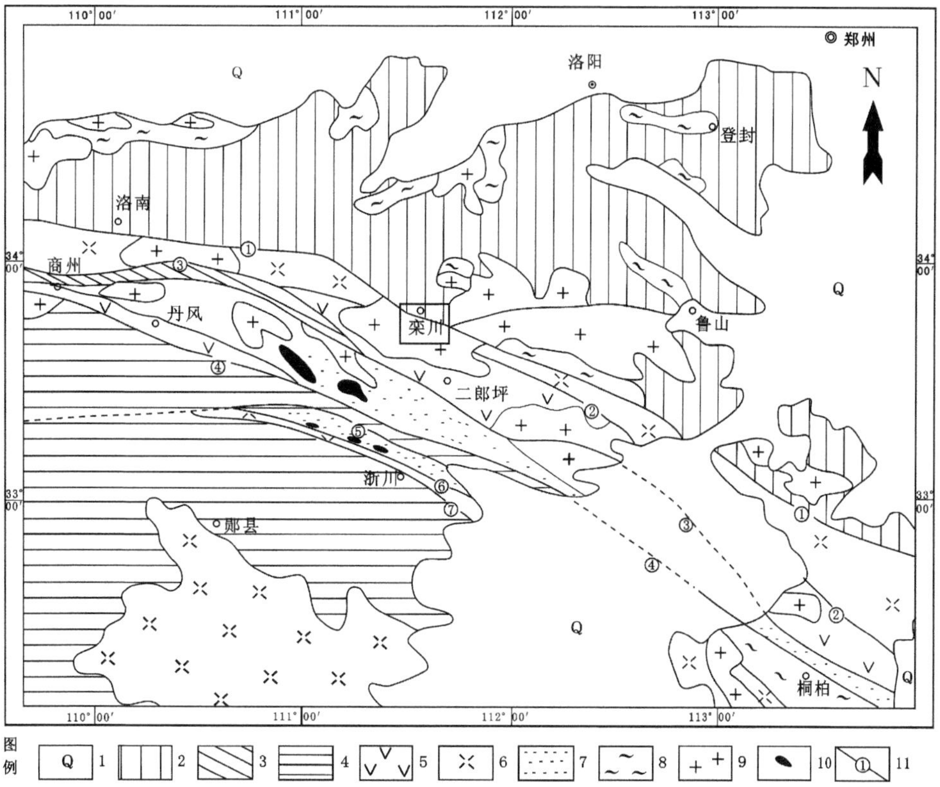

图1 区域地质简图

1——第四系；2——华北陆块盖层；3——北秦岭盖层；4——南秦岭盖层；5——下古生界；
6——中、新古生界；7——古元古界；8——太古界；9——花岗岩；10——超镁铁岩；
11——主要断层及编号：① 洛南-栾川断裂，② 瓦穴子-小罗沟断裂，③ 朱阳关-夏馆断裂，④ 丹凤-镇平断裂，
⑤ 木家垭-西峡断裂，⑥ 小陡岭-田关断裂，⑦ 尖怀寨-黄风垭断裂，⑧ 城口-房县断裂

2 矿体地质特征[3]

2.1 矿区地质简介

矿区位于栾川-黑沟深大断裂以北，黄背岭-石宝沟背斜的东段，区内为一套单斜岩层，受深大断裂的影响，在花岗岩体内亦有断裂发育，对金、铅、锌等多金属矿产的富集提供了有利的空间。矿区出露地层比较复杂，主要有新太古界太华群（Ar_3T），中元古界官道口群龙家园组（Jx*l*）、巡检司组（Jx*x*）、杜关组（Jx*d*）、冯家湾组（Jx*f*）和新元古界青白口系栾川群三川组（Qb*s*），次为第四系（Q）。矿区内岩浆岩非常发育，在矿区东北部为长城纪龙王幢岩体，主要岩性为粗中粒富铁钠闪石正长花岗岩；另外，前加里东期变辉长岩脉在龙王幢岩体南部亦十分发育。矿区围岩蚀变强烈，以线型带状蚀变为主，在断裂构造带内或其旁侧围岩中最为发育，在围岩蚀变过程中，往往伴随有各种金属矿化。

2.2 矿体特征

矿区内发现两条金矿体，均赋存于龙王幢岩体的含矿破碎带中（图2），现将两矿体特征分述如下。

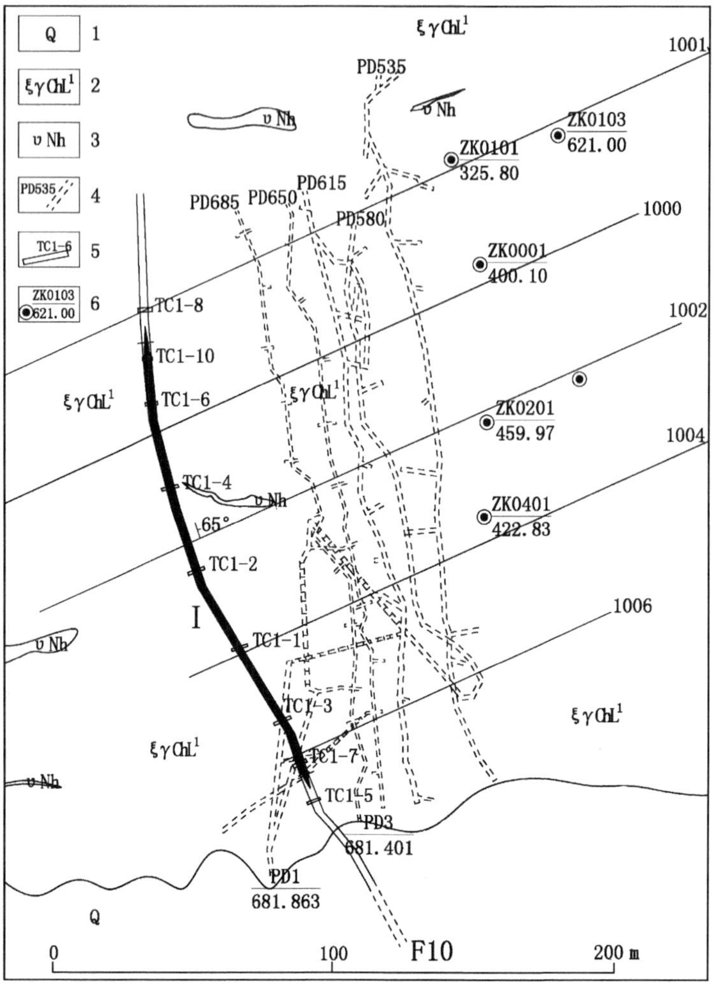

图 2　矿区地质简图

1——第四系；2——长城纪龙王幢岩体粗中粒富铁钠闪石正长花岗岩；3——前加里东期辉长岩体；
4——坑道位置及其标高；5——探槽及其编号；6——钻孔位置及其孔深

1 号金矿体：分布于含矿破碎带北段，控制长度约 550 m。矿体分布标高为＋390～＋885 m，呈现脉状，总体走向 344°，倾向 68°～78°，倾角 62°～72°，平均 65°。矿体无论在走向、倾向方向上均呈舒缓波状，局部膨大，存在夹石并有分支复合现象，厚度 0.55～9.60 m，平均 4.51 m，厚度变化系数 52.76％，属稳定型。矿体中主要有益组分为金、铅，品位 Au 0.09～15.52 g/t，平均 3.82 g/t；Pb 0.36％～4.85％，平均 0.97％；品位变化系数 Au 51.64％，Pb 60.25％，均属均匀型。

2 号金矿体：分布于含矿破碎带中段，与 1 号金矿体平行，控制长度约 115 m。矿体赋存标高为＋484～＋550 m，呈现脉状，厚度 0.63～5.92 m，平均 3.28 m，厚度变化系数 114.22％，属较稳定型。矿体中主要有益组分为金，品位 Au 0.06～7.00 g/t，平均 2.79 g/t；品位变化系数 79.14％，属均匀型。

3　矿石特征

3.1　矿石类型

根据矿石中矿物组分及金属矿物组合特点，矿床工业类型属破碎带蚀变岩型金矿床和含金石英脉型矿床。矿石属金-多金属建造，按其金属硫化物的含量，属贫硫化物型金矿石。这类矿石中金属硫化物平均含量占3% 以下，脉石矿物超过 97%，硫化物主要是黄铁矿、方铅矿、闪锌矿，采用浮选工艺流程处理矿石，伴生组分铅、锌、银可在金选矿时综合回收。

碎裂蚀变岩型金矿石：该类矿石主要以浸染状构造、团块状构造为主。主要矿石矿物为黄铁矿、方铅矿、闪锌矿等，脉石矿物为石英、绿泥石等。

石英脉型金矿石：主要为块状及角砾状的石英脉，次为矿化的蚀变岩。主要矿石矿物为黄铁矿、方铅矿、闪锌矿、自然金等。

3.2 矿石成分

矿石组成由金属矿物与脉石矿物组成。金属矿物以自然金、黄铁矿、方铅矿、闪锌矿、黄铜矿等为主。脉石矿物主要有石英、绿泥石、绢云母，次要的有方解石、钾长石、角闪石及微量榍石、锆石、伊利石、高岭石、碳质页岩等，相互镶嵌呈他形-半自形粒状结构，粒度粗细不均，以中细粒为主。

金矿物以自然金为主，呈亮黄色，具极好延展性，强金属光泽；形态主要呈不规则粒状、枝杈状、线状、角粒以及浑圆状、板状、片状等，分布在石英以及其他脉石矿物和金属矿物粒间，或黄铁矿裂隙中及包括在金属硫化物、石英及其他脉石矿物中，与它们共生关系密切；粒度以中细粒度为主，约占 50%左右，粗粒金及细粒金约占 20%～25%左右，另有微量的微粒金。自然金的嵌布以粒间金、包体金和裂隙金三种形式出现。

3.3 矿石结构构造

原生矿石主要有半自形-他形粒状结构、交代结构、角砾状结构、固熔体分离结构等。氧化矿石多具胶状结构、晶架状结构等。矿石常见构造以网脉状、脉状、块状、团块状、条带状为主，其次有角砾状、浸染状构造。块状构造一般有较明显的界线，其他构造之间多为过渡关系，即以块状构造为中心，向外侧依次为脉状、角砾状、条带状、团块状至细脉浸染状、斑点状及浸染状构造。

3.4 矿体围岩和夹石

牛心垛金矿体的特点是，矿体均赋存于较宽的矿化蚀变构造带内，由于矿体顶底板大多数是由蚀变与破碎程度不同的构造岩组成，局部顶底板直接为花岗岩，矿体与顶底板围岩界线不明显，矿体与围岩界线也较难辨认。

（1）矿体与围岩界线

矿体与围岩没有明显的自然边界。在日常工作中，肉眼仅能根据矿化、蚀变种类和强度判别矿体存在的可能性或大致位置。若要确定矿体与围岩的界线，只能靠样品分析结果来确定。

（2）围岩的含金性

矿区的矿体与围岩没有明显的自然边界，仅根据样品的分析结果按照工业指标来圈定矿体，区分矿与非矿界线。因此，矿与围岩的含金量有一渐变关系，即近矿围岩有一定的含金性。另外，据对矿区主要见矿工程（能反映矿体顶底板矿化的工程）矿体顶底板围岩含金性的统计，矿体顶板选取 67 个样点，金品位变化区间 0.09～0.99 g/t，平均品位 0.38 g/t。从上述统计结果可以看出，本矿床矿体顶底板围岩普遍含金，虽近矿围岩金品位不高，但有利于降低采矿贫化率。

（3）矿体夹石

依据矿体特征，按工业指标在地表、各中段及有关剖面上对矿体进行了圈定，矿体厚度普遍为 0.55～9.60 m，厚度变化系数 52.76%，厚度稳定。局部虽有厚大矿体出现，伴随着厚大矿体产出部位也易存在夹石或者分枝复合现象。总体来看，矿体内部夹石数量不多、规模不大，因此对矿体的连续性影响亦不大。

4 矿床成因及找矿标志

4.1 矿床成因

牛心垛金矿床的形成，是在前加里东期的辉长岩侵入后期，含矿热液沿北北西向断裂充填成矿；在燕山期，区域构造及岩浆活动强烈，含矿热液沿北西向断裂破碎带再次运移，局部地段与前期矿体叠加，使金进一步富集；最后，含矿构造在漫长地质史中进一步破碎，并在表生地质作用下，使其中所含的分散金元素逐渐富集，形成工业矿体[4]。总之，强烈的热液活动及有利围岩为成矿提供了物质来源，断裂破碎带为成矿提供了良好的场所，表生作用使金进一步富集[5]。

矿石中的细脉状、浸染状构造，都是热液型矿床的典型特征；黄铁矿、方铅矿、闪锌矿、黄铜矿的共生矿物组合也是中温热液矿床的特征。因此，认定该矿床为中温热液-表生富集型金矿床。

4.2 找矿标志

(1) 构造标志：深大断裂的次级断裂构造破碎带为矿液的运移和充填提供了有利条件，是找矿的重要标志。

(2) 围岩蚀变标志：与内生多金属矿床有关的围岩蚀变有硅化、碳酸盐化、绢云母化等。

(3) 氧化带标志：内生多金属硫化物矿床在表生作用下，常形成次生氧化物褐铁矿、铁锰矿等铁帽或铁锰帽等，是找本类型矿床的直接标志。

(4) 古人采、选、冶遗迹标志：古人采、选、冶遗迹（老硐、冶炼炉渣等）是很好的找矿标志。近几年群众采矿极盛，在矿化较好的浅部常有民采坑、硐，是很好的人工露头，部分坑、硐可代替浅部探矿工程使用，借此可对浅部矿体作出评价。

5 找矿方向探讨

牛心垛金矿区有良好的成矿条件，探明资源量已达中型矿床。在未来工作中，需要进一步加强地质特征研究，总结成矿规律，注重以下几个地段的找矿工作：

(1) 对已知金矿体沿走向、倾向进一步开展工作。

(2) 北北西向断裂带成矿最为有利，应重视矿区内与已知矿体平行的断裂带。

(3) 矿脉由陡变缓或由缓变陡部位往往赋存富矿体，是找矿的有利地段。

参 考 文 献

[1] 河南省地质矿产局. 河南省区域地质志[M]. 北京：地质出版社，1989.

[2] 陈衍景，富士谷. 豫西金矿成矿规律[M]. 北京：地震出版社，1992.

[3] 王云鹏，赵亚飞，赵启平，等. 河南省栾川县河南中天矿业有限公司牛心垛涧沟汞银沟金铅锌矿生产勘探报告[R]. 河南省有色金属地质矿产局第四地质大队，2013.

[4] 卢欣祥，尉向东董有，等. 小秦岭-熊耳山地区金矿时代[J]. 矿床地质，1998，17(增刊)：765-768.

[5] 王志光，崔毫，徐孟罗. 华北地块南缘地质构造演化与成矿[M]. 北京：冶金工业出版社，1997.

内蒙古二道岭锌多金属矿地球化学特征及找矿前景分析

薄志卿

摘　要:内蒙古二道岭地区地质构造演化历史复杂,主要成矿期是华力西期和燕山期两大构造活动时期。岩浆活动是形成内生金属矿产Cu、Pb、Zn、Au、Ag、W、Sn、Mo等的内在条件,周围金属矿点、矿化点成因类型有岩浆热液型、火山沉积型、矽卡岩型等。区内晚石炭纪似斑状二长花岗岩的多期次活动为本区成矿元素活化、运移提供主要热动力,其内部富含Pb、Zn、Mo等元素,且分异系数较好,是较好的矿源层。本区处在Mo、Pb、Zn异常带(区)成矿带上,元素套合较好,异常强度高,带内构造发育,指示本区存在Mo、Pb、Zn矿(化)体,有很好的找矿前景。

关键词:二道岭;锌多金属矿;地球化学特征;找矿前景

1　前言

内蒙古二道岭地区位于大兴安岭中段华力西期、燕山期多金属成矿带,矿区地层以中生代陆相基性-酸性火山地层为主,其次为古生代地层。本区地质构造演化历史复杂,主要成矿期是华力西期和燕山期两大构造活动时期。岩浆活动是形成内生金属矿产Cu、Pb、Zn、Au、Ag、W、Sn、Mo等的内在条件,本区处在Mo、Pb、Zn异常带(区)成矿带上,区内Mo、Pb、Zn、Cu、W、Ag综合异常分布广泛,元素套合较好,异常强度高,异常重现性较好,带内构造发育,指示本区有可能存在Mo、Pb、Zn、Cu、W、Ag矿(化)体,有很好的找矿前景。

2　成矿地质背景

二道岭地区属西伯利亚板块东南大陆边缘活动带,地层以中生代陆相基性-酸性火山地层为主,其次为古生代地层。下奥陶统铜山组多呈捕虏体残留于华力西期侵入岩中,与岩浆岩接触带外侧发生大量的角岩化、矽卡岩化,受热液作用形成具工业价值的铜、铅、锌矿床。中奥陶统多宝山组为大洋岛弧环境下的钙碱性火山-沉积建造,岩性主要为安山岩、安山质火山角砾岩等,整体成层有序,最大控制厚度约1 638 m。上侏罗统满克头鄂博组岩性主要为流纹质、英安质火山碎屑岩等,岩石呈层状熔岩流或针状、柱状岩针和岩柱等次火山岩产出。上侏罗统玛尼吐组岩石组合为安山质凝灰角砾岩、辉石安山岩、安山岩等,与下伏满克头鄂博组呈整合接触,最大厚度约363 m。第四系全新统以砂质黏土、含砾黏土质粉砂层为主(图1)。

区内主要发育的侵入岩为晚白垩世花岗斑岩、早白垩世中细粒角闪石英正长岩、晚石炭世似斑

薄志卿:男,1974年生,河南南阳人。工程师,资源勘查工程专业,主要从事地质矿产勘查研究工作。河南省地质矿产勘查开发局第一地质勘查院。

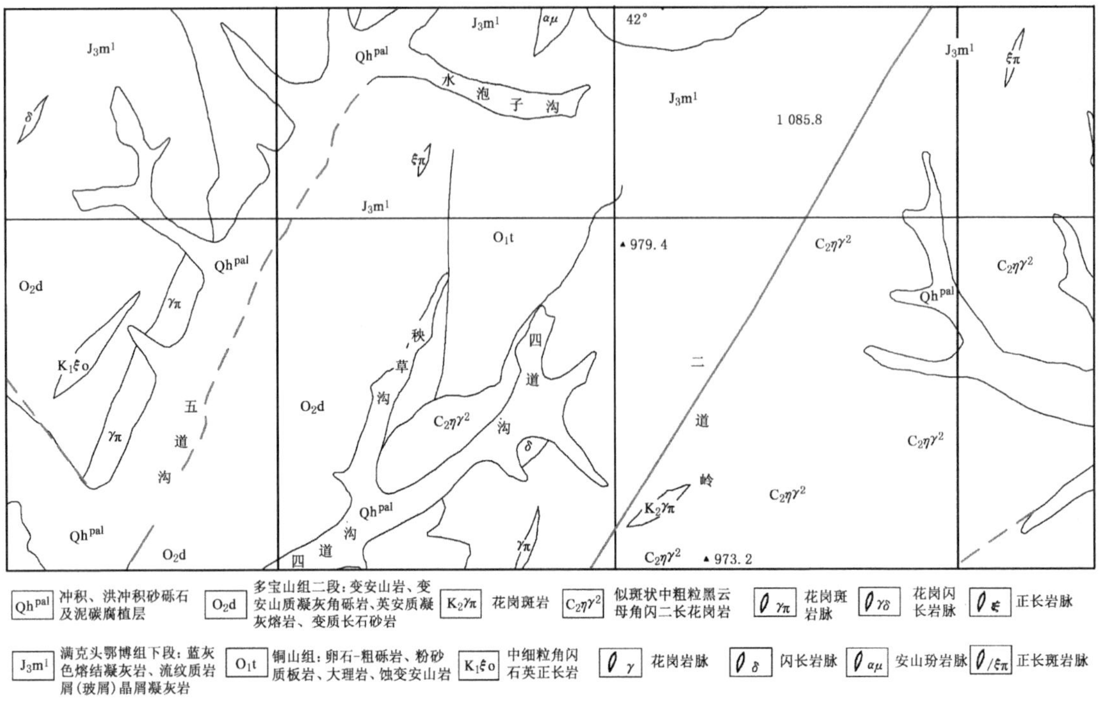

图 1　区域地质图

状二长花岗岩。区内主要出露铜山期火山岩，岩石类型包括火山碎屑岩和火山熔岩。

本区大地构造位置属于西伯利亚板块南东缘扎兰屯陆块，大兴安岭火山岩带北段。区域上内生矿产主要产在北东向断裂与北西向断裂交汇处，本区有多北东向及北西向构造交汇点。

区内蚀变主要表现为钾化、硅化、绢英岩化、黄铁绢英岩化、绿泥石化、青磐岩化、绿帘石化、矽卡岩化等。

本区整个火山岩区蚀变发育强烈，铜山组地层中所存在的一套大理岩与矽卡岩型矿床关系密切，是找矿的重要地层。

本区的蚀变分布明显受断裂构造控制，特别是硅化蚀变可直接沿断裂分布，在多组断裂交汇部位则可出现大型硅化带。蚀变沿北东向和北西断裂分布，并形成破碎带，对后期北东向断裂中的热液运移较为有利。

3　地球化学特征

3.1　地层

矿区地层以中生代陆相基性-酸性火山地层为主，其次为古生代地层。

地层从老到新依次为：下奥陶统铜山组、多宝山组，上侏罗统满克头鄂博组，第四系全新统松散堆积物。

铜山组分布于研究区西北部，在铜山组与岩浆岩交界附近岩石具有一定蚀变，矿区南部的二道岭铁锌矿化点、二道岭铁矿化点、二道岭 830 高地铁矿化点均产在铜山组地层与岩浆岩交界附近。

多宝山组岩石发生青盘岩化、碳酸盐化、褐铁矿化，底部与铜山组粉砂质绢云千枚岩呈整合接触。区域上大部分内生矿产与之有关，是区内内生金属矿产的主要矿源层。

满克头鄂博组仅分布在研究区北部边缘，组内的岩浆活动是形成内生金属矿产 Cu、Pb、Zn、Au、Ag、W、Sn、Mo 等的内在条件，也是研究区内寻找内生金属矿的有利地段。

3.2 构造

区内主体构造为北东向-北北东向，其断裂构造发育，构造运动强烈；其次也发育有北西向断裂，其中三道沟断裂贯穿本区，在北西向构造及北东向构造交汇处可见化探异常较好。区内内生金属矿化点在空间上主要受北东向及北西断裂的控制，断裂构造为矿床运储提供必要的通道及场所。

3.3 地球化学特征

本区处在已开展的 1∶5 万水系沉积物测量发现的二道岭 Mo、Pb、Zn 异常带（区）内，包含两个乙类综合异常及一个 Mo 单元素高异常，异常带总面积高达 20 km^2。

在异常区内较好地段开展 1∶1 万土壤化探测量，发现异常一般分东、西两部分，而且异常重现较好（图 2）。

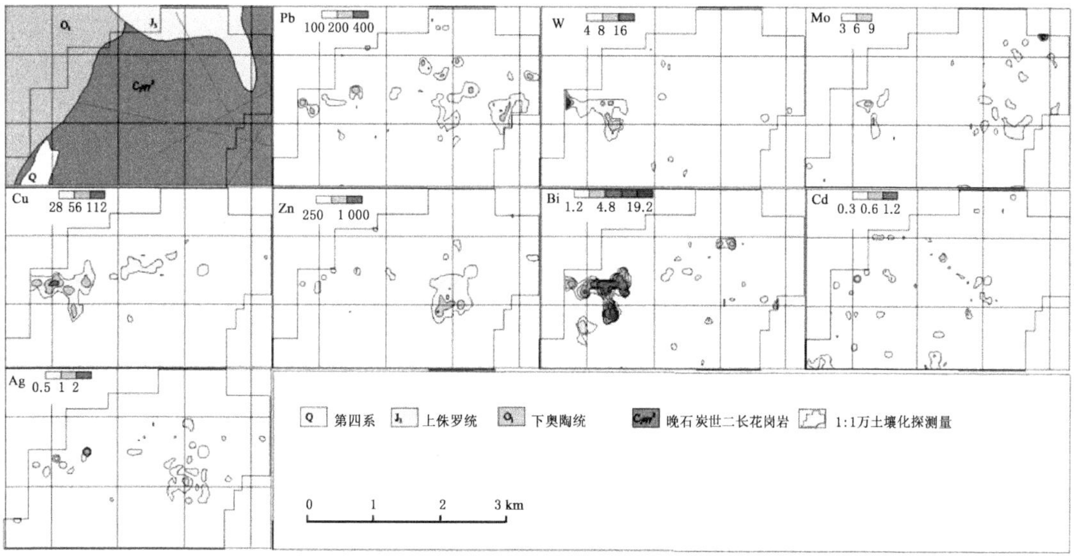

图 2 1∶1 万土壤化探测量元素异常剖析图

西部位于下奥陶统铜山组与晚石炭世似斑状二长花岗岩接触带上，其中在 1∶1 万土壤化探测量的 6 号综合异常区中，其异常长轴方向为近东西向，Bi、W、Cu、Pb 异常套合较好，异常强度高、规模大、连续性好，基本上均具三级以上浓度分带。Bi 最高含量达 50×10^{-6}，Pb 最高含量达 439.6×10^{-6}，W 最高含量达 52.8×10^{-6}，Ag 最高含量达 6.19×10^{-6}，Cu 最高含量达 140.6×10^{-6}。

东部位于晚石炭世似斑状二长花岗岩内部靠近接触带位置，其中在 1∶1 万土壤化探测量的 7 号综合异常区中，其长轴方向为近北东向，Pb、Zn、Ag、Mo、Bi 等异常套合较好，异常强度较高、规模较大。Pb 最高含量达 413.2×10^{-6}，Zn 最高含量达 $1\,350\times10^{-6}$，Mo 最高含量达 43.45×10^{-6}，Ag 最高含量达 1.60×10^{-6}，Bi 最高含量达 8.71×10^{-6}。

以上两个水系沉积物测量综合异常紧密相连，组成一个大的异常带，异常强度较高、规模较大，是本区域最好的异常带，有良好的找矿前景。

通过 R 型聚类分析（图 3）、相关分析（表 1）可以看出：本区内综合异常主要为 Pb、Zn、Ag、Cd 以及 Cu 、Bi、W、Pb 两种元素组合类型，该类异常以中温-中高温元素组合为特征，异常强度较高，具较好的找矿前景。

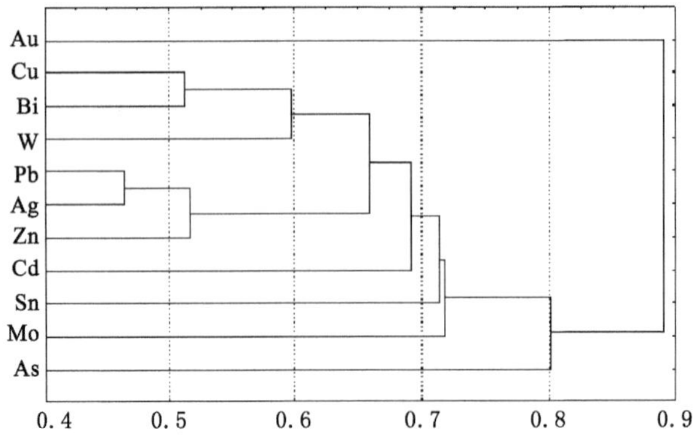

图 3　二道岭地区 1∶1 万土壤测量 R 型聚类分析

表 1　　1∶1 万土壤测量区元素相关系数矩阵

Variable	N=1 700												
	Au	Cu	Cd	Pb	Sn	Bi	Ag	Zn	Mo	W	As	Sb	Hg
Au	1.00	−0.04	0.11	−0.09	−0.15	−0.07	−0.03	0.00	−0.03	−0.07	0.00	0.19	−0.25
Cu	−0.04	1.00	0.23	0.33	0.06	0.49	0.34	0.24	0.17	0.37	0.19	0.14	0.07
Cd	0.11	0.23	1.00	0.26	0.05	0.11	0.29	0.32	0.05	0.05	0.14	0.10	0.03
Pb	−0.09	0.33	0.26	1.00	0.25	0.23	0.54	0.48	0.22	0.26	0.10	0.04	0.12
Sn	−0.15	0.06	0.05	0.25	1.00	0.03	0.21	0.18	0.07	0.05	0.31	0.05	0.37
Bi	−0.07	0.49	0.11	0.23	0.03	1.00	0.22	0.03	0.28	0.41	−0.04	−0.08	−0.08
Ag	−0.03	0.34	0.29	0.54	0.21	0.22	1.00	0.49	0.24	0.12	0.15	0.08	0.22
Zn	0.00	0.24	0.32	0.48	0.18	0.03	0.49	1.00	0.19	0.05	0.14	0.16	0.26
Mo	−0.03	0.17	0.05	0.22	0.07	0.28	0.24	0.19	1.00	0.16	0.11	−0.00	0.09
W	−0.07	0.37	0.05	0.26	0.05	0.41	0.12	0.05	0.16	1.00	0.02	−0.03	−0.05
As	0.00	0.19	0.14	0.10	0.31	−0.04	0.15	0.14	0.11	0.02	1.00	0.50	0.52
Sb	0.19	0.14	0.10	0.04	0.05	−0.08	0.08	0.16	−0.00	−0.03	0.50	1.00	0.14
Hg	−0.25	0.07	0.03	0.12	0.37	−0.08	0.22	0.26	0.09	−0.05	0.52	0.14	1.00

本区出露的下奥陶统铜山组(O_1t)多呈捕虏体残留于华力西期、燕山期侵入岩中。区域上大部分内生矿产与之有关，是区内内生金属矿产的主要矿源层。

本区出露的岩性为似斑状二长花岗岩与铜山组斑点板岩、粉砂质硅质岩，在两者接触带附近发育有硅化、钾化、绿泥石化、绿帘石化、黄铁矿化及角岩化。华力西期大规模的岩浆侵入活动为地层的矿质的析出、运移提供了能量支持，常形成热液交代型、斑岩型矿床。

本区南部的多个铁、铜矿化点均发育在铜山组与晚石炭世似斑状中粗粒黑云母角闪二长花岗岩接触带附近，受热液蚀变作用常形成具工业价值的铜、铅、锌矿床。与本区处在同一构造部位及同一岩性的接触带上，其地质背景基本一致。

综上分析认为，研究区处在 Mo、Pb、Zn 异常带(区)成矿带上，区内 Mo、Pb、Zn、Cu、W、Ag 综合异常分布广泛，元素套合较好，异常强度高，异常重现性较好，带内构造发育，指示本区有可能存在 Mo、Pb、Zn、Cu、W、Ag 矿(化)体，有很好的找矿前景。

3.4 矿体地质特征

本区出露的岩性为似斑状二长花岗岩与铜山组斑点板岩、粉砂质硅质岩、凝灰质砂岩，在两者接触带附近发育有一条宽度不一的蚀变带，带宽一般为 50～200 m，呈条带状、基本沿北东向展布。带内主要为蚀变的二长花岗岩，其蚀变主要为硅化、钾化、绿泥石化、绿帘石化、黄铁矿化及角岩化等，局部可见碎裂岩化现象，并可零星见到黄铁矿化等转石。

4 找矿前景分析

本区位于大兴安岭中段华力西期、燕山期铁、锌、钨、金、铅、铬Ⅲ级成矿带，奥尤特-古利库金、铜Ⅳ级成矿带，巴林金、铜Ⅴ级成矿带中部，在漫长的地质历史发展时期，发生了强烈的火山喷发和深成岩浆侵入活动以及强烈的构造变形，成矿地质条件十分有利。

本区地质构造演化历史复杂，主要成矿期是华力西期和燕山期两大构造活动时期。岩浆活动是形成内生金属矿产 Cu、Pb、Zn、Au、Ag、W、Sn、Mo 等的内在条件，而大面积分布的古生代火山岩有寻找非金属矿产的巨大潜力。周围发现金属矿点、矿化点共 3 处，成因类型有岩浆热液型、火山沉积型、矽卡岩型等。

4.1 地质构造与成矿的关系

研究区内内生金属矿点或矿化点多集中分布于早古生代地层出露与断裂发育的成矿有利地段，空间上受北东向、北西向大断裂和发育于老地层内的韧性剪切带控制。这些断裂，一方面是多期岩浆活动带，多期导矿、容矿的有利地段；另一方面构造运动为岩浆的运移、潜火山岩的形成、区域性脉岩的侵入提供空间，同时，为成矿流体的形成、运移及成矿元素的萃取创造机会。由此，在北西断裂、韧性剪切带与断裂或北西向与北东向断裂的交汇部位等地段是重要的储矿构造。

已知的矿点、矿化点主要分布在北西向深大断裂与北东向深大断裂的交汇复合部位，该构造裂隙发育，以及多旋回的构造岩浆热液中的成矿元素在这一特定的构造环境内渗透、迁移，随着物化条件的改变，促使成矿元素富集成矿。

4.2 地层、岩石与成矿的关系

本区出露的下奥陶统铜山组多呈捕虏体残留于华力西期、燕山期侵入岩中。岩石组合为粉砂质板岩、砂岩、碳质板岩、凝灰质粗砂岩、粉砂质硅质岩、白云母石英岩、大理岩，夹少量蚀变安山岩，多被古生代花岗岩侵入。其岩石具有一定蚀变，可见青盘岩化、碳酸盐化、褐铁矿化，以及与中粗粒似斑状花岗岩接触带普遍具有角岩化、硅化、绿泥石化、绿帘石化等蚀变现象。华力西期大规模的岩浆侵入活动为本层的矿质的析出、运移提供了能量支持，两者之间的热接触交代变质作用常形成矽卡岩型、热液交代型矿床。区域上大部分内生矿产与之有关，是区内内生金属矿产的主要矿源层。

本区出露的多宝山组地层，属大洋岛弧环境下的钙碱性火山-沉积建造。岩性主要为安山岩、安山质火山角砾岩、玄武质安山岩等火山岩，其岩石具有一定蚀变，可见青盘岩化、碳酸盐化、褐铁矿化。区域上大部分内生矿产与之有关，也是区内内生金属矿产的主要矿源层。

满克头鄂博组地层主要岩性为熔岩、凝灰岩、沉凝灰岩，岩石呈层状熔岩流或针状、柱状、岩针、岩柱等次火山岩产出；可见褐铁矿化、绿泥石化等现象。燕山期岩浆活动是形成内生金属矿产 Cu、Pb、Zn、Au、Ag、W、Sn、Mo 等的内在条件，本层为区内寻找内生金属矿的有利地段。

4.3 岩浆岩与成矿关系

区内晚石炭世似斑状二长花岗岩的多期次活动，为本区成矿元素活化、运移提供主要热动力，其内部富含 Pb、Zn、Mo 等元素，且分异系数较好，本身也是较好的矿源层。

在岩体东部的晚石炭世似斑状二长花岗中，发现有一条宽约 15 m 富含钼的石英脉带。该带由多条石英脉呈北北东方向沿断层产出，地面出露长度大于 1 000 m，地质刻槽样品 5 个结果均达 0.017%以上，最高可达 0.32%，平均为 0.129%。

总之，本区重要异常均在中粒（似斑状）黑云母二长花岗岩体附近，具备形成矽卡岩-斑岩型铜钼多金属矿产的条件：① 本区处于岛弧环境，具备形成斑岩型矿床的大环境；② 存在与火山岩伴生的中酸性小型侵入体；③ 断裂发育，为矿液运移提供了通道；④ 蚀变强烈，具备斑岩型矿床典型的蚀变特点。

5 结论

（1）本区地处西伯利亚板块南东大陆边缘，侵入岩分布广泛，大部分被岩浆岩覆盖；区内晚石炭世似斑状二长花岗岩的多期次活动，为本区成矿元素活化、运移提供主要热动力，其内部富含 Pb、Zn、Mo 等元素，且分异系数较好，是较好的矿源层。

（2）本区处在 1∶5 万水系沉积物测量 Mo、Pb、Zn 异常带（区）内，且通过开展 1∶1 万土壤化探测量，发现异常一般分东西两部分，而且异常重现较好。西部异常长轴方向为近东西向，Bi、W、Cu、Pb 异常套合较好，异常强度高、规模大、连续性好，基本上均具三级以上浓度分带。东部异常长轴方向为近北东向，Pb、Zn、Ag、Mo、Bi 等异常套合较好，异常强度较高、规模较大。以上两个水系沉积物测量综合异常紧密相连，组成一个大的异常带，异常强度较高、规模较大，是本区域最好的异常带，有良好的找矿前景。

（3）本区处在 Mo、Pb、Zn 异常带（区）成矿带上，区内 Mo、Pb、Zn、Cu、W、Ag 综合异常分布广泛，元素套合较好，异常强度高，异常重现性较好，带内构造发育，指示本区有可能存在 Mo、Pb、Zn、Cu、W、Ag 矿（化）体，有很好的找矿前景。

参 考 文 献

[1] 刘建明，张悦，张庆洲. 大兴安岭地区区域成矿特征[J]. 地学前缘，2004，11(1)：269-277.
[2] 邵积东，王守光，赵文涛，等. 大兴安岭地区成矿地质特征及找矿前景分析[J]. 地质与资源，2007，16(4)：252-256.
[3] 张玉涛，张连昌，周新华，等. 大兴安岭北段牙克石地区玄武质火山岩的元素、同位素地球化学特征[J]. 地质通报，2008，27(1)：112-120.
[4] 邵济安，张履桥，牟保磊. 大兴安岭中生代伸展造山过程中的岩浆作用[J]. 地学前缘，1999，6(4)：339-346.
[5] 刘石年. 成矿预测学[M]. 长沙：中南工业大学出版社，1993：86-91.
[6] 河南省地质矿产勘查开发局第一地质勘查院. 内蒙古呼伦贝尔市东沟营林站等四幅 1∶5 万区域矿产地质调查报告[R]. 河南省地质矿产勘查开发局第一地质勘查院，2012.

尼日利亚包奇州吉嘎瓦铌钽铁砂矿矿床特征

吕先作，肖　亮

摘　要：吉嘎瓦铌钽铁砂矿共圈定矿体3个，编号分别为Ⅰ、Ⅱ、Ⅲ。其中Ⅰ、Ⅲ号矿体成因类型为冲积型。Ⅰ号矿体为勘查区的主要矿体，总体自南向北贯穿整个勘查区，经查明，区内的冲积成矿物质主要来源方向为自南向北，矿体呈长条板状，南北向展布；Ⅲ号矿体为微小型矿体；Ⅱ号矿体为冲积、残积过渡型的微小型矿体。

关键词：尼日利亚；铌钽铁砂矿；铌铁；锡石；矿床特征

1　概况

吉嘎瓦铌钽铁砂矿地处尼日利亚中北部，位于乔斯高原腹地。吉嘎瓦地区是典型的山间盆地地形，山体主要分布在勘查区中南部东、南、西三面，海拔标高520～675 m。区内地貌类型以冲洪积地貌、河谷地貌和风化残积地貌为主，近山体部分主要受片流作用影响，形成不同类型的侵蚀坡面和坡积裙，山前局部发育细沟和切沟，零星可见冲沟。河流两侧河漫滩广泛发育，形成较为典型的河漫滩上曲流，阶地不发育，冲洪积地貌在区内分布最为广泛。

区内地表水系较为发达，主要有吉嘎瓦河及其支流等季节性河流流过。吉嘎瓦河雨季流量1 000 m^3/h，年流量为0.15亿 m^3；最大洪水流量20 m^3/s，最大洪水水深为1.5 m，水位变化较大，受降雨强度直接影响，在旱季时节有时断流。

2　矿区地层特征

勘查区出露地层主要为第四纪松散层；未见有前寒武纪结晶基底出露地表。

区内第四系地层发育，覆盖于侏罗纪花岗岩体之上。按其成因类型主要可分为冲洪积和残坡积等。本区地处乔斯高原，受长期的剥蚀作用影响，区内第四系地层厚度较小。本次勘查对区内地层时代的划分主要参考前人资料和结合区内地貌学特征进行。按时代可分为更新统（Qp）及全新统（Qh）。

2.1　更新统（Qp）

在区内沿山体边沿广泛分布，主要由残坡积构成，厚度多在1～5 m之间。地表出露岩性多为含砂黏土、含砂砾石黏土。以下主要对各清晰稳定的主要自然层位作详细描述。

（1）含砂黏土

上部近地表含砂黏土层以灰褐色为主，组分多为高岭石，含少量粉细砂，厚度多在0.5～3 m之间。

吕先作：男，1978年生，河南泌阳县人。工程师，地质矿产专业，从事地质矿产研究。河南省地质矿产勘查开发局第五地质勘查院。

肖亮：河南省地质矿产勘查开发局第五地质勘查院。

(2) 高岭土化黏土

自上而下可分为杂色层和构造残积层两个亚带。

杂色层:厚度多在 0.3~6.1 m 之间,以杂色高岭土为主,颜色向下逐渐变浅。

构造残积层:经钻孔揭露,分布极不稳定,厚度多在 0.4~1.2 m 之间。该层为未经搬运的基岩全风化带,是较好保存了原岩结构、构造的风化黏土层。

(3) 含砂砾石黏土

位于残积层底部与基岩的接触带,在区内分布不太稳定,厚度多在 0.5~4.2 m 之间。该层多分布于古地形低洼地段,其组分以未经磨圆的岩石和石英、长石碎屑为主。

2.2 全新统(Qh)

成因类型以冲积为主,在地貌上主要由河漫滩和最新形成的河床两部分组成。河床主要由现代河槽、心滩和边滩等河流微地貌形态构成。岩性多以砂层和砂砾石层为主,黏土含量在 10%左右,厚度较小,多在 0.5~2 m 之间。由于河流不断因堆积而发生主流线弯曲,与水流总的向前运动和横向环流叠置,所以现代河床不断切蚀河漫滩,以内叠形式覆于河漫滩之上。经钻探揭露,其有用重矿物含量低于河漫滩中有用重矿物含量,但大部分河段铌铁矿矿物含量仍大于边界品位,为区内主要成矿单元之一。

(1) 黏土层

上部近地表黏土层以灰褐色和灰黄色为主,组分多为高岭石,含粉细砂,厚度多在 0.5~5.5 m 之间。中下部黏土层区域分带特征较为明显,其中在 15 勘探线以北为主要沉积区域,黏土层以青灰色为主,组分多为高岭石,组分单一,岩性致密,隔水性好,厚度多在 1~6 m 之间,局部含少量粉细砂。

(2) 砂层

砂层为区内主要含矿层位之一,同一沉积期次内自上而下粒度分级较为明显,多呈现粉砂-粉细砂-中粗砂的沉积特性,并含有少量砾石,以石英细砾为主,向下砾石含量逐渐增高。砂层组分以石英为主,含量多在 65%以上,次为风化长石碎屑和黏土矿物;分选中等,磨圆度中等,多呈次棱角状和次圆状;厚度多在 0.35~5.5 m 之间,厚者达 6.02 m。风化长石碎屑含量自南向北逐渐降低,其富含风化长石碎屑的特点充分反映了本区毗邻物源区和成矿碎屑物质搬运距离较短的沉积特征。

(3) 砂砾石层

砂砾石层为区内主要含矿层位之一,位于同一沉积期次底部,厚度多在 0.3~2.4 m 之间。构成砂砾石层的各组分比例为:黏土矿物 15%~25%,砂 25%~45%,砾石 30%~50%。黏土矿物以高岭石为主,砂以粗粒石英为主,砾石多为细砾,少量为中砾,未见有巨砾,砾径多在 2~80 mm 之间,球度中等,磨圆度较高,多呈次磨圆状;砾石组分以石英为主,次为岩石碎屑,原岩岩性多为花岗岩、石英斑岩、蚀变岩等,少量为风化长石斑晶碎屑。本层组分变化较大,有些地方黏土含量高、砾石含量低,有些地方砂含量高、砾石含量低。

3 矿体地质

3.1 矿体特征

区内共圈定矿体 3 个,编号分别为Ⅰ、Ⅱ、Ⅲ号矿体。其中Ⅰ、Ⅲ号矿体成因类型为冲积型。Ⅰ号矿体为勘查区的主要矿体,总体自南向北贯穿整个勘查区,经查明,区内的冲积成矿物质主要来源方向为自南向北，矿体呈长条板状，南北向展布；Ⅲ号矿体为微小型矿体；Ⅱ号矿体为冲积、残积过渡型的微小型矿体。

Ⅰ号矿体全长 4 755 m，矿体宽度多在 195～1 527 m，平均宽度 708 m，矿体宽度变化系数为 49.16%；矿体呈长条板状，南北向展布。勘查工程中单工程最大厚度 14.32 m，最小厚度 1.06 m，平均厚度 2.04 m，厚度变化系数为 69.57%；单工程最高品位 375.12 g/m^3，最低品位 43.54 g/m^3，平均品位 133.48 g/m^3，品位变化系数为 75.46%。

Ⅱ号矿体位于Ⅰ号矿体南段西侧，东西向展布，矿体全长 593 m，平均宽度 97 m；矿体平均品位 75.02 g/m^3；矿体平均厚度 1.35m。

Ⅲ号矿体位于Ⅰ号矿体中南段东侧，东西向展布，矿体长 604 m，平均宽度 109 m；矿体平均品位 51.71 g/m^3；矿体平均厚度 3.00 m。

3.2 矿砂质量

区内矿体类型以冲积型为主，其中Ⅰ、Ⅲ号矿体类型为冲积型，Ⅱ号矿体类型为冲积、残积过渡型，不同类型的矿体其矿砂特征也明显不同。

冲积型矿体组成以含泥率较高的各粒级砂（砾）层和含砂（砾）及砂（砾）质黏土层互层为主，充分反映了河流在横向摆动迁移过程中，在河流弯曲段内侧沉积矿物，且矿物粒度受水流速度影响，自内侧向外沿逐渐变小的特点。残积型矿体组分则以含砂（砾）及砂（砾）质黏土层为主，其矿物来源以原地风化沉积和小范围近距离搬运碎屑物为主。矿体纵向上矿层自地表向下连续分布，极少见有夹石。

4 矿床成因及找矿标志

4.1 矿床成因

砂矿为第四纪次生沉积矿产，探寻其原生物质来源是研究其矿床成因的重要途径。勘查区及周边区域为岩性单一的花岗岩体分布区，因此，区内的原生成矿物质来源亦较为单一，即为原岩本身和已有的原生矿（化）体。通过对勘查区开展的地质勘查和对物源区的实地检查工作，除发现少量不含矿的中基性岩脉外，未发现原生的铌铁矿（化）体分布，甚至未发现明显的构造分布。

区内矿体的形成主要与本区地形、地貌条件关系密切。本区宏观地貌属中低山和山间盆地，雨季和洪水期间上游河流携带的泥沙和有用矿物流入盆地，由于流速减缓，加速了重矿物的沉淀，为矿体富集创造了前提条件。

勘查区内地形总体平坦开阔，河流在区外北部山体和区内中部山体两次流出山口后，河水流速急速减缓，河流下蚀能力减弱，侵蚀作用主要表现为侧蚀；河床发生横向迁徙，河床弯曲度逐渐增加，凹、凸岸明显，并在凹岸沉积冲积物；当河床弯曲度达到最大，在洪水期通过截弯取直而改道，形成新的河曲。上述演变不断重复，因此在勘查区北段的冲积层中较为连续地呈现出单期次或多期次的河漫滩沉积相与河床沉积相互相叠加的二元和多元结构，局部地段因古地形较高，河流改道后绕道而过，无冲积物沉积，形成无矿段。

第四纪全新统以来，由于区内河流不断重复发生横向迁徙，逐渐形成目前较为稳定的河漫滩上曲流地貌形态，并富集形成大型的河漫滩型冲积砂矿床。

4.2 找矿标志

区内冲积砂矿床的找矿标志较为明显，主要可分为地貌和地物两种找矿标志。

4.2.1 地貌标志

(1) 两河交汇处。河流流经两河交汇处时,流速急剧减缓,有利于重矿物的沉淀富集,形成较为稳定的砂矿床。

(2) 河流流出山口区域。山间河流流出山口后,因地形突然开阔流速急剧减缓,有利于重矿物的沉淀,在山口一带形成较为稳定的砂矿床。

(3) 河流弯曲段的内侧。河流的侧蚀作用使河流不断变弯,在河流转弯的内侧泥沙不断沉积,有利于重矿物沉淀富集成矿;而且因为河流不断的截弯取直作用,现代河床弯曲内侧亦是古河槽的有利分布区域。

4.2.2 地物标志

(1) 本区民间采矿活动较为普遍,对区内找矿有重要的指示作用;民采集中区域更是反映高品位矿体的赋存地段。

(2) 勘查区为热带稀树草原气候,区内低矮的树林较为发育。本次勘查发现,低矮树林内仅为草地覆盖的开阔地及周边一带区域均为古河道的分布区域,可作为找矿标志之一;同时亦说明该地段的古河道形成年代较新,距河流最新一次改道时间较短。

5 矿床开发经济意义简析

5.1 我国铌钽资源形势及市场供需情况

我国目前已探明的钽铌矿储量较少,特点是矿脉分散、矿物成分复杂、储量约为世界储量的4%左右,目前的开采量仅能满足我国钽工业所需的20%左右,其他均依靠进口。我国钽矿品位不高,主要钽矿品位在0.01%,与澳大利亚0.03%的钽矿品位相比,开采成本更高。

我国自2005年以来已经成为世界第一大铌钽消费国,仅2005年铌消耗量就超过9 600 t,钽消耗量超过400 t,其中50%以上从巴西等国进口;我国铌钽初级原料供应面临严峻挑战。近几年来,铌铁精矿价格起伏较大,根据中国金属网资料显示,2017年以来铌铁精矿价格有所回升,现基本保持在25～27万元/t。

伴生矿物锡具有熔点低、无毒,耐腐蚀的特点,能与许多金属形成合金,有良好的延展性以及外表美观等特性,因而锡的重要性和应用范围不断显现和扩大。近几年来锡石的价格连续走高,根据中国金属网资料显示,2018年60%的锡石精矿价格约为13万元/t。

5.2 尼日利亚与我国的关系

中华人民共和国与尼日利亚联邦共和国于1971年2月10日建交。两国建交以来,双边关系发展顺利。两国元首于2005年就双方建立战略伙伴关系达成共识。2007年中尼贸易额为43.3亿美元,其中中方出口37.9亿美元,进口5.4亿美元。特别是近年来,中尼经贸往来日益增长,经贸联系不断加强,促进了中资企业加大对尼日利亚投资力度。

5.3 尼日利亚劳动力资源

尼日利亚总人口约1.5亿,是非洲第一人口大国。工作区及周边一带村落密布,距离最近的城镇宁吉约20 km,劳动力资源丰富,普通工人日薪一般为1 000奈拉(1元人民币可兑换约54奈拉),相当于月薪不足700元人民币,用工成本低廉。

参考文献

[1] 吕先作，徐林，郭杨豪，等. 尼日利亚包奇州吉嘎瓦铌钽铁砂矿普查成果报告[R]. 河南省地质矿产勘查开发局第五地质勘查院，2018.

[2] 中华人民共和国国土资源部. 砂矿（金属矿产）地质勘查规范：DZ/T 0208—2002[S]. 北京：地质出版社，2003.

沁阳-焦作一带黏土矿成矿地质特征研究

刘志如，何　铖，康亚利，魏　磊，禹　航

摘　要：沁阳-焦作一带石炭系本溪组分布广泛，本溪组沉积在古风化壳之上，矿体受本溪组控制呈透镜体产出，层控地质特征明显。黏土矿作为耐火黏土原料对企业生产非常重要，广泛应用于冶金、建材、研磨、化工和陶瓷等行业；黏土矿的开发利用对国民经济发展具有很大促进作用。

关键词：石炭系；本溪组；黏土矿；层控地质特征；开发利用

1　前言

耐火黏土是我国的优势资源，是多种矿物的混合物，具有较高的耐火度，在高温条件下能保持体积的稳定性，并具有抗渣性、对急冷急热的抵抗性以及一定的机械强度，经煅烧后异常坚硬。依据耐火黏土理化性质和矿石特征，可将其广泛应用于冶金、建材、研磨、化工和陶瓷等行业。笔者单位在沁阳-焦作一带为企业找寻了大量耐火黏土，保障了当地耐火黏土企业的生产，为国家建设作出了应有的贡献。笔者借鉴前人工作成果对这一带黏土矿成矿地质特征进行归纳、研究、探讨，为该地区黏土矿找矿提供指导。

2　区域地质背景

本区位于华北地台区，太行山台拱与华北坳陷的接壤地带，地层沉积具"华北型"地质特征，区域构造属新华夏系华北坳陷之太行山隆起，区域沉积矿产较为丰富，主要矿种有煤矿、耐火黏土矿、铝土矿、硫铁矿、"山西式"铁矿、石灰岩及白云岩等，其中耐火黏土矿和煤矿为区域内的主要优势矿产，全国闻名。

3　含矿岩系及成矿性

3.1　含矿岩系

石炭系本溪组为区内耐火黏土矿含矿岩系，下伏于区内中部二叠系和石炭系太原组，平行

刘志如：男，1972 年生，河南安阳人。高级工程师，主要从事地质勘查。河南省地质矿产勘查开发局第二地质矿产调查院。
何铖：河南省地质矿产勘查开发局第二地质矿产调查院。
康亚利：河南省地质矿产勘查开发局第二地质矿产调查院。
魏磊：河南省地质矿产勘查开发局第二地质矿产调查院。
禹航：河南省地质矿产勘查开发局第二地质矿产调查院。

不整合于奥陶系白云岩之上。本溪组岩层呈单斜形态，总体倾向南东，倾角一般 0°～15°，产状较平缓，层厚 6.24～21.81 m，平均厚度 14.59 m。沁阳常平黏土矿层厚大约 20 m，到焦作西江岭一带层厚约 14 m，再到焦作东寺岭层厚变薄，大约 11 m 左右；含矿岩系由西向东，厚度由厚变薄（见图 1）。

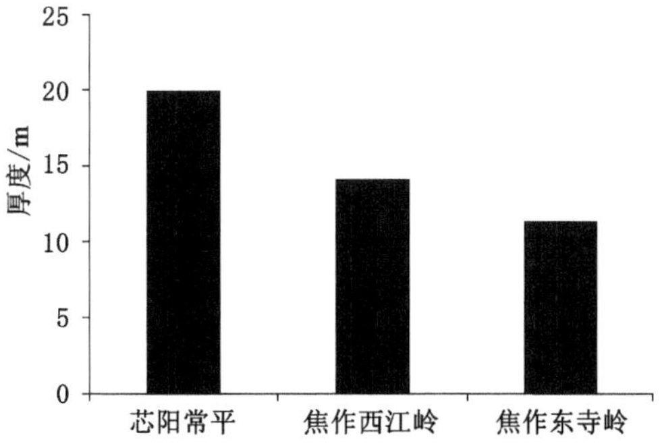

图 1　含矿岩系厚度变化示意图

3.2　含矿性

本溪组为黏土矿的含矿岩系，分为三个岩性层。

下部黏土岩：底部黏土质页岩、中部绿泥石岩、上部黏土质绿泥石岩。下矿层位于黏土质页岩中，单孔见矿，不具工业价值。

中部铝土质黏土岩：黏土岩或铝质黏土矿、铁矾土，中矿层位于黏土岩中，具工业价值。

上部黏土质砂质页岩：底部为黏土质页岩、砂质页岩、碳质页岩，中部黏土质绿泥石岩，上部黏土质页岩或杂色黏土岩。上矿层位于黏土质页岩中，局部具工业价值。

根据钻孔揭露，含矿岩系的完整度影响到三个矿层发育齐全的程度；同时，含矿岩系的厚度决定着矿层的总厚度，两者呈明显的正比关系（见图 2）。

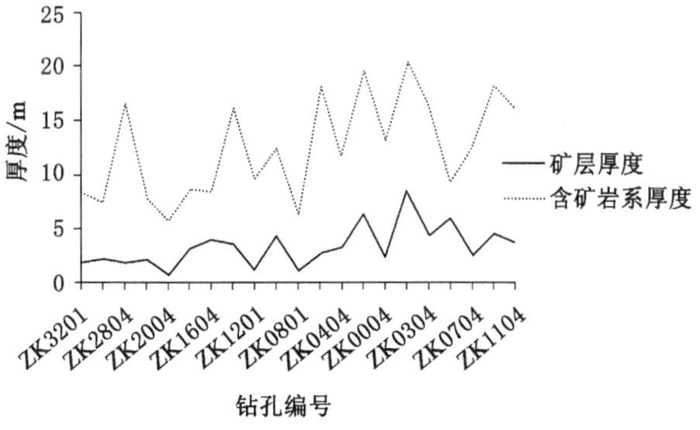

图 2　含矿岩系厚度与矿层总厚度曲线图

该含矿岩系厚度与下伏奥陶系古地形关系密切，厚度变化大，一般在古风化面低凹处沉积厚度大，隆起处沉积厚度薄，一般厚 15～20 m。总的趋势是沿走向西薄东厚，其间有两个厚度较大的地段，焦作市及以东的上刘庄一带，含矿岩系厚 22～30 m；在倾向上北薄南厚。一般含矿岩系厚度增大，矿层亦变厚，但含矿岩系厚度太大对成矿亦不利，当含矿岩系的岩性以黏土岩-铁质黏土岩为主时，矿层较厚，而当铁矿、黄铁矿、砂岩、碳质页岩、煤层发育时，黏土矿薄或尖灭。

4 矿层特征

本区黏土矿上、下矿层呈透镜状，小而分散，以软质黏土矿Ⅱ级为主；中矿层沿走向、倾向延伸分布稳定，以高铝、硬质黏土矿为主，矿体规模简单，呈层状分布。

5 矿石质量特征

5.1 矿石类型及结构构造

矿石结构主要为泥质结构，次为鲕状结构、豆状结构、显微鳞片结构和粒状结构。矿石构造以块状构造为主，部分为层状构造、土状构造，少量微层状构造。

按矿石结构、构造可分为五种矿石自然类型：

(1) 致密块状矿石：区内主要矿石类型，质量最佳，硬质黏土矿中最为常见，高铝黏土矿中亦可见到。

(2) 豆鲕状矿石：仅零星分布，为高铝黏土矿的主要矿石类型，硬质、软质黏土矿中少见。

(3) 松软土状矿石：软质黏土矿的主要类型之一。

(4) 碎屑状矿石：仅在区内零星分布，多见于高铝黏土矿中。

(5) 页片状或薄层状矿石：软质黏土矿中较为常见。

矿石工业类型按耐火材料工业部门对矿石的利用程度可划分为：

(1) 高铝黏土矿：$Al_2O_3>50\%$，其余指标符合工业要求。

(2) 硬质黏土矿：Al_2O_3 在 30%～50%之间，其余指标符合工业要求。

(3) 软质黏土矿：Al_2O_3 在 22%～30%之间，其余指标符合工业要求。

5.2 矿石矿物成分

高铝黏土矿石：深灰色、灰色，参差状断口，坚硬，泥质-显微晶质结构，豆鲕状构造。矿物成分主要由一水硬铝石、叶蜡石组成，杂质矿物为褐铁矿、黄铁矿、电气石、金红石、锆英石、高岭石、石英和方解石等。

硬质黏土矿石：深灰、浅灰色，质硬稍具滑感，部分具贝壳状断口，少部分含植物化石，泥质结构，块状构造。矿物成分以叶蜡石、一水硬铝石为主，其次为水白云母、方解石、褐铁矿、石英、金红石等。

软质黏土矿石：白色、灰白色，质软染指具滑感，遇水可呈胶泥状，泥质结构，块状构造。矿物成分主要为高岭石、白云母，其次为电气石、金红石、赤铁矿、褐铁矿。

5.3 矿石化学成分

矿石化学成分主要由 Al_2O_3、TiO_2、Fe_2O_3、SiO_2、CaO、MgO、K_2O、Na_2O 等组成。其中，Al_2O_3、TiO_2 为矿石有益组分，Al_2O_3 含量在 24%～60%，TiO_2 含量在 1.46%～2.26%之间。Fe_2O_3、SiO_2、CaO、MgO、K_2O、Na_2O 等为有害组分。矿石主要组分变化情况如图 3 所示。

Al_2O_3：矿石最重要的有益组分，其含量高低是划分矿石类型和品级的主要依据，同时也决定着矿石的物理性能。在空间上，上层矿 Al_2O_3 含量一般在 23.91%～30.05%之间，故上层矿为软质黏土矿。下层矿 Al_2O_3 含量在 36.03%～60.14%之间，故以硬质黏土矿为主，次为高铝黏土矿石。在下层矿中部，Al_2O_3 含量高于矿层的顶部和底部，所以中间常夹高铝黏土矿石，底部和顶部

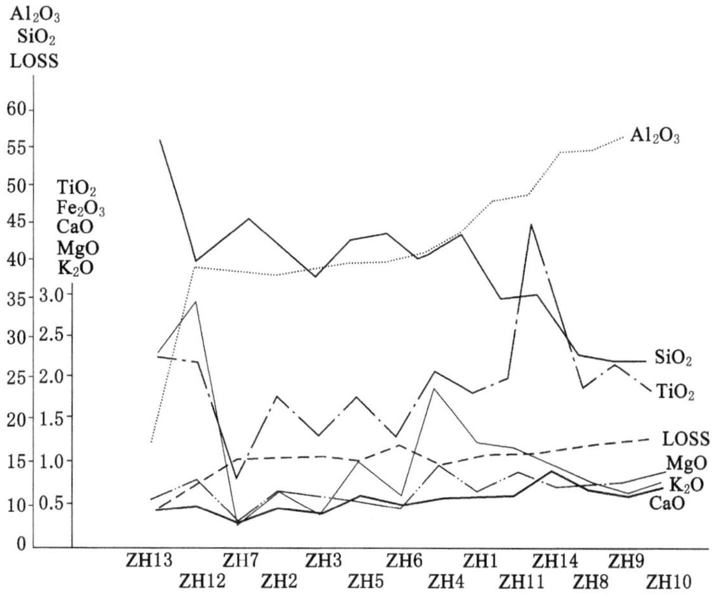

图 3　常平-东寺岭黏土矿石主要化学组分变化曲线图

为硬质黏土矿。从整个含矿岩系来看，由下而上 Al_2O_3 含量由高变低，其主要赋存于水铝石、高岭石、叶蜡石、水云母等矿物中。Al_2O_3 与 Fe_2O_3、SiO_2、CaO、TiO_2、R_2O(K_2O、Na_2O)变化关系见图 4。

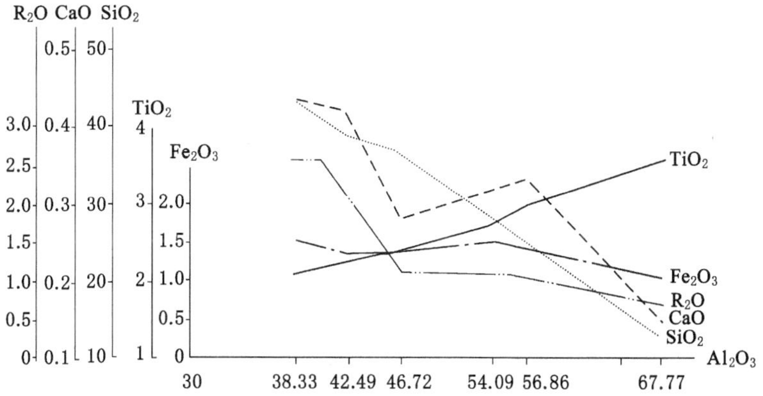

图 4　Al_2O_3 与 Fe_2O_3、CaO、R_2O、SiO_2、TiO_2 变化关系图

TiO_2：含量一般在 1.46%～2.26%之间，主要赋存于金红石等矿物中，含量不高，为矿石有益组分。

Fe_2O_3：含量一般在 0.80%～3.38%之间，主要赋存于褐铁矿、黄铁矿、赤铁矿等矿物中。褐铁矿主要呈薄膜状集中分布于矿石节理裂隙中，亦有少量呈似鲕粒状散布于矿石中，为矿石主要有害组分。部分黏土矿石仅因其含量高而被列入铁矾土。从图 5 中可以看出，在 $Al_2O_3+TiO_2$ 含量基本接近的情况下，Fe_2O_3 含量低者，矿石耐火度高；Fe_2O_3 含量高者，矿石耐火度低。

CaO：含量一般在 0.80%～3.38%之间，主要赋存于微粒状方解石和淋滤在矿石节理裂隙面上的碳酸盐类矿物中，为高铝黏土矿石的有害组分。在矿区由于其含量低，对矿石的影响不大，仅有极个别样品因其含量稍高而被划入铁矾土中。

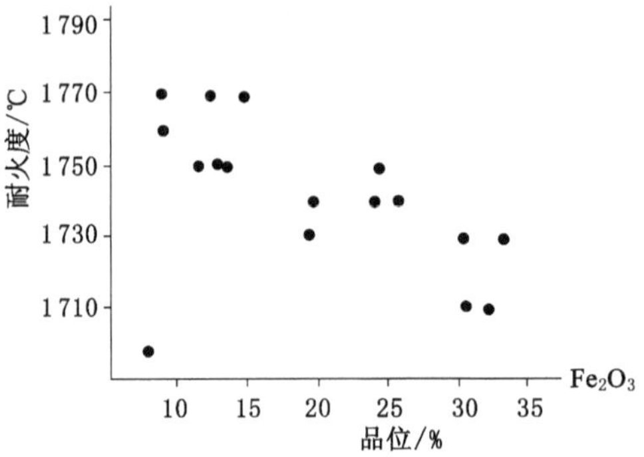

图 5 硬质黏土矿 Al_2O_3+TiO_2 品位在 47%～48%区间
Fe_2O_3 与耐火度相关投影图

K_2O:含量在 0.26%～2.17%之间,主要赋存于云母类矿物中,其含量会降低矿石耐火度,为矿石的有害杂质。其含量与 Al_2O_3 含量成反比关系,故软质黏土矿中 K_2O 含量高于高铝黏土矿石中的含量。

Na_2O:含量一般在 0.06%～0.18%之间,为矿石有害组分。由于含量低,对矿石影响不大。

SiO_2:含量一般在 24.95%～56.04%之间,赋存于石英和硅酸盐矿物中。矿石中 SiO_2 与 Al_2O_3 在含量上成高低相对负相关关系,SiO_2 含量高时则 Al_2O_3 含量低,反之亦然。

烧失量(LOSS):软质黏土矿石中含量在 8.29%～12.41%之间;硬质黏土矿石中含量在 10.91%～13.91%之间;高铝黏土矿石中含量在 13.54%～14.43%之间。其与 Al_2O_3 含量成同升同降的正相关关系。

Li_2O:黏土矿石中伴生的主要稀有金属,含量一般在 0.1%以上,最高达 1.068%。其赋存状态尚未清楚,本区在黏土矿层中极为富集。黏土矿有上、下两层含矿层位,以下层矿为主,锂也分上、下两个含矿层位,亦以下层矿中含锂最为丰富。

5.4 矿石品级

本区黏土矿石按矿石理化性能可划分为四类十三级:

(1) 高铝黏土矿石,分三级:高铝Ⅱ$_甲$级品(GⅡ$_甲$)、高铝Ⅱ$_乙$级品(GⅡ$_乙$)、高铝Ⅲ级品(GⅢ)。

(2) 硬质黏土矿石,分四级:硬质特级品(Y_O)、硬质Ⅰ级品($Y_Ⅰ$)、硬质Ⅱ级品($Y_Ⅱ$)、硬质Ⅲ级品($Y_Ⅲ$)。

(3) 软质黏土矿石,分三级:软质Ⅰ级品($R_Ⅰ$)、软质Ⅱ级品($R_Ⅱ$)、软质Ⅲ级品($R_Ⅲ$)。

(4) 铁矾土矿石,分三级:铁矾土Ⅰ级品($T_Ⅰ$)、铁矾土Ⅱ级品($T_Ⅱ$)、铁矾土Ⅲ级品($T_Ⅲ$)。

6 矿床成因

本区黏土矿位于华北地台,为古陆边缘地带,奥陶系经受漫长历史时期的风化剥蚀作用,形成准平原岩溶地形,为沉积黏土矿提供了沉淀场所;矿体赋存层位位于中石炭系地层中下部,由下往上沉积层序:中奥陶系灰岩(侵蚀面)→铁铝硅酸盐→高铝黏土矿→黏土质岩石→上石炭系石英砂岩或燧石灰岩,此为海进沉积层序。矿石为致密块状、豆鲕状矿石,主要为叶蜡石及一水硬铝石。综上所述,本区高铝黏土矿、硬质黏土矿的形成过程为:在中奥陶系以后,由于地壳上升,海水退出地面形成陆地,奥陶系灰岩经受长时期的风化剥蚀作用,形成准平原岩溶地形;到中石炭系时期,地壳下降,海水慢慢浸入准平原内,铁、铝物质成为胶体进入海水中,经较短距离搬运,在奥陶系侵蚀面上，各种元素按着化学特征先后沉积，其中铁在氧化电位高、pH 值＜2.3 时沉淀，铝在氧化电位较低、pH 值＝4.1 时铝胶体凝结成胶状水化物（水铝石）在近海岸线沉淀，形成黏土矿层。

7 找矿标志

（1）地层标志：耐火黏土矿赋存在石炭系本溪组地层中，层控明显，地层是最为明显的标志。

（2）岩性标志：矿体产出受铁质黏土岩、黏土岩控制。铁质黏土岩、黏土岩厚度与黏土矿厚度呈正相关关系，当含碎屑物质多时，则形不成黏土矿；当碳质增加时，黏土矿变薄或无矿，说明沼泽相的沉积环境对黏土矿形成是不利的。

（3）地貌特征：含矿岩系地层主要分布在低山丘陵区，中高山区含矿岩系遭受强烈的风化剥蚀保留不住，而在低山丘陵区风化剥蚀作用相对减弱，加之上石炭统石灰岩的保护，含矿岩系多残留在平缓的山顶至山底的坡上。山前平原则属于下降沉积区，含矿岩系深埋地下，必须借助其他找矿手段才能找到。

8 结论

本溪组黏土矿、铝土矿都属于风化壳性沉积矿床，受古风化壳沉积古地理环境影响较大，矿石厚度、品位等质量特征变化较大。总体来说，层控特征明显，便于找矿。

参考文献

[1] 张绍富，梨远炳，赵维新，等．河南省沁阳市常平黏土矿区地质勘探报告[R]．1977：19．

[2] 李玉瑞，彭昭瑞，等．河南省焦作市寺岭黏土矿区地质勘探报告[R]．1981：13，23-24，26，35．

[3] 白德胜，李俊生，纵瑞，等．河南省博爱县江岭地区耐火黏土矿普查报告[R]．2018：27．

坦桑尼亚PL7307金矿预查区成矿规律及找矿潜力分析

毛金彪，姚　娟，卫建征，王金路，焦　杨

摘　要：通过对坦桑尼亚PL7307金矿预查区内磁铁石英岩(BIF)与变凝灰岩接触带进行重点剖析，查明区内矿床为韧性剪切带控矿；蚀变特征主要变现为绿泥石化、硅化、绢云母化、黄铁矿化、雌黄铁矿化；为典型的层控型矿床。

关键词：坦桑尼亚PL7307；金矿；成矿规律；找矿潜力

坦桑尼亚环维多利亚湖绿岩带是世界上有名的金成矿带，该绿岩带由八个次级绿岩带组成(图1)，分别为马拉-穆索马(Mara-Musoma)绿岩带、乞力马费扎(Kilimafedha)绿岩带、马巴莱(Mabale)绿岩带、卡哈马(Kahama)绿岩带、卢瓦马加沙(Rwamangaza)绿岩带、盖塔(Geita)绿岩带、恩泽加(Nzega)绿岩带和伊兰巴-塞肯克(Iramba-Sekenke)绿岩带。

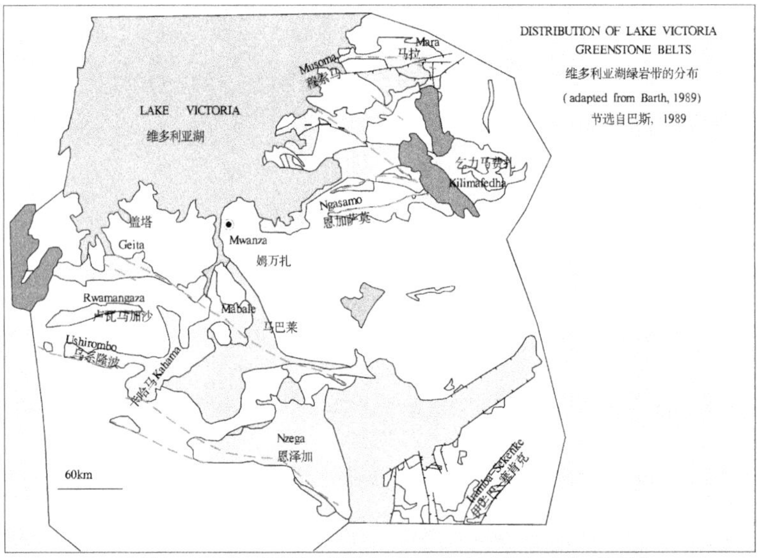

图1　维多利亚湖太古界绿岩带分布图

1——盖层部分剥蚀并显露出绿岩；2——布科班沉积物；3——岩浆岩；4——绿岩带；5——花岗岩类岩石；6——主要剪切带；7——裂谷断层；8——矿权区位置

毛金彪：男，1988年生，安徽省砀山县人。本科，工程师。毕业于安徽理工大学地球与环境学院地质工程专业，主要从事矿产资源勘查工作。河南省地质矿产勘查开发局第二地质矿产调查院。

姚娟：河南省地质矿产勘查开发局第一地质勘查院。

卫建征：河南省地质矿产勘查开发局第二地质矿产调查院。

王金路：河南省地质矿产勘查开发局第二地质矿产调查院。

焦杨：河南省地质矿产勘查开发局第二地质矿产调查院。

1　区域地质背景

预查区位于坦桑尼亚环维多利亚湖八大绿岩带之一的恩泽加绿岩带东北部(见图 1),绿岩带主要由太古界尼安萨群地层组成,岩性为长英质和铁镁质火山岩、磁铁石英岩(BIF)等。区域构造活动强烈,岩层多呈陡倾状;太古界岩浆活动强烈,形成大面积岩浆岩。区域内主要出露太古界尼安萨群、卡维隆多群及第四系。

区域太古界地层为花岗岩-绿岩体,基底为多多马群(Dodoman Group);中下部为尼安萨群(Nyanzian Group),厚度较大;其上为卡维龙多群(Kavirondian Group)的碎屑沉积岩所覆盖,呈不整合接触;同时,本区地层被同造山期和造山期后的花岗岩及少量正长岩和不同年代的酸性、中性及基性岩墙所侵入(见图 2)。

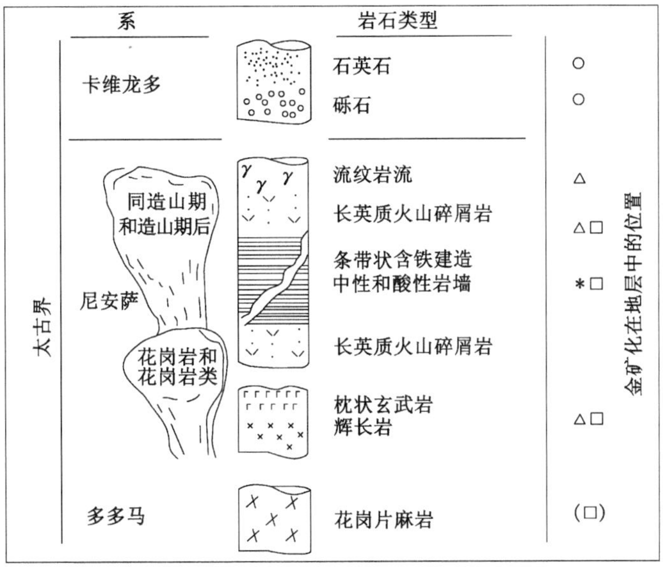

图 2　区域综合地层柱状图

星号——条带状含铁建造型(BIF)金矿化;三角形——剪切带型金矿化;

正方形——脉型金矿化;圆圈——碎屑沉积岩型金矿化

该区域金矿石主要赋存在尼安萨群内,主要表现两种类型:① 条带状含铁建造和凝灰岩熔矿矿床(层控型),常与构造带伴生,规模大,品位低,如 Geita 矿。② 韧性剪切带型金矿床,常见于镁铁质岩中,带中含金石英-碳酸盐脉后生,低品位,大吨位,如 Golden Pride 矿。

2　矿床地质特征

预查区地层简单(图 3),北部及南部大部分被第四系冲积黑土和湖泊相白色钙质沉积物所覆盖,仅中北部有少量基岩出露,主要为尼安萨群的长英质-中性火山岩、变凝灰质沉积岩、条带状含铁建造(BIF),局部出露太古界花岗岩。矿区内地层走向大致近东西向,倾向北;矿区外东部和西北部多见北西向,倾角较陡,一般 60°～75°。

由于预查区多被第四系沉积物所覆盖,地表较难辨识出构造形迹。

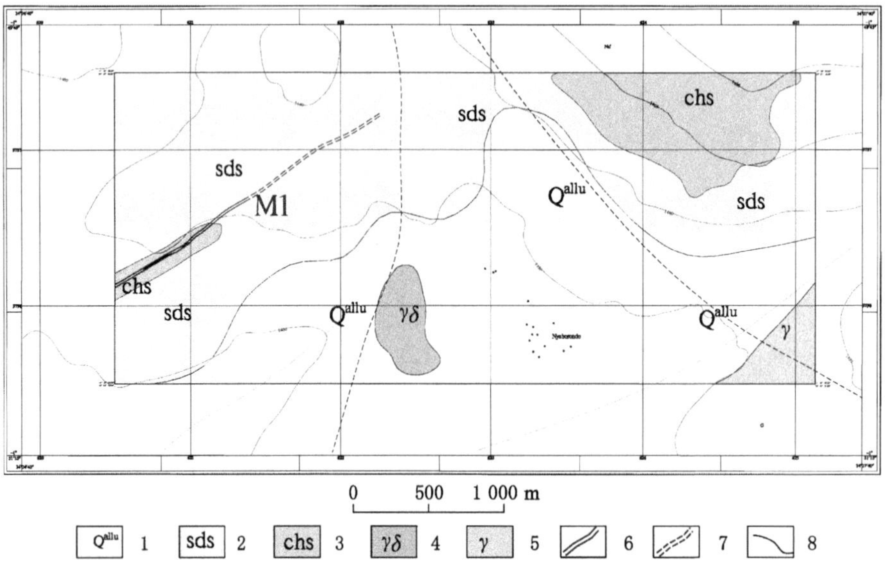

图 3 PL7307 金矿预查区中北部地质简图

1——冲洪积物;2——残破积物;3——夹条带状含铁建造及变凝灰岩;4——花岗闪长岩;5——黑云母花岗岩;6——金矿化蚀变带;7——等高线

3 矿体特征

在预查区中北部发现一条 M1 金矿化体(图 3、图 4),圈定长度约 350 m。矿体产状 330°∠56°,矿体顶端倾角较缓约 50°,底端倾角变陡约 59°。矿体主要赋存在夹磁铁石英岩含铁建造(BIF)与变凝灰岩接触带附近的剪切韧性带内,矿体顶板围岩为磁铁石英岩,底板为变凝灰岩。

对 M1 金矿体深部沿走向 100～120 m 间距实施了 6 个钻孔,其中 5 个钻孔见矿,控制矿体斜深 91～294 m 之间(图 4)。钻探工程中金矿体品位 1.00×10^{-6}～4.30×10^{-6},真厚度 0.75～1.78 m。根据见矿工程情况,金矿体平均品位 2.92×10^{-6},平均厚度 1.23 m。

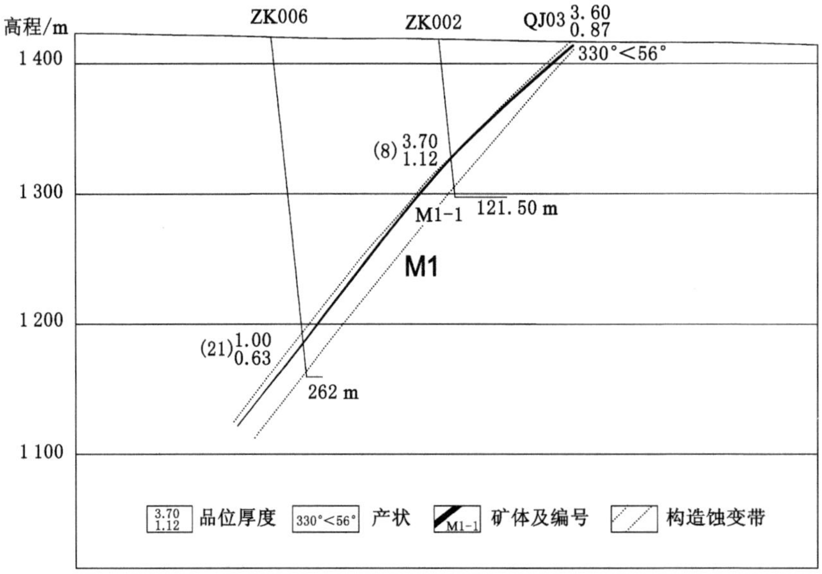

图 4 PL7307 金矿预查区 M1 金矿化体蚀变带某勘探线剖面图

4 矿石特征

4.1 矿石结构

根据矿石中矿物颗粒的形态、相对大小及其空间相互的结合关系，区内主要原生矿石结构可划分为他形晶粒状结构、半自形-自形粒状结构、碎裂结构、包含结构等，氧化矿石多为交代残余结构。

4.2 矿石构造

根据矿石中矿物集合体的形态、相对大小及其空间相互结合关系，区内主要矿石构造可细分为浸染状构造等，氧化矿石主要为蜂窝状构造(见图 5)。

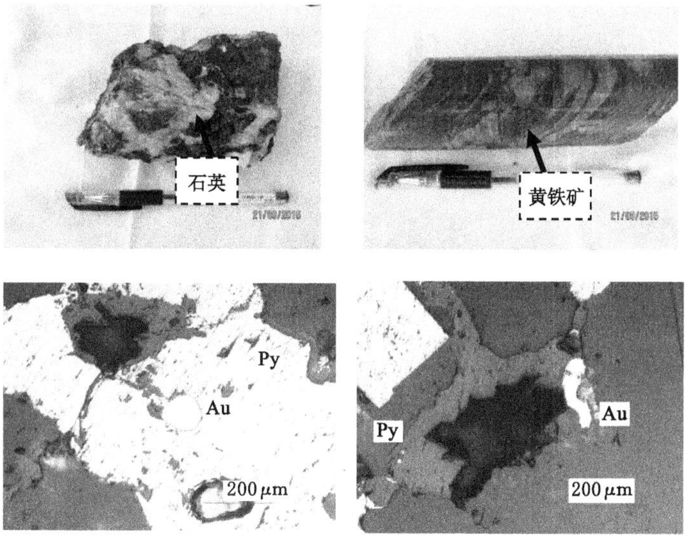

图 5 PL7307 金矿预查区金矿石特征

4.3 矿石成分

通过野外观察和室内岩矿鉴定，矿石中金属矿物有自然金、黄铁矿、磁黄铁矿、黄铜矿、磁铁矿和褐铁矿等；脉石矿物主要有石英、绿泥石、方解石和白云母等。自然金主要为粒间金，沿黄铁矿颗粒及石英颗粒间分布，少量包裹金，主要为黄铁矿包裹。自然金粒径在 0.025～0.15 mm 之间，属细粒金。

5 成矿规律及找矿潜力分析

5.1 矿床成因探讨

(1) 成矿物质来源

预查区金矿床赋存于太古宙绿岩带火山岩层构造破碎带中。已有资料表明，太古宙绿岩带中的超镁铁质、镁铁质火山岩的原始含金量较高，而且其中常含有相当量的易释放金，这些易释放金在岩浆演化过程中、在岩流喷出海水并与海水交换反应时及在区域变质作用中会释放出来。结合区域金矿床成矿特征，认为成矿元素金主要来源于深部基性、超基性岩体。

（2）成矿流体来源

绿岩带与花岗岩体关系较为密切，构成花岗-绿岩地体。PL7307 金矿预查区所在的恩泽加绿岩带东北角岩浆活动强烈，呈多期活动特点，岩浆活动伴随的岩浆热液是成矿流体的主要来源。绿岩带普遍受区域变质作用影响，变质程度达到绿片岩相，区域变质作用产生的变质流体也是成矿流体的重要来源。

（3）岩浆活动

预查区南部 4 km 处有花岗岩体产出，这些花岗岩体均为造山后期花岗岩，其岩浆侵入活动不仅提供强大的热动力条件，还提供丰富的热液，是成矿流体主要来源。

5.2 矿化体空间规律

通过对 PL7307 金矿预查区成矿物质和成矿流体来源、构造、岩浆岩及矿化蚀变特征研究，初步认为其矿床成因类型为变质-热液金矿床。

矿体的空间规律：矿体主要有构造控制和构造变形。在 PL7307 金矿预查区内，金矿体均赋存于韧性剪切带中，矿体空间分布状态严格受构造破碎带产状控制。构造变形是该区金矿形成过程中重要的控制因素之一，构造裂隙不仅为成矿热液提供了运移通道和沉淀场所，构造变形结合伴生的变质作用促使成矿物质不断活化、迁移，最终使金在断裂构造的有利部位沉淀富集成矿。

由于金元素具有亲铁、亲硫等特征，金矿化体主要赋存在夹条带状含铁建造（BIF）与变凝灰岩接触带处的韧性剪切带、偏夹条带状含铁建造（BIF）岩系内。

5.3 控矿因素

结合预查区周边已知金矿床的成矿地质规律，综合认为该类型金矿床的主要控矿因素如下：

（1）构造因素。金矿床均产于剪切构造带或次级断裂破碎带中，断裂具有张性或压扭性，是重要容矿场所和运移通道。

（2）地层因素。在花岗-绿岩带地体中，富含镁铁质成分的绿岩地层是金成矿的有利围岩，而邻近的花岗岩中几乎不成矿。绿岩地层原岩为一套含铁镁质的火山-沉积建造，后期经区域变质作用，变质相达到绿片岩相。

5.4 找矿潜力分析

5.4.1 找矿标志

（1）构造标志

PL7307 金矿预查区金矿体均严格受剪切破碎带控制，构造破碎带即为矿体赋存空间，是预查区直接的找矿标志，特别是断裂密集发育、交汇或复合部位、节理裂隙密集发育地段是很好的赋矿空间。

（2）蚀变矿化标志

含矿断裂构造带常具有明显的蚀变和矿化现象，一般硅化、黄铁矿化、褐铁矿化、绢云母化等都是找矿的直接标志。

（3）地球物理异常标志

矿区金矿化蚀变带硅化、黄铁矿化较强，矿石为含硫蚀变岩型金矿石，所以在激电异常中，构造蚀变岩与地层中其他岩石单元相比具有明显的“低阻高极化”异常特征，因此，利用激电测量工作手段寻找覆盖区金矿化蚀变带具有较强的指示意义。

（4）地球化学异常标志

Au、As、Sb 等元素形成的异常，规模大、强度高、浓集中心及浓度分带明显，具有一定的组合性，是很好的找矿标志。

（5）其他标志

民采洞也是可靠的直接或间接找矿标志。

5.4.2　找矿潜力分析

因预查区多为第四系冲洪积物所覆盖，地表出露基岩较少，无法清晰查看到构造行迹，故常用的地质简测、土壤地球化学测量、激电中梯剖面测量、槽探等地质手段无法较好地查证预查区内金矿化信息。依据夹条带状含铁建造具有较强的磁性特征，前期 1∶1 万地面高精度磁法测量工作已圈定出 5 个磁异常靶区（见图 6）。由于工作量有限，仅在 B1-1 上开展钻探深部查证工作，且发现 M1 金矿化体。

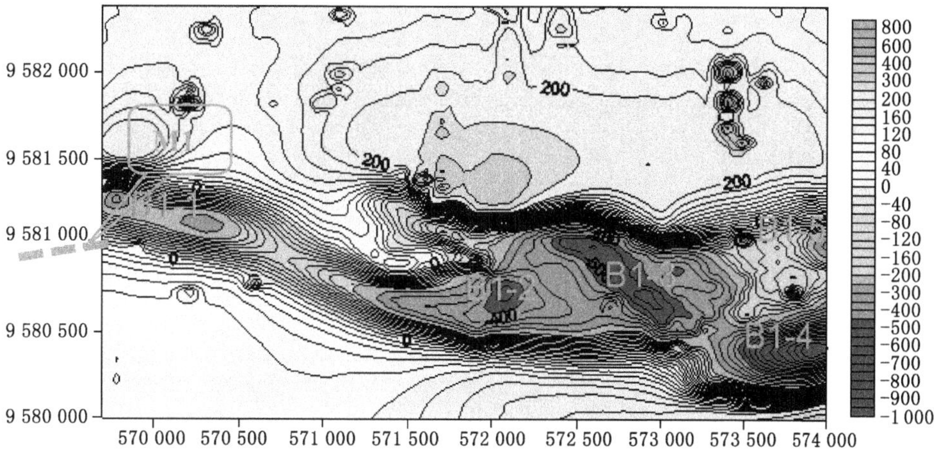

图 6　PL7307 金矿预查区中部磁异常图

参照 M1 金矿化体找矿经验，下一步找矿靶区为地面高精度磁法测量圈定的 B1-2、B1-3、B1-4、B1-5 磁异区，因该类型金矿体赋存在夹磁铁石英岩含铁建造与变凝灰岩接触带处的韧性剪切带内，属于层控型矿床，矿体一般连续性较好、规模较大。

综上所述，预查区内已发现金矿化体，且已查明金矿化体与磁异常具体相关性，故下一步工作重点突破 B1-2、B1-3、B1-4、B1-5 磁异常区，有望在走向与倾向上发现大型金矿体。

参 考 文 献

[1] BORG G，吴礼道．坦桑尼亚盖塔和朱比利里夫太古代条带状铁建造中金矿床的成因探讨[J]．国外火山地质，1992(1)：34-35．

[2] 聂凤军，江思宏，白大明，等．北山地区金属矿床成矿规律及找矿方向[M]．北京：地质出版社，2002：1-49．

[3] 刘军，朱谷昌．坦桑尼亚汉德尼金矿床地质特征及找矿方向分析[J]．地质与勘探，2012，48(1)：177-184．

[4] PHILLPS G N，阎永林．产于太古代条带状铁矿建造寄主岩中金矿床的后生成因[J]．地质科技情报，1985，4(2)：147-152．

浙川县大青塘金矿地质特征及找矿标志

薛克亮，徐新剑，李长美

摘　要：大青塘金矿位于秦岭造山带东段南秦岭构造带上，区域地层复杂，构造发育，岩浆岩活动强烈，具有良好的找矿前景。本次结合大青塘金矿所在的区域地质特征背景，分析矿区地质特征，矿体地质特征，得出矿化带大体受断裂构造控制，并总结出矿区构造、铁帽、围岩蚀变等找矿标志，为区域寻找同类型矿床提供依据。

关键词：大青塘；地质特征；找矿标志；淅川县

1　概述

大青塘金矿是一个受断裂构造控制、矿体形态复杂的中小型矿床。区域地质条件复杂，形成了有利的成矿条件。目前在矿区周边发现大量金多金属矿、锑矿、银矿、沉积型钒矿和磷矿、重晶石矿等。因此研究大青塘地区金矿的地质特征及找矿标志对区域同类型矿床的研究和开发具有一定意义。

2　区域地质背景

大青塘矿区位于秦岭造山带东段南秦岭构造带，荆紫关-师岗复向斜的北翼，地层可分为基底和盖层两部分。基底由古元古界陡岭岩群周进沟组(Pt_1z)、瓦屋场组(Pt_1w)、大沟组(Pt_1d)，中-新元古界武当岩群($Pt_{2\text{-}3}w$)，新元古界耀岭河岩群(Pt_3y)组成；盖层由上震旦统陡山沱组(Z_2d)、灯影组(Z_2dn)，下寒武统水沟口组(ϵ_1s)、中寒武统岳家坪组(ϵ_2y)、上寒武统螟蚣丫组(ϵ_3w)，下奥陶统白龙庙组(O_1b)、牛尾巴山组(O_1n)，泥盆系(D)，石炭系(C)，以及新生界第四系(Q)组成。见图1。

区域构造复杂，基底与盖层之间形成大规模逆冲断裂-淅川断裂，划分为两大构造层：元古界基底构造层和盖层岩层[1-2]。前者分布于研究区北部，由元古界构造-岩浆杂岩地层单元组成，发育一系列巨型北西西向韧性剪切带。后者位于研究区南部，由震旦纪-古生代沉积地层组成，构造变形简单，以荆紫关-师岗复向斜为主控构造架，底界逆冲断层和上部次级逆冲断层十分发育[3-4]。

区域岩浆活动强烈，活动期次多、规模大、延续时间长，形成呈北西西向展布的复杂岩浆岩带，中生代(燕山期)花岗斑岩体(株)与金、铜、锑、银、铅、锌矿化关系密切。

薛克亮：男，学士学位。地质矿产工程师，一直从事地质调查与找矿工作。河南省地质矿产勘查开发局第一地质勘查院。
徐新剑：河南省地质矿产勘查开发局第一地质勘查院。
李长美：河南省地质矿产勘查开发局第一地质勘查院。

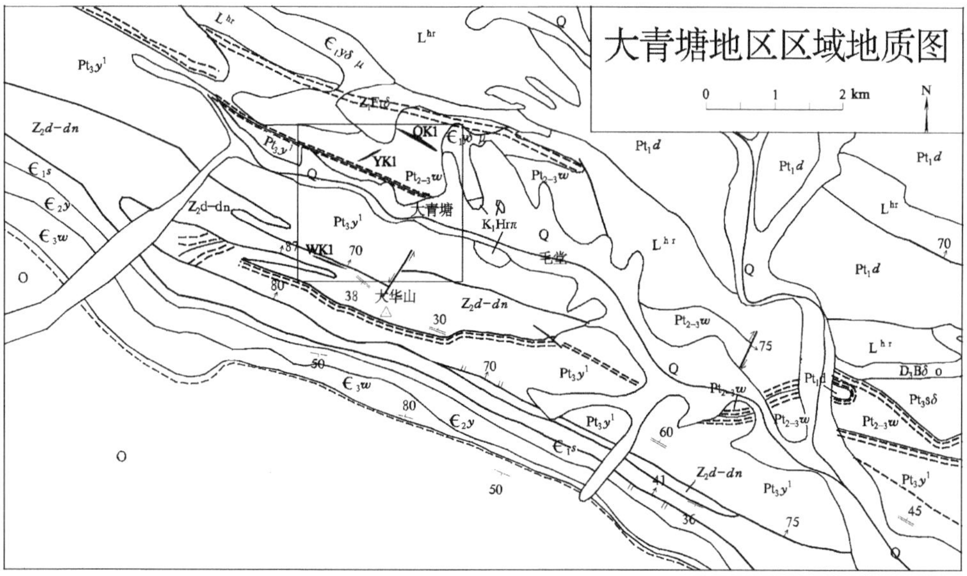

图 1　大青塘地区区域地质图

Q——砂、砾石等；O——白云岩；$\epsilon_3 w$——泥质白云岩；$\epsilon_2 y^2$——厚层白云岩；$\epsilon_2 y^1$——黑色白云岩；$\epsilon_1 s$——硅质岩韵律层；$Z_2 d$——石英砂岩；$Z_2 dn$——条带状白云岩；$Pt_3 y^1$——凝灰岩；$Pt_{2\text{-}3} w$——变流纹岩；$Pt_1 d$——斜长片麻岩；$K_1 H\gamma\pi$——隐爆角砾岩；$D_3 B\delta o$——片麻状石英闪长岩；$\epsilon_1 y\delta\mu$——片麻状闪长玢岩；$Z_1 F\gamma\delta$——片麻状中粗粒花岗闪长岩；$Pt_3 s\delta$——片麻状中细粒闪长岩；L^{hr}——灵官垭杂岩；γ——花岗岩脉

3　矿区地质

矿区地层主要包括古元古界陡岭岩群、中-新元古界武当岩群、新元古界耀岭河岩群钙碱性火山喷发沉积建造、上震旦统灯影组碳酸盐系及第四系等。

区域断裂构造按展布方向可分为北西西向、北东向和北西向三组；以北西西向最为发育，次为北东向和北西向断层，表现为多期、多阶段活动的特征，不同方向、不同规模、不同性质的断裂相互切割，形成了本区网格状构造格局。不同方向的断裂交汇部位，控制着燕山期花岗斑岩和金矿床的分布，而断裂及岩体特定的构造部位具体控制着矿体的赋存部位、形态、产状和规模。该区域分布的金矿如蒲塘、毛堂金矿区均位于不同方向断裂交汇部位。

北西西向压扭性断裂：成矿前和成矿期断裂，控制了本区多金属矿化体的展布，是主要的导矿、储矿断裂。

北东向断裂：成矿后断裂，规模较前者小。

秦岭褶皱带经历了多期次构造叠加，本区褶皱主要由荆紫关-师岗复向斜及两翼的一系列次级小褶皱组成，褶皱总体走向北西西，南翼北倾，北翼南倾，倾角 30°～70°，核部相对较为开阔，为一向西低角度翘起的开阔近直立复式向斜构造。

岩浆岩主要以火山岩和武当岩群火山岩火山机构，岩浆活动为成矿提供了有利的物质来源和动力条件。

4 矿体地质

4.1 矿体特征

大青塘矿段：分布于武当岩群上岩组内的压扭性断层内，主要矿化为金、银、铅、锌。发现了QK1、QK2、QK3三条矿化带，其中QK1矿化体为主要矿化体，地表出露长度1 000 m左右，其中圈出QK1-1、QK1-2两个金、银共生矿体（见图2）。

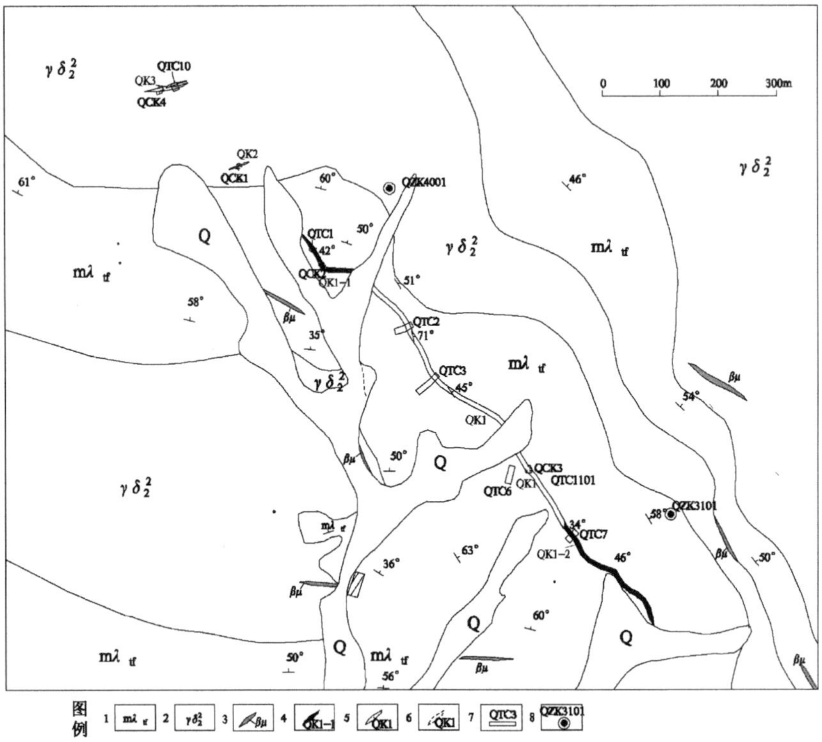

图2 大青塘矿段地质图

1——变流纹质凝灰岩；2——花岗闪长岩；3——辉绿岩脉；
4——矿体位置及编号；5——矿化带位置及编号；6——推断的矿化带位置及编号；
7——探槽位置及编号；8——钻孔位置及编号

QK1-1矿体：长约100 m，斜深约100 m，埋深0～80 m。厚度0.31～1.06 m，平均厚度0.65 m，厚度变化系数48.01%，属稳定型。矿体呈脉状产出，形态简单；产状39°～48°∠47°。Au最高品位1.28×10^{-6}，最低品位0.50×10^{-6}，平均品位0.60×10^{-6}，品位变化系数55%；Ag最高品位255×10^{-6}，最低品位111×10^{-6}，平均品位166.4×10^{-6}，品位变化系数40%，品位变化属均匀型。

QK1-2矿体：长约230 m，斜深约240 m，埋深0～230 m。厚度0.30～2.41 m，平均厚度1.02 m，厚度变化系数73.74%，属稳定型。矿体呈脉状产出，形态简单；产状35°～60°∠34～65°。Au最高品位17.58×10^{-6}，最低品位0.29×10^{-6}，平均品位3.70×10^{-6}，品位变化系数165.16%，品位变化属不均匀型；Ag最高品位150×10^{-6}，最低品位25.6×10^{-6}，平均品位50.1×10^{-6}，品位变化系数74.58%，品位变化属均匀型。

以上矿体均严格受压扭性断裂构造控制，赋矿岩石主要为构造角砾岩和糜棱岩，其原岩成分与围岩一致，为变流纹质凝灰岩。

芋头沟矿段：位于上震旦统灯影组下段厚层状白云岩内的断裂构造带内，严格受构造破碎带控制，矿化体出露长度 500 m 左右(见图 3)。

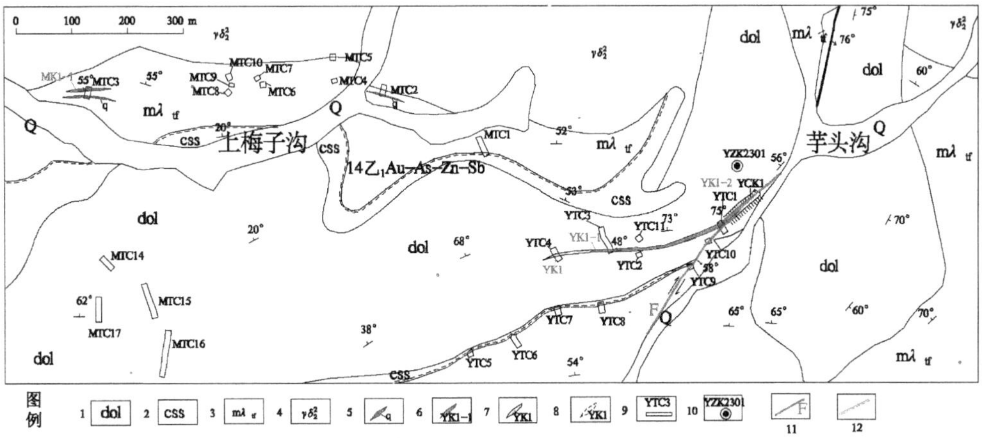

图 3　芋头沟矿段地质图

1——厚层状白云岩；2——钙质砂岩；3——变流纹质凝灰岩；4——花岗闪长岩；
5——石英脉；6——矿体位置及编号；7——矿化带位置及编号；8——推断的矿化带位置及编号；
9——探槽位置及编号；10——钻孔位置及编号；11——断层；12——韧性剪切带

YK1-1 矿体：分布在 YK1 矿脉内，埋深 0～80 m。出露长度 300 m，控制延深 80 m；矿化带受东西向压扭性断裂构造控制，产状 318°～11°∠48°～75°，厚度 0.89～1.90 m，平均厚度 1.20 m，厚度变化系数 33.04%，属稳定型；金含量为 1.01～6.99×10^{-6}，平均品位 2.59×10^{-6}，品位变化系数 23.27%，属均匀型；伴生银含量为 2.4～4.66×10^{-6}，平均品位 4.09×10^{-6}，品位变化系数 22.74%，属均匀型。

大王山矿段：位于上震旦统灯影组下段角砾状白云岩内的断裂构造带内，受构造破碎带控制，矿化体出露长度 500 m 左右(见图 4)。

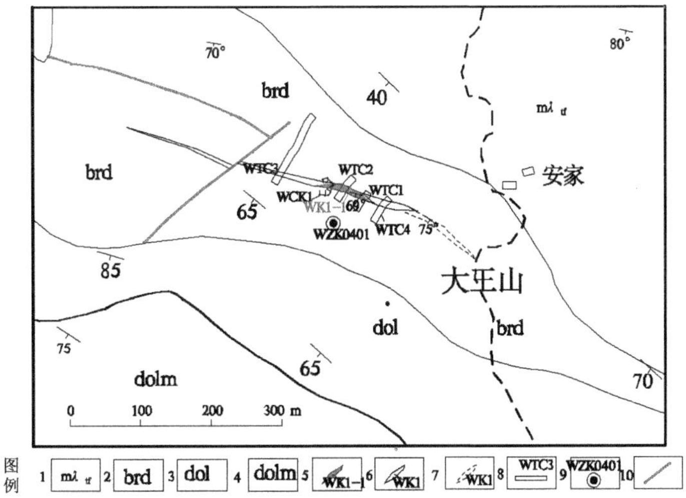

图 4　大王山矿段地质图

1——变流纹质凝灰岩；2——角砾状白云岩；3——厚层状白云岩；4——白云质灰岩；
5——矿体位置及编号；6——矿化带位置及编号；7——推断的矿化带位置及编号；
8——探槽位置及编号；9——钻孔位置及编号；10——断层

WK1-1矿体：赋存标高+610～+375 m，埋深0～220 m。出露长度100 m，控制延深220 m；受东西向张性断裂构造控制，产状192°～205°∠69°～82°，厚度0.72～8.87 m，平均厚度4.48 m，厚度变化系数90.53%，属较稳定型；铅含量为0.19%～1.53%，平均品位0.61%，品位变化系数76.16%，属较均匀型；锌含量为0.34%～0.83%，平均品位0.76%，品位变化系数45.12%，属均匀型；伴生银含量在5.39×10^{-6}～12.4×10^{-6}，平均含量5.60×10^{-6}。

4.2 矿物特征

主要矿石矿物有褐铁矿、黄铁矿、黄铜矿、方铅矿、闪锌矿等。主要金属矿物的生成顺序为：粗粒自形粒状黄铁矿→细粒他形黄铁矿、黄铜矿、闪锌矿、方铅矿→褐铁矿、孔雀石、铜兰。

脉石矿物主要成分为斜长石、石英、绢云母、高岭石。

4.3 矿化与围岩蚀变特征

QK1矿带：矿体直接围岩为变流纹质凝灰岩，蚀变以褐铁矿化、硅化、黄铁矿化为特征。夹石主要特征为变流纹质凝灰岩，多呈脉状、楔状、透镜状产出，其产状与矿体基本一致，一般都发育有较弱的黄铁矿化、硅化等蚀变。

YK1矿带：矿体围岩厚层状白云岩，蚀变以褐铁矿化、硅化、黄铁矿化、碳酸盐化为主。

WK1矿带：矿体围岩为角砾状白云岩，蚀变以褐铁矿化、硅化、方铅矿化、闪锌矿化为主，地表褐铁矿化较强。

5 矿床成因

5.1 控矿因素

(1) 地层因素

中-新元古界武当岩群上岩组Au、Ag、Pb、Zn等元素丰度值分别为12×10^{-9}、0.2×10^{-6}、65×10^{-6}、140×10^{-2}，高出区域地壳平均丰度几倍至数十倍，是该区重要的矿源层。

(2) 构造因素

矿区内北西向构造蚀变带发育，控制着矿化带(脉)及矿体的展布，为含矿热液运移提供了通道，为矿体的形成提供了赋存空间。

(3) 岩浆岩因素

大青塘金多金属矿床，位于蒲塘黑沟隐爆角砾岩体南西约1 500 m，矿化带围岩外均为晋宁期花岗闪长岩体，岩浆多次活动，含矿热液在含矿构造内多次叠加形成富矿段。

5.2 矿床类型及富集规律

矿脉北西段成矿元素组合按其丰度由高到低依次为：银—金—铅—锌—铜；矿脉南东段成矿元素组合按其丰度由高到低依次为：金—银—铅—锌。由此可以看出，元素组合成矿温度具有中-低温热液特征。矿脉内黄铁矿具有多种晶体结构及大小，矿体具有多期次成矿作用叠加的特点。矿床成因与构造、岩浆岩有关。因此，大青塘金多金属矿床的形成，经历了变形、变质、热液叠加改造、交代充填等过程，最终定位于构造蚀变带中，属中-低温热液型金多金属矿床。

6 找矿标志

(1) 地层标志

武当岩群上岩组是大青塘矿段的主要含矿层位，也是其主要的赋存部位。

(2) 构造标志

沿淅川断裂带两侧的次级韧性-韧脆性构造带是控矿和储矿的有利部位。构造带中广泛发育的构造角砾岩及糜棱岩带，是区内寻找构造蚀变岩型金矿最重要的直接标志。

(3) 多金属矿化标志

与金共生的金属硫化物，在表生作用下常形成褐铁矿、黄钾铁矾、铜兰、孔雀石等次生矿物，其富集部位可形成铁帽，使岩石呈现褐红色、黄褐色，故地表出露的铁帽为找矿的直接标志。

(4) 围岩蚀变标志

硅化、绢云母化、褐铁矿化为碎裂蚀变岩型金矿的主要围岩蚀变，特别强硅化、黄铁矿化构造蚀变岩带，一般均有金矿化存在。

(5) 地球化学标志

区域地球化学组合异常，特别是以 Au、Ag、Cu、Pb、Zn 等元素异常套合较好地段，是找矿的有利地段。

参考文献

[1] 陈霏霏.河南省淅川县梅池金矿地质特征及找矿标志[J].西部探矿工程，2014(1)：117-118，123.

[2] 张文，王建国，李孝红，等.河南庄金矿床成矿流体特征及矿床成因[J].有色金属(矿山部分)，2012(2)：52-57.

[3] 李泳泉，张德会，李胜利，等.河南内乡县许窑沟金矿地质特征及成矿过程[J].现代地质，2012(5)：1078-1085.

[4] 燕长海，姚新年，谢国敏.豫西南地区河南庄金矿埋藏矿体的地表标志[J].地质地球化学，2001(3)：196-200.

信阳市柳林铀矿床地质特征及找矿方向

陈化凯

摘　要:柳林铀矿床位于豫南燕山晚期灵山岩体西北边部,是近年新查明的热液花岗岩型铀矿床(小型)。该矿床产于灵山复式花岗岩体内接触带中,铀矿体分布与伽马场分布一致,铀矿体受断裂构造控制,断裂交汇处、膨大部位、产状变异部位和断裂构造深部等都是寻找铀矿体或富大矿体的有利部位。灵山岩体东部及区内各主要含矿脉体沿走向及深部是本区下一步找矿的方向,灵山岩体含铀丰度值较高,为铀成矿提供了矿源,断裂发育,成矿环境有利,且深部控制程度差,找矿前景好,潜力较大。

关键词:灵山岩体;柳林铀矿;地质特征;断裂构造

1　成矿地质背景

矿区位于大别山北麓,华北板块与扬子板块的接合部位(见图 1),属秦岭褶皱系的桐柏-大别褶皱带[1]。区内岩浆活动强烈,地质构造复杂,多数断裂具有长期活动的特点,区域构造方向呈近北西-南东向展布。区域成矿地质条件优越,有利于铀及多金属矿产的成矿。

区域上出露地层主要有中元古界龟山岩组、中-新元古界浒湾岩组、下奥陶统及震旦系肖家庙岩组、古生界南湾组出露[2-3]。受构造影响岩石均变形强烈。龟山岩组主要由一套长英质岩石和角闪质岩石组成。浒湾岩组主要岩性为含榴白云(二云)斜长(二长)片麻岩、石榴斜长角闪(片)岩。肖家庙岩组主要岩性为含榴白云(二云、绢云)片岩、白云石英片岩、变粒岩、斜长角闪片岩等。南湾组总体上为一套快速沉降、低成熟度陆源碎屑建造,主要岩性为黑云(二云)变粒岩、黑云斜长片岩、二云石英片岩、二云片岩、白云片岩等。

区域构造是由多个形成于不同构造环境、有着各自独立的建造特征、变形变质和构造演化序列的构造地层地体,经历了多阶段、多期次构造运动,经过多次聚合后拼贴并焊结为一体的复杂构造带。区域构造格架表现为早期近 EW 向与晚期近 SN 向两组构造相互交织所形成的格子状构造体系,早期近 EW 向的区域性大断裂龟山-梅山断裂、桐柏-商城断裂控制着区内不同的构造地质单元。

岩浆岩活动频繁,中生代早白垩世岩浆侵入尤为强烈,从深成岩体到浅成-超浅成以及爆发角砾岩都很发育,构成东秦岭-大别构造岩浆岩带,强烈而广泛的岩浆活动为铀成矿提供了物质基础。

灵山复式岩基,是区域上出露最为广泛的岩体,形成时代为早白垩世(黑云母 K-Ar 年龄 121～130 Ma[3]),是多期次侵入形成的二长花岗岩。该岩体分 4 次侵入:第一次侵入为中粗粒黑云母(似斑状)二长花岗岩;第二次侵入为细粒、中细粒(似斑状)二长花岗岩;第三次侵入为细粒(似斑状)二长花岗岩;第四期侵入为花岗斑岩及细晶岩,呈带状及脉状产出。在灵山岩体及不同期次花

陈化凯:男,1964 年生。总工,高级工程师,长期从事地质工作。河南省核工业地质局。

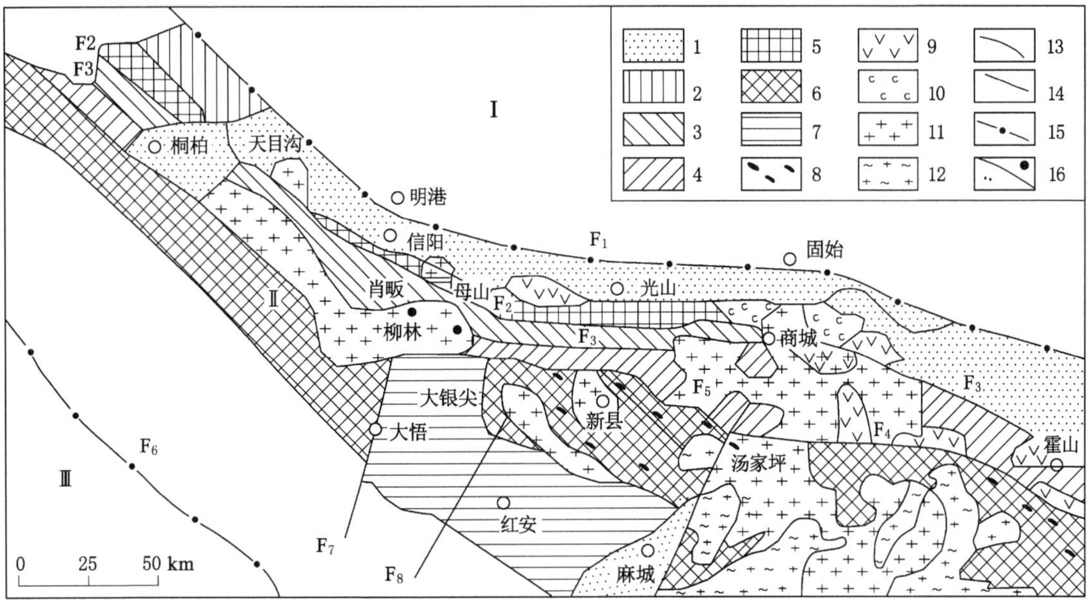

图 1　柳林矿区大地构造位置图

1——中-新生代地层(K-E);2——二郎坪群(Pt_3-Pz);3——龟山岩组(Pt_2g)、南湾组(Dn);
4——肖家庙岩组(Z-O_1x);5——秦岭岩群(Pt_2qn);6——桐柏-大别变质杂岩(Ar_3-Pt_1);
7——红安岩群(Pt_3);8——榴辉岩;9——白垩纪火山岩(K);10——石炭系;11——燕山期花岗岩;
12——晋宁期花岗岩;13——地质界线;14——断裂带编号;15——大别山造山带边界;16——铀(红色)、钼/铜矿床位置
Ⅰ——华北板块;Ⅱ——大别山造山带;Ⅲ——扬子板块

岗岩体内外接触带已发现许多铀矿点[4-5]、矿化点、异常点,并已查明多处锌、金、银、铜、钼等矿产。

鸡公山岩体,分布于灵山复式岩基的西南侧,形成时代为早白垩世(黑云母 K-Ar 年龄 107~116 Ma[3]),主要岩性为中粗粒黑云母二长花岗。

2 矿区地质特征

矿区位于区域性桐柏-商城断裂带南侧,燕山晚期灵山花岗岩体西北部,多期次侵入花岗岩的接触带附近。区内断裂构造发育,岩浆活动频繁,物化探异常发育,且处于放射性高场区,具有良好的成矿地质条件。

2.1 地层特征

矿区内出露地层面积较小,主要为下奥陶统及震旦系肖家庙岩组(Z-O_1x)的一套变质岩系及新生界第四系(见图 1)。

肖家庙岩组:下段,主要岩性组合以灰白色含榴白云石英片岩、白云钠长片岩为主,夹带状斜长变粒岩、绿泥斜长片岩、碳质绢云(石英)片岩、白色透镜状大理岩等;上段,主要岩性组合以黄绿色绿帘更钠长石片岩、角闪更钠长石片岩为主,其次为绢云阳起片岩、绢云更钠长(白云)石片岩、更钠长变粒岩等,岩石普遍具糜棱岩化。该组地层总体产状倾向北北东,倾角中等。

2.2 岩浆岩特征

区内岩浆岩均为侵入岩,分布范围广泛,主要为早白垩世灵山复式岩体。矿区内岩体是灵山复式岩体西北部的一部分，主要包括早白垩世早期的新店岩体（γ_5^2）及晚期的灵山岩体（γ_5^{3-1}）、沙子岗岩体（γ_5^{3-2}）、李家寨岩体（γ_5^{3-3}）[6]，呈岩基状、岩株状产出。其次为呈岩脉状产出的细粒花岗岩脉及细晶岩脉等。

新店岩体（γ_5^2）：出露面积较小，可分为花岗闪长岩体（$\gamma\delta_5^{2-2}$）及闪长岩体（δ_5^{2-1}），二者已被晚期的花岗岩吞噬，表现为包裹体、残留体形式存在。形态不规则，与其他晚期侵入体界线清楚，岩石一般呈中粒或斑状结构，局部呈粗粒或细粒结构，块状构造。

灵山岩体（γ_5^{3-1}）：主要以岩基形式出露，出露面积较大，主要岩性为粗粒黑云母花岗岩。岩石呈粗粒花岗结构或斑状结构，块状构造。

沙子岗岩体（γ_5^{3-2}）：出露面积较小，岩体按矿物成分可分为中粒黑云母二长花岗岩及中粗-细中粒黑云母花岗岩。中粒花岗结构，块状构造。

李家寨岩体（γ_5^{3-3}）：出露面积较大，岩性为细粒花岗岩。细粒花岗结构，块状构造。岩石坚硬，地貌上多呈山峰。

区内脉岩活动频繁，种类较多，主要有细粒花岗岩脉、煌斑岩脉、细晶岩脉及石英脉等。除细晶岩脉规模较大外，其余脉岩规模一般较小。

细晶岩脉呈南北向展布，规模较大，沿柳河纵贯本区中部，长度大于 4 km，宽度一般 10～20 m，最大宽度达 40 m 以上。倾向西，倾角 55°～65°。球粒状结构或显微花岗结构，块状构造。硅化、绿泥石化蚀变强烈部位多为铀矿化富集地段。

石英脉出露长度一般为 400～900 m，沿走向最大延伸达 1 150 m，宽度一般为 1～10 m，最大可达 20 m。产状多变，走向以近东西向为主，其次为北东向，多数倾向南，倾角变化大，从 50°～81°不等，一般为 55°～75°。

2.3 构造特征

主要为断裂构造，根据其空间展布方向可分为近南北向、近东西向、北东向、北西向四组，其中近南北向主干断裂和呈一定间距出现的近东西向断裂构成了本区似"非"字形断裂骨架，而北东向及北西向断裂属次级断裂（见图 2）。

近南北向断裂主要有两条，即柳河大断裂及由细晶岩脉充填的张性断裂（F_6）。这两条断裂为该区的主干断裂，且是重要的控矿、导矿、赋矿构造，成矿期以张扭活动为主。

近东西向断裂主要出露有 4 条，其中规模较大的有两条（F_1、F_3），大致按 1 300 m 左右的间距分布，且被柳河断裂顺时针错断，断距约 500～700 m。F_1 为本区主要含矿构造之一。

北西向断裂主要出露有 4 条，规模一般较小。

2.4 围岩蚀变

区内热液蚀变发育，种类较多，主要分布于断裂构造及其两侧围岩中，主要围岩蚀变有硅化、绢云母化、绿帘石化、绿泥石化、高岭土化、叶腊石化、碳酸盐化、黄铁矿化、方铅矿化、辉钼矿化等。与铀成矿有关的热液蚀变有硅化、绿泥石化、绿帘石化、黄铁矿化等。

3 铀矿(化)体地质特征

3.1 含铀矿带特征

铀矿化产于灵山花岗岩体的西北部边缘，受断裂构造控制，赋存矿围岩为黑云母花岗岩或黑云母二长花岗岩。主要赋存于 L_1、L_6、L_4 号脉中，在 L_4 地表局部地段也可见次生铀矿物。

图2　柳林铀矿地质略图

1——第四系；2——下奥陶统-震旦系肖家庙岩组；3——细粒花岗岩(李家寨花岗岩体)；
4——中粒花岗岩(砂子岗花岗岩体)；5——粗粒花岗岩(灵山岩体)；6——花岗闪长岩(新店岩体)；
7——石英脉；8——细晶岩脉；9——长英斑岩脉；10——硅化破碎带；
11——构造破碎带及编号；12——压扭性断裂及编号；13——地质界线；
14——地质体或构造产状；15——片理产状；16——白云质大理岩透镜体

L_1 号脉为硅化蚀变破碎带，受 F_1 断裂控制，长 2 450 m，被柳河断裂顺时针错为两段，宽度 0.5～6 m。总体走向北东 75°左右，倾向南东，倾角 75°～85°。沿走向及倾向分支复合现象比较明显，同时还具有膨大收缩现象。地表槽探及浅井中铀含量大多数地段一般 $4\times10^{-6}\sim19\times10^{-6}$，1 个槽探及 1 个浅井中达到 $320\times10^{-6}\sim650\times10^{-6}$，最高 $1\ 260\times10^{-6}$。

L_6 号脉为细晶岩脉，受 F_6 断裂控制，长近 4 km，宽一般 10～20 m，最大宽度达 40 m 以上。走向呈南北向，倾向西，倾角 55°～65°，沿走向及倾向分支复合、膨大收缩现象较明显。沿细晶岩脉上下盘附近可见构造角砾岩、碎裂岩、含砾糜棱岩等。地表槽探及浅井中铀含量一般 $12\times10^{-6}\sim30.5\times10^{-6}$，个别槽探达到 $70\times10^{-6}\sim142.6\times10^{-6}$，最高 281.1×10^{-6}。地表圈不出矿体。

L_4 号脉为硅化破碎带，其中多充填石英脉及细晶岩，受 F_4 断裂控制，是由 4 条大致呈右行雁形排列的硅化破碎带或石英脉组成。长度 900 m 左右，单个长一般为 210～350 m，出露宽度 1～6 m，一般宽小于 2 m。倾向 105°～144°，倾角 60°～70°。地表槽探及浅井中铀含量一般 $12.3\times10^{-6}\sim26\times10^{-6}$，1 个槽探中达到 340×10^{-6}，最高 660×10^{-6}。

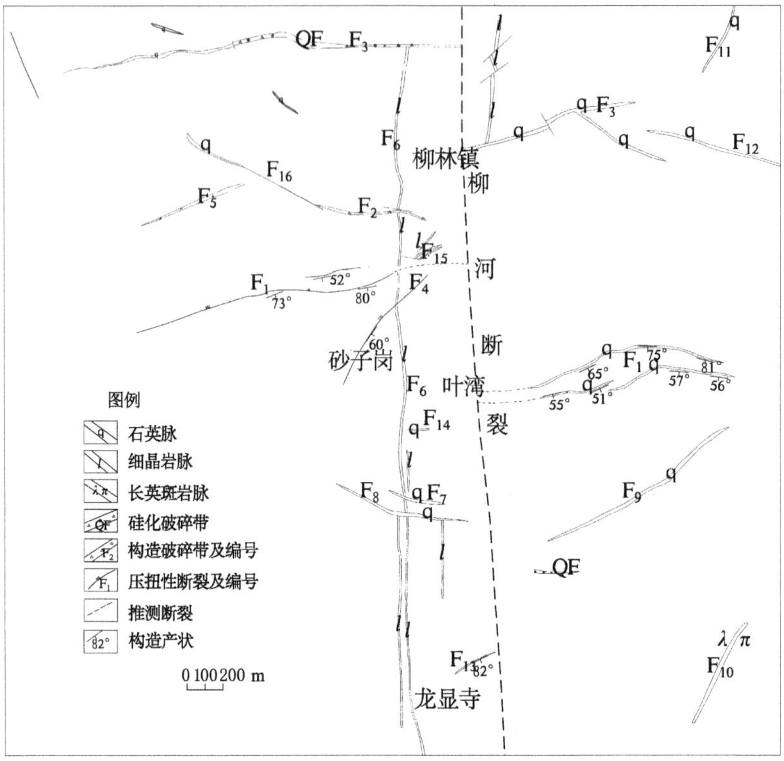

图 3　矿区断裂分布图

3.2　矿体特征

3.2.1　矿体的分布、规模和品位

通过地表槽井探及深部钻探工程揭露工作，区内共圈出 6 个铀矿体，其中在 L_1 号脉 2 个，在 L_6 号脉 2 个，在 L_4 号脉 2 个。除 L_1 Ⅰ矿体外，其他矿体均为盲矿体。

矿体长 50～452 m，厚度 1.03～4.72 m，最大厚度 9.45 m，延深 64～157 m，品位 359×10^{-6}～816×10^{-6}，最高品位 1 646$\times10^{-6}$；矿体厚度变化系数 2.59%～138.17%（<50%或介于 50%～180%之间），属于稳定-较稳定型，品位变化系数 7.8%～49.12%（均<60%），属于均匀型。矿体呈脉状或透镜状（各矿体特征见表 1）。

3.2.2　矿石质量

矿石矿物组成比较简单，铀是唯一可利用元素。原生铀矿物尚未发现，次生铀矿物有铀黑、硅钙铀矿、铜铀云母、钙铀云母等，伴生金属矿物有黄铁矿、方铅矿、辉钼矿等。脉石矿物主要有微晶石英、玉髓、绿泥石、绢云母、方解石等[6]。

呈胶状、土状的黄铁矿及杂色微晶石英、玉髓与铀矿化关系密切。

3.2.3　矿石结构和构造

矿石中的各种金属矿物主要为细粒、胶状、隐晶质结构，铀及其他金属的次生矿物呈土状、粉末状、片状、鳞片状结构。矿石构造主要有细脉状、网脉状、细粒浸染状、吸附分散状及角砾状构造。

表 1　　　　铀矿体特征一览表

矿脉号	矿体号	标高/m	矿体产状	长度/m	延深/m	厚度/m	平均厚度/m	厚度变化系数/%	品位(×10^{-6})	平均品位(×10^{-6})	品位变化系数/%	形态	主要控矿因素
L_1	L_1 Ⅰ	31～187	165°∠79°	452	157	1.08～3.82	2.50	90.8	516～1 012	479	20.9	脉状	受F_1^1断裂构造带控制，铀矿化产于构造带中的灰黑色破碎石英脉及强蚀变的花岗质角砾岩、碎裂岩、糜棱岩中
	L_1 Ⅱ	16～105	175°∠79°	252	93	0.51～1.73	1.12	38.5	393～521	899	45.9	透镜状	受F_1^2断裂构造带控制，铀矿化产于构造带中的灰黑色破碎石英脉及强蚀变的花岗质角砾岩、碎裂岩、糜棱岩中
L_6	L_6 Ⅰ	6～155	337°∠56°	359	66	0.49～9.45	2.62	138.2	304～816	652	49.1	透镜状	受细晶岩脉(L_6号)控制，铀矿化产于细晶岩脉上盘的蚀变碎裂细晶岩中
	L_6 Ⅱ	76～155	337°∠56°	224	64	1.03～4.72	3.65	2.59	359～401	384	7.8	透镜状	
L_4	L_4 Ⅰ	7～65	147°∠60°	50	66	1.18	1.18		441	441		透镜状	受F_4^6控制。铀矿化产于裂隙发育的破碎石英脉及强硅化碎裂岩中
	L_4 Ⅱ	22～72	147°∠60°	50	66	3.91	3.91		1 646	1 646		透镜状	

3.2.4　*矿石化学成分*

在L_1号脉及L_6号脉矿体中取2个化学全分析样，其分析测试结果见表2。从表中可看出，矿石SiO_2含量很高，均超过65%，属硅酸盐类矿石。矿石中有用组分主要为铀，伴生有益组分含量很低，达不到综合利用标准，无其他有害组分。

表 2　　　　柳林铀矿区矿石化学全分析结果表　　　　单位：%

矿石类型	SiO_2	Fe_2O_3	FeO	Al_2O_3	TiO_2	MnO	CaO	MgO	P_2O_5	K_2O	Na_2O
角砾状矿石(L_1号脉)	91.52	0.70	1.29	5.10	0.20	0.01	0.52	0.65	0.03	1.85	0.15
碎裂细晶岩(L_6号脉)	79.93	0.58	0.55	11.95	0.15	0.03	0.71	0.33	0.04	3.73	0.21

4　主要控矿因素分析

柳林铀矿空间产出主要受灵山复式花岗岩体及近东西向、南北向、北东向断裂构造的共同控制。

4.1　岩体与成矿的关系

灵山岩体形成于早白垩世，是多期次侵入形成的复式花岗岩基，是具有同熔型和Ⅰ型花岗岩地球化学特征的S型花岗岩[3]。经测试各期次花岗岩及主要岩脉等的铀含量及浸出率[5]列于表3。从表中可以看出，灵山岩体γ_5^{3-1}、γ_5^{3-2}、γ_5^{3-3}、$\gamma\pi$和细晶岩中铀含量较高，达到9.87×10^{-6}～$22.3\times$

10^{-6}，均高于地壳丰度值 1.7×10^{-6}，也高于中性-酸性岩浆岩平均含量 $1.8\times10^{-6}\sim3.5\times10^{-6}$，特别是在该区广泛分布的灵山岩体 γ_5^{3-1} 和 γ_5^{3-2} 达到 $11.23\times10^{-6}\sim11.67\times10^{-6}$，晶质铀矿局部达到 1 g/t[7]，且铀含量与浸出率呈正相关，而不同于鸡公山岩体中铀含量与浸出率呈负相关[5]。据此认为灵山岩体是形成铀矿的铀源体。

表 3　　灵山岩体铀含量、浸出率及其相关系数

项目＼岩体、脉	γ_5^2	γ_5^2 中构造带	γ_5^{3-1}	γ_5^{3-2}	γ_5^{3-3}	$\gamma\pi$	细晶岩	煌斑岩
样品数	22	21	30	43	19	18	7	5
铀含量/$\times10^{-6}$	3.56	5.71	11.23	11.67	10.14	9.87	22.3	5.74
浸出率/%	16.45	14.85	21.51	22.38	27.17	18.26		13.68
相关系数	−0.055	−0.175	0.156	0.061	0.024	0.311		0.628
钍含量/$\times10^{-6}$	20		32.9	25.6	50		30	
钍含量∶铀含量	8		4.8	4.8				
备注	鸡公山岩体		灵山岩体					

4.2　铀矿分布与伽马场、铀量关系

根据地表伽马总量测量资料，柳林铀矿床的各含铀矿脉地表多出现伽马偏高场、高场和异常场。这些伽马偏高场、高场和异常场的分布形态与蚀变破碎带、细晶岩脉的走向一致，或与其交汇部位有关，铀矿体的分布基本上和伽马场吻合。另外，根据灵山岩体的地表伽马总量测量资料，该岩体的伽马总量视铀含量，由西往东逐渐增高，西部场级简单，大面积为 $30\sim50\times10^{-6}$，晕圈相对为低值稳定区；而东部出现 $67\times10^{-6}\sim83\times10^{-6}$ 的大范围高场，场级较复杂，形态多变。区域上灵山岩体的铀矿分布基本上也和伽马场的分布相吻合（见图 4）。

4.3　断裂构造对铀矿床（体）空间产出的控制

矿区内铀矿床（体）的分布受断裂控制很明显。区内南北向的柳河断裂是一条区域性断裂，它控制着柳林铀矿床的分布。其旁侧的次级构造，包括近东西向、近南北向和北东向断裂以及北东向断裂与近南北向断裂的交汇部位控制着矿体的空间产出。这些构造多具有多期活动特点，多充填细晶岩脉、不同期次的石英脉和煌斑岩脉等。断裂的交汇部位或膨大部位更易出现富大矿体。

4.4　铀矿赋存标高和矿体埋深

柳林铀矿矿体的赋存标高均在＋6～＋187 m 之间，埋深 0～182 m，矿体垂幅 50～156 m（见表 4）。

杜乐天曾提出成矿壳层理论，是指在矿田内，工业矿体在垂向上分布上限和下限的范围，铀的成矿壳层的厚度大致是 2 km[8]。在华南，与燕山期花岗岩有关的矿床，其在垂向上基本上可以分出上、下两大成矿壳层：非铀金属成矿壳层（以 W 矿为代表）和铀矿成矿壳层（U 矿），铀矿壳层垂幅大体是 1～2 km[9]。在铀矿田的上部为非铀金属成矿壳层，形成 W、Sn、Mo 、Bi 等非铀矿床或矿化，其下部为铀矿成矿壳层，形成铀矿床或矿化。在铀矿成矿壳层以上的空间内铀矿化规模小，具矿顶相特征；在该层带之下，铀矿化也不能形成有经济意义的聚集，具矿根相特征。而在层带内，铀的富集成矿作用强烈。从该地区钼矿分布情况看，中大型钼矿床较多，成矿标高多在－100 m 以

上，而本区已发现的铀矿多在 0 m 标高以上，并且在龙潭沟铀矿点中铀矿与钼矿共生。因此推断，本区铀矿成矿壳层应还在下部，估计应在 −100 m 以下，应加强深部铀矿找矿工作。

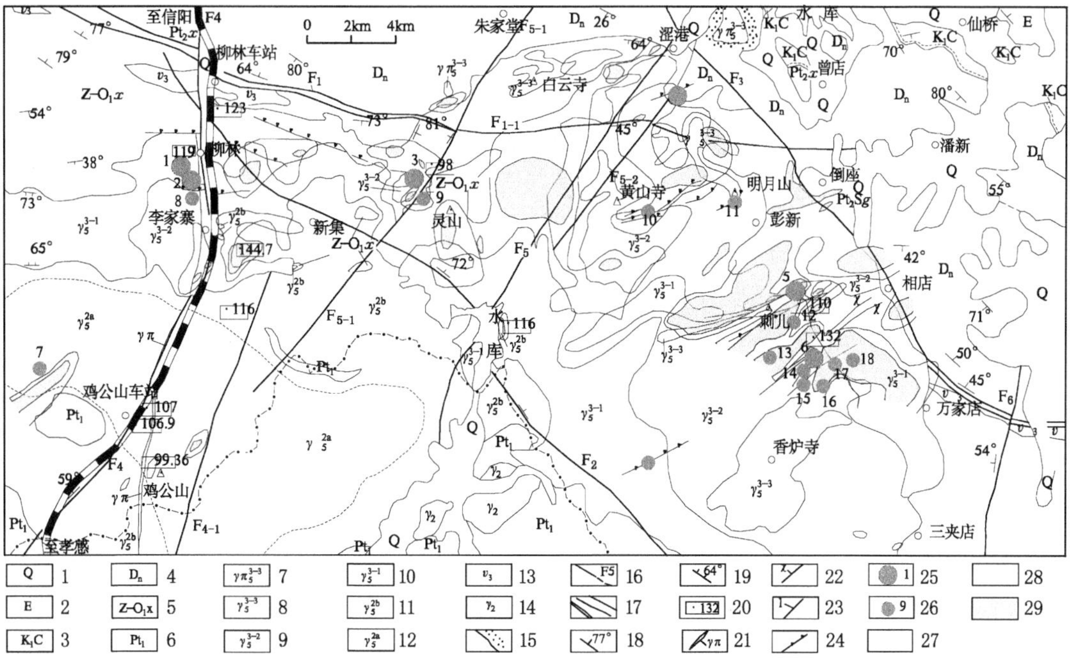

图 4 豫南灵山岩体铀矿分布及铀量等值图

1——第四系；2——第三系含砾砂岩；3——白垩系凝灰岩；4——泥盆系南湾组；5——下奥陶统及震旦系肖家庙岩组；6——天台山群；7——花岗斑岩；8——细粒花岗岩；9——中粒花岗岩；10——粗粒花岗岩；11——闪长岩、花岗闪长岩；12——黑云母斜长二长花岗岩；13——辉长岩；14——似片麻状花岗岩；15——角岩化；16——断层及编号；17——实测及推测混合岩带界线；18——产状；19——岩体流面及接触面产状；20——同位素样品位置及年龄；21——花岗斑岩；22——细晶岩脉；23——云煌岩、云斜煌斑岩；24——白色粗晶、中晶石英脉；25——铀矿点；26——铀矿（化）点；27——<7×10^{-6}（铀）；28——$7\times10^{-6}\sim10\times10^{-6}$（铀）；29——>$10\times10^{-6}$（铀）

表 4　矿体赋存标高和埋深统计表

项目 \ 矿体、矿点	L_1 Ⅰ	L_1 Ⅱ	L_6 Ⅰ	L_6 Ⅱ	L_4 Ⅰ	L_4 Ⅱ	老寨	余小湾	龙潭沟
矿体标高/m	31～187	16～105	6～155	76～155	7～65	22～72	452～578	−57～69	96～146
矿体埋深/m	0～155	40～129	39～108	39～156	117～182	110～140	0～84	27～145	10～60
垂幅/m	156	89	149	79	58	50	126	126	50

5　铀成矿规律及找矿方向

5.1　铀成矿规律

通过对柳林铀矿床的勘查工作并对成矿进行研究总结，其成矿基本规律如下：

(1) 矿床产于灵山复式花岗岩体内接触带中，距离接触带约 1 300 m，外接触带变质岩系为下奥陶统及震旦系肖家庙岩组。从铀矿床、矿点、矿化点的分布看，多产于岩体第二次侵入花岗岩体与第一次侵入花岗岩体的接触带周围。铀矿体产出部位或附近往往可见到细粒花岗岩、花岗细晶岩等脉岩。这些晚期深源浅成岩脉的侵位，除了供给热源外，对于铀的活化富集也是不可忽视的重要因素。

(2) 断裂构造导矿赋矿规律。本区形成多组多向的断裂构造，其中规模最大的是近南北向的柳河断裂带，它与近东西向、北东向、北西向断裂带等交切，形成棋盘格式构造格局。柳林铀矿床就处于上述断裂交切的夹持区内，区内发育的一系列次级构造控制了该区的铀矿化，尤以 F_1 断裂构造带与铀成矿关系密切。另外，北东向的破碎石英脉局部存在小而富铀矿体，尤其是在其与 L_6 交切部位，矿化厚度变大，品位变富，是今后找矿工作中应引起注意的。

(3) 矿物共生组合规律。铀矿物主要以次生铀矿物铀黑存在，呈土状或粉末状存在于岩石裂隙中，多与微晶石英、玉髓或与胶状黄铁矿、石英、玉髓呈细脉出现。在地表裂隙中局部可见颜色鲜艳的硅钙铀矿、铜铀云母、钙铀云母等次生铀矿物。共伴生金属矿物主要是黄铁矿，另见少量方铅矿、闪锌矿、辉钼矿等，脉石矿物有石英、玉髓、绿泥石、绢云母、方解石等。

5.2 找矿方向

从区域地质特征看，具有长期的地壳演化史、多期多阶段的构造～岩浆活动史；在花岗岩侵位的前锋地段，具有广泛发育的气热变质带；外接触带广泛分布有中深变质岩系，发育多期多次的构造、热液脉体活动；在该区附近除有余小湾、龙潭沟、老寨等铀矿点外，还有母山、肖畈钼矿床以及杜家畈铜矿床、曾家山铅锌矿床等。因此，该区铀成矿环境十分有利，是很有找矿潜力的地区。

(1) L_1 号脉深部及东西两端。该带规模较大，多展布于粗粒花岗岩与中粒或细粒花岗岩的接触带附近，次级构造发育，蚀变强烈，深部经本次施工的 L1ZK0801 孔证实，矿体已延伸到 43 m 标高以下，构造岩厚度达 40 m。因此，开展深部找矿是寻找富大矿体、扩大矿床规模的重要方向。

(2) L_6 号脉呈近南北走向分布于柳河断裂带西侧附近，构造同时切穿各种花岗岩体接触带。以细晶岩脉为主，规模较大，各种蚀变广泛发育，尤其是细晶岩脉的上、下盘蚀变强烈，地表有沿构造呈狭长带状分布的伽马场晕，异常点较多，且通过钻探工程揭露，铀矿化沿倾向往深部有变好的趋势，沿走向往南北两端尚未有工程控制，有希望找到比较富大的矿体。

(3) L_4 号脉是由 4 条呈右行雁行排列的硅化破碎带或石英脉组成，展布于不同期次侵入岩体的接触带附近，岩体形态及接触界面产状多变，有利于铀矿的形成。L_4 号脉往北东方向可能与 L_1 号脉交切(交切部位被第四系覆盖)，在倾向上与 L_6 号脉交切。根据本区在构造交切部位矿体厚度增大、品位变富的矿化特点，在交切处寻找富大矿体是很有希望的。这种交点成矿的现象在华南铀矿中是比较常见的，因此应加强本区交点矿的找矿工作。

(4) L_3 号脉呈近东西向展布，它使灵山岩体与下奥陶统及震旦系肖家庙岩组变质岩呈断层接触。该断裂带规模大，带内充填有各种构造岩及破碎石英脉，硅化等各种蚀变较为强烈。根据构造带产出位置及具有与 L_1 号脉特征相似的特点推测其深部应有较好的铀矿化存在，可作为以后找矿的重要靶区之一。

(5) 从本区钻探揭露深度看，普遍控制较浅，沿矿脉倾向一般 100 m 左右，少数 200 m 左右，深部没有钻探控制。根据华南铀成矿规律，一般在不同的标高有不同的富集矿体存在[9]，矿体控制已达到－300 m，控制成矿垂幅达到 700 m[10]，而目前本区控制的矿体均在 0 m 标高以上，控制矿体垂幅最大只有 156 m。因此加强深部找矿，很有希望取得新的突破。

(6) 柳河断裂是一条规模较大的断裂，地表多被第四系覆盖，根据以往少量钻探揭露资料，已发现有两个钻孔铀品位为 130×10^{-6} 和 140×10^{-6} 的矿化显示，地表局部可见铀异常。因此在该断裂深部有发现大矿的可能，尤其在断裂产状变异部位及与近东西向、北东向断裂交汇部位是找矿的有利部位。

(7) 灵山岩体东部出现规模较大的铀含量为 7×10^{-6}～10×10^{-6} 以上的异常晕圈，有的在 10×10^{-6} 以上，最高可达到 20×10^{-6}～28.5×10^{-6}，并已发现多处铀矿点及矿化点。因此灵山岩体东部是寻找铀矿的有利地区。

6 结论

柳林铀矿床是近年新发现的小型铀矿床，位于华北板块与扬子板块的接合部位，产于燕山晚期灵山复式花岗岩体内接触带中。灵山岩体是形成铀矿的铀源体。铀矿体的分布基本上和地表伽马场高场或异常场吻合。南北向的柳河区域性断裂，控制着柳林铀矿床的分布，其旁侧的次级断裂构造及其交汇部位控制着矿体的空间产出。断裂的交汇部位或膨大部位更易出现富大矿体。初步认为该矿床为花岗岩型铀矿床。

铀矿矿体的赋存标高在＋6～＋187 m之间，区域上已发现的铀矿多在0 m标高以上，而本地区中大型钼矿床矿体标高多在－100 m以上。根据杜乐天提出的成矿壳层理论，推断本区铀成矿壳层应在－100 m以下，深部铀矿找矿潜力较大。灵山岩体东部及区内各主要含矿脉体沿走向及深部是本区下一步找矿的方向。该区成矿地质背景好，成矿环境有利，已发现的铀矿点带多，深部找矿前景较好。

参考文献

[1] 河南省地质矿产局.河南省区域地质志(地质专报，一区域地质)[M].北京:地质出版社，1988.
[2] 河南省地质矿产厅.中华人民共和国地质图说明书(涩港幅，1∶5万)[R].1993.
[3] 河南省地质矿产厅.中华人民共和国地质图说明书(李家寨幅，1∶5万)[R].1996.
[4] 河南省核工业地质局.豫南地区铀成矿规律及预测图说明书(1∶50万)[R].1996.
[5] 河南省核工业地质局.豫南地区灵山岩体铀成矿特征初析[R].1982.
[6] 河南省核工业地质局.河南省信阳市柳林铀矿普查报告[R].2007.
[7] 核工业中南地质勘探局二三〇研究所.豫南大别山北麓前震旦系铀成矿条件分析及远景评价[R].1990.
[8] 杜乐天.中国热液铀矿基本成矿规律和一般热液成矿学[M].北京:原子能出版社，2001.
[9] 余达淦，吴仁贵.铀"成矿壳层"与"热隆构造"[J].铀矿地质，2007，23(1):17-22.
[10] 曾文乐，郭湖生.在桃山地区寻找隐伏富大铀矿的思考[J].地质论评，2010，56(1):43-50.

水工环地质

基于因子分析的焦作孔隙含水层地下水水化学成因机制研究

郭　林，郭晓静，楚卢凯，王唯锦

摘　要：焦作市地下水水化学类型变化大，该研究试图采用因子分析方法确定当地的水化学特征、影响地下水水质的有效因子以及水化学过程。通过因子分析方法共提取了 6 个主因子，因子 1 代表了水岩相互作用，包括 SO_4^{2-}，Na^+，Mg^{2+}，Cl^-，Ca^{2+}；因子 2 代表农业活动，包括 NO_2^-，K^+，O_2，pH，NO_3^-；因子 3 代表了水文地质条件，包括 HCO_3^- 和 F^-；因子 4 代表了淋滤作用，主要包括 Fe 和 Mn；因子 5 代表了煤矿业活动，包括 Se 和 Cr；因子 6 代表了水文作用，主要包括 Al 和 As。地下水中每种作用的重要性通过因子得分等值线来表征，为地下水水化学成因判断提供证据。该研究结果对地下水保护提供有益借鉴。

关键词：地下水；水化学；因子分析；焦作

1　前言

确定地下水水质的形成演化过程是目前水文界的热点之一。地下水水质指标繁多，指标间关系错综复杂。早期研究选取地下水水质中的主要组分确定地下水的水化学类型。近年来多元统计分析方法被广泛应用于地下水水质的水化学过程的控制因子研究，能够揭示内在的变量间的关系。

特别是因子分析和聚类分析，同时痕量元素和物理指标均可以纳入多元统计分析中（Shihab 和 Baqi，Subyani 和 Al Ahmadi，2010；Lu 和 Liu，et al，2012）。多元统计分析方法可以分析地下水水质中大量的化学和物理变量，因子分析和聚类分析已取得显著的成果（Love 和 Hallbauer，et al，2004；Olobaniyi 和 Owoyemi，2006；Belkhiri 和 Boudoukha，et al，2010；Ishaku 和 Kaigama，et al，2011；Cao yang 和 Teng guoyan，et al，2013）。张艳等运用统计学、Piper 三线图、Gibbs 图、相关性分析、主离子比例关系和平衡分析等方法确定思依镇水化学成因；洪涛等采用描述性统计、Piper 三线图、相关性分析和离子比例系数法对乌蒙山重点地区赫章县和纳雍县地下水化学特征及成因进行了分析；文泽伟等运用三线图和相关性分析、Gibbs 图和端元图来分析水化学成因；张智雄等运用经典统计学、Piper 三线图、等值线图、相关性分析、主离子比例关系分析以及 Wilcox 分类图等方法进行水化学成因分析。以往的水化学成因研究工作多基于简单的多元统计方法结合其他方法进行，而对因子分析法确定水化学成因的研究较少。以往大量研究对因子分析方法的适用性并未进行验证，影响了结果的可靠性。本研究应用因子分析法确定影响研究区地下水形成的主因子。

郭林：男，1987 年生，河南南阳人。工程师，主要从事水工环地质工作。河南省地质调查院，河南省城市地质工程技术研究中心。

郭晓静：河南省地质调查院，河南省城市地质工程技术研究中心。

楚卢凯：河南省地质科学研究所。

王唯锦：河南省地质科学研究所。

2 研究区概况

研究区位于太行山山前平原的焦作市内，该区域面积约为 350 km^2，人口约 80 万人。研究区北部山区大面积出露寒武系、奥陶系石灰岩，石炭-二叠系海陆交互碎屑岩隐伏于山前倾斜平原第四系之下，第四系冲洪积物在区内平原地带分布广泛。地貌单元分为山前倾斜平原、山前交接洼地和黄沁冲积洪积平原，地势较为平坦，海拔 100～240 m，总的地势为西北高、东南低，北部为太行山隆起，南部和东部为黄沁冲洪积倾斜平原。研究区属于暖温带亚湿润季风气候，1951～2010 年多年平均气温 14.2 ℃，多年平均降水量 578.4 mm，多年平均蒸发总量为 993.3 mm。区内有大沙河、新河等地表水体，属于海河水系，上游干涸，途径市区部分主要接纳焦作市生活污水和工业废水。地下水补给区位于山前倾斜平原，岩石类型包括卵砾石、含黏土卵砾石和粗砂卵砾石，含水层埋深一般在 50 m 以下，地下水补给源包括大气降水和地表水等。排泄区位于山前交接洼地以及黄沁冲积平原地带，岩性包括中砂、细砂、粉砂以及粉土和粉质黏土等，有多个含水层，浅层地下水埋深一般在 30 m 以浅，深层地下水埋深在 80 m 以下。

3 研究方法

3.1 取样及测试

2017 年 9 月采集 43 个地下水样品(图 1)。

现场取样方法参考由中国环保部发布的《水质采样　样品的保存和管理技术规定》(HJ 493—2009)。抽样前至少先抽取 3 个井筒体积的地下水清洗样瓶，然后采集地下水水样，现场测试水温、pH 值、电导率、氧化还原电位和溶解氧。此外，对于测试重金属的水样需要用特定的酸进行酸化处理以便测试分析。其水质变量主要包括 K^+、Na^+、Ca^{2+}、Mg^{2+}、Cl^-、SO_4^{2-}、HCO_3^-、NO_3^-、F^-、As、Fe、Mn、Cr^{6+} 等。K^+、Na^+、Ca^{2+}、Mg^{2+}、Fe、Mn 采用电感耦合等离子体发射光谱法，Cl^-、NO_3^-、F^-、SO_4^{2-} 采用离子色谱法，HCO_3^- 采用滴定法，As 采用原子荧光法，Cr^{6+} 采用二苯碳酰二肼分光光度法。

3.2 因子分析方法

因子分析是通过观测变量之间的相关关系来实现的。因子分析假设观测变量可以通过一些潜在的源变量即因子的线性组合来表征。因子分析主要分为两种：针对样品的 Q 型因子分析和针对变量的 R 型因子分析。本次研究主要采用 R 型因子分析方法对测试的地下水水质变量进行分析。

多元统计分析将采用 SPSS18.0 软件进行。因子分析方法主要通过以下步骤实现：

(1) 因子分析只有满足一定条件才能应用。计算所有选取变量的相关系数来进一步确定因子分析方法的适用性。通过 KMO 效度检验和巴特利特球形检验来确定数据集是否满足要求。如果数据集不满足要求，应该重新选择变量来构建因子分析数据集。该步骤对于验证因子分析有效性是至关重要的。

(2) 数据分析将采用 SPSS 软件，公因子的数量应该根据相关标准进行确定。

(3) 考虑从原始数据中提取的公因子的表征含义，如果需要，旋转初始提取因子矩阵来寻找公因子的最简单合理的解释。

(4) 根据可能的理论结果试图解释公因子。

(5) 为了进一步分析构建中间参数。

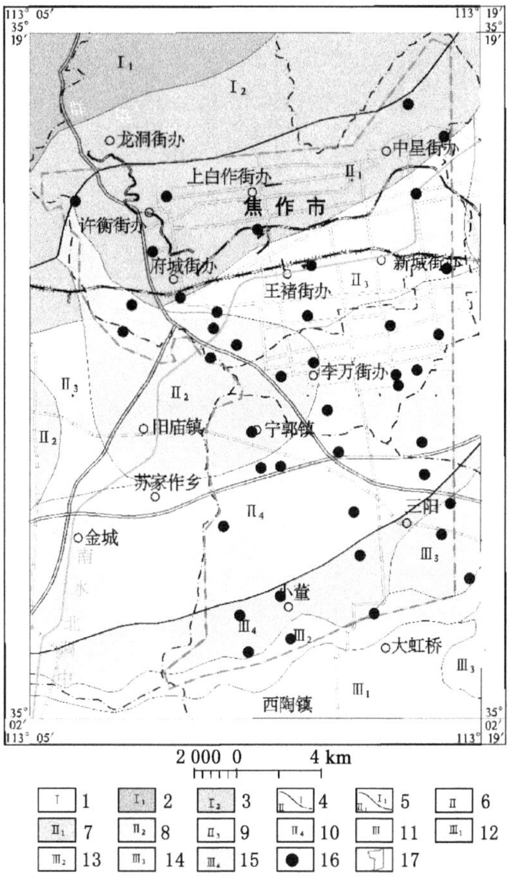

图 1 地下水采样布点图

1——山地；2——构造侵蚀中低山；3——构造剥蚀低山丘陵；4——一级地貌单元分区界线；5——二级地貌单元分区界线；6——山前坡洪积倾斜平原；7——坡洪积斜地；8——冲洪积扇形地；9——冲洪积扇间斜地；10——冲洪积扇前洼地；11——黄沁河冲积平原；12——黄沁河泛流高地；13——沁蟒河床高地；14——沁河决口扇形地；15——黄沁河泛流平地；16——采样点；17——工作区

4 结果讨论

地下水水质的形成是一个自然和人类活动共同作用的很复杂的过程。因子分析法借助于当地的地下水水质参数来认识和揭示地下水的来源。因子分析法的第一步就是计算参数之间的相关系数来表征各变量之间的相关关系。在本文中，相关系数指的是皮尔逊相关系数。在相关系数计算之前，需要将原始数据进行 Z 分值化以消除测试单位和量纲的不同。相关系数见表 1。

表 1　地下水水质变量之间的相关系数

	pH	HCO_3^-	SO_4^{2-}	Cl^-	F^-	NO_3^-	NO_2^-	Na^+	K^+	Ca^{2+}	Mg^{2+}	Fe	Mn	Al	O_2	As	Se	Cr^{6+}
pH	1																	
HCO_3^-	−0.354*	1																
SO_4^{2-}	−0.481**	0.125	1															
Cl^-	−0.604**	0.103	0.822**	1														
F^-	0.177	0.426**	0.125	0.05	1													

续表 1

	pH	HCO_3^-	SO_4^{2-}	Cl^-	F^-	NO_3^-	NO_2^-	Na^+	K^+	Ca^{2+}	Mg^{2+}	Fe	Mn	Al	O_2	As	Se	Cr^{6+}
NO_3^-	−0.467 **	0.390 *	0.084	0.209	−0.293	1												
NO_2^-	−0.452 **	0.443 **	−0.032	0.066	−0.077	0.393 **	1											
Na^+	−0.487 **	0.178	0.977 **	0.831 **	0.198	0.117	−0.027	1										
K^+	−0.485 **	0.197	0.22	0.221	−0.349 *	0.302	0.711 **	0.187	1									
Ca^{2+}	−0.714 **	0.143	0.825 **	0.852 **	0.324 *	0.324 *	0.144	0.798 **	0.454 **	1								
Mg^{2+}	−0.490 **	0.246	0.973 **	0.84 **	0.149	0.149	0.04	0.947 **	0.198	0.780 **	1							
Fe	0.109	0.066	0.163	0.15	0.187	−0.281	−0.085	0.12	−0.068	0.108	0.183	1						
Mn	−0.095	0.075	0.298	0.26	0.296	−0.346 *	−0.015	0.242	−0.083	0.213	0.317 *	0.563 **	1					
Al	0.065	0.208	0.259	0.276	0.207	0.013	−0.061	0.284	−0.055	0.146	0.325 *	0.259	0.116	1				
O_2	−0.475 **	0.406 **	0.268	0.434 **	−0.071	0.275	0.588 **	0.29	0.292	0.451 **	0.337 *	0.017	0.119	0.191	1			
As	−0.206	0.142	0.049	0.036	0.009	−0.036	−0.001	0.075	−0.024	0.136	0.023	0.044	0.407 **	−0.098	0.165	1		
Se	−0.072	0.161	0.162	0.189	−0.014	0.33 *	−0.043	0.196	0.04	0.116	0.211	−0.130	−0.198	0.053	0.019	0.163	1	
Cr^{6+}	−0.136	−0.134	−0.093	0.128	−0.352 *	0.19	0.093	−0.127	0.178	0.160	0.092	−0.176	−0.195	−0.170	−0.073	−0.033	0.364	1 *

* 在 $P<0.05$ 下显著相关(双尾检验)；** 在 $P<0.01$ 下显著相关(双尾检验)。

结果表明，所有指标在 $P<0.01$ 和 $P<0.05$ 下均显著相关。另外，假如 $KMO>0.7$ 时因子分析的结果更加有效，则 $KMO<0.5$ 时因子分析方法将不适用。

研究区地下水水质数据的 KMO 值为 0.710(见表 2)；此外，在巴特利特的球形度检验中显著性水平为 0.000，两者共同说明各变量之间具有明显的相关性，反映了因子分析的适用性。

表 2　　KMO 值和巴特利特检验

判断条件	数值
取样足够度的 Kaiser-Meyer-Olkin 度量(KMO 值)	0.710
巴特利特的球形度检验(近似卡方)	710.751
df	153
Sig.	0.000

本次研究中，提取主因子的方法采用主成分分析法。主因子数量将根据特征值大于 1 来确定。通过因子分析计算，6 个主因子被提取出来去解释数据集的总方差。同时，证明了 6 个主因子能够更好地提取每一个变量的信息，见表 3。表 4 中的第四列代表了前 6 个主因子对各变量提取的信息占总信息的百分比，结果显示各变量多于 80% 的信息均被提取出来。所以，对研究区地下水水质而言，前 6 个主因子具有很好的解释能力。前 6 个主因子分别解释了 27.390%、16.642%、10.455%、9.907%、8.447% 和 7.518% 的方差贡献率，累计方差贡献率高达 80.360%，剩余的方差为该方法不能解释的噪声。为了更好地解释各主因子，采用正交旋转因子荷载矩阵(见表 5)。各主因子的解释是建立在旋转后的因子载荷矩阵基础上的。

表 3　　主因子方差

	初始	提取
pH	1.000	0.785
HCO_3^-	1.000	0.843

续表 3

	初始	提取
SO_4^{2-}	1.000	0.961
Cl^-	1.000	0.876
F^-	1.000	0.773
NO_3^-	1.000	0.662
NO_2^-	1.000	0.871
Na^+	1.000	0.961
K^+	1.000	0.685
Ca^{2+}	1.000	0.929
Mg^{2+}	1.000	0.945
Fe	1.000	0.738
Mn	1.000	0.835
Al	1.000	0.682
O_2	1.000	0.596
As	1.000	0.812
Se	1.000	0.806
Cr^{6+}	1.000	0.703

提取方法：主成分分析。

表 4　　解释的总方差

成分	初始特征值			提取平方和载入			旋转平方和载入		
	合计	方差的%	累积%	合计	方差的%	累积%	合计	方差的%	累积%
1	5.651	31.393	31.393	5.651	31.393	31.393	4.930	27.390	27.390
2	3.001	16.671	48.064	3.001	16.671	48.064	2.996	16.642	44.032
3	1.956	10.869	58.933	1.956	10.869	58.933	1.882	10.455	54.487
4	1.521	8.451	67.384	1.521	8.451	67.384	1.783	9.907	64.395
5	1.308	7.266	74.651	1.308	7.266	74.651	1.520	8.447	72.841
6	1.028	5.709	80.360	1.028	5.709	80.360	1.353	7.518	80.360
7	0.787	4.373	84.733						
8	0.683	3.795	88.527						
9	0.608	3.381	91.908						
10	0.439	2.438	94.346						
11	0.315	1.750	96.097						
12	0.246	1.369	97.465						
13	0.190	1.055	98.520						
14	0.118	0.653	99.173						
15	0.105	0.581	99.754						
16	0.024	0.131	99.884						
17	0.020	0.109	99.994						
18	0.001	0.006	100.000						

提取方法：主成分分析。

表 5　　旋转的因子矩阵

	成分					
	1	2	3	4	5	6
SO_4^{2-}	0.973	0.015	0.085	0.077	−0.012	−0.004
Na^+	0.964	0.019	0.174	0.026	0.023	−0.002
Mg^{2+}	0.942	0.088	0.175	0.116	0.062	−0.042
Cl^-	0.894	0.165	−0.100	0.142	0.139	−0.017
Ca^{2+}	0.872	0.316	−0.232	0.045	0.065	0.088
NO_2^-	−0.081	0.926	0.021	−0.038	−0.066	−0.003
K^+	0.194	0.725	−0.322	−0.081	−0.081	−0.064
O_2	0.266	0.693	0.073	0.162	0.092	0.067
pH	−0.562	−0.589	0.091	0.211	−0.013	−0.265
NO_3^-	0.144	0.519	0.008	−0.429	0.419	−0.112
F^-	0.030	−0.182	0.839	0.167	−0.072	0.036
HCO_3^-	0.065	0.570	0.680	−0.005	0.218	0.068
Fe	0.088	−0.026	0.057	0.848	−0.089	−0.006
Mn	0.240	−0.016	0.140	0.683	−0.231	0.486
Se	0.156	−0.061	0.059	−0.145	0.864	0.087
Cr^{6+}	−0.055	0.116	−0.571	−0.014	0.600	0.027
As	0.038	0.051	0.089	0.130	0.163	0.870
Al	0.231	0.038	0.326	0.476	0.223	−0.495

提取方法：主成分分析。

旋转法：具有 Kaiser 标准化的正交旋转法。旋转在 10 次迭代后收敛。

结果表明，主因子 F1 包括 SO_4^{2-}，Na^+，Mg^{2+}，Cl^-，Ca^{2+}。从相关关系表中可以看出，5 个指标之间具有明显的正相关关系，且 5 个指标均为地下水质量中的八大离子，($Ca^{2+}+Mg^{2+}$)－($HCO_3^-+SO_4^{2-}$)和(Na^++K^+-Cl^-)之间的相关关系(见图 2)能够证明地下水中钙和镁并不是通过阳离子交换吸附作用而得来的。因此主因子 F1 代表了水岩相互作用。

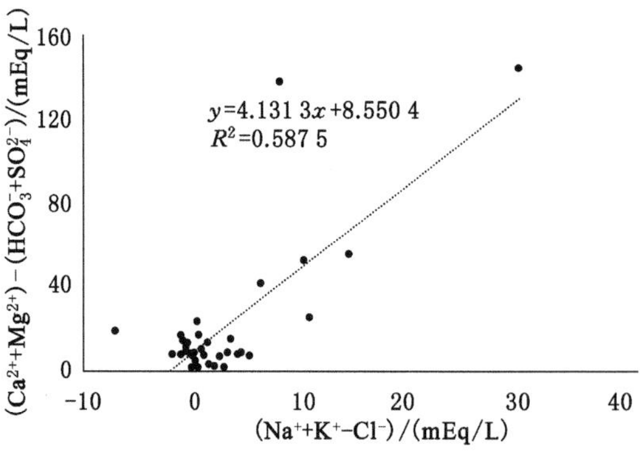

图 2　($Ca^{2+}+Mg^{2+}$)-($HCO_3^-+SO_4^{2-}$)和(Na^++K^+-Cl^-)关系图

主因子 F2 主要包括 NO_2^-，K^+，O_2，pH，NO_3^-。硝酸盐和亚硝酸盐在研究区没有明显的岩性来源，所以硝酸盐、亚硝酸盐和钾应该与农用化肥施用和畜禽粪便紧密相关。地下水的酸碱度影响着硝酸盐和亚硝酸盐之间的转化。因此主因子 F2 代表了农业活动。另外，NO_2^- 的因子载荷为

0.926，说明在研究区人类活动为主要的影响因子。

主因子 F3 包括 F^- 和 HCO_3^-。不同的水化学场影响氟的迁移分布，典型的高氟地下水水化学类型多为弱碱性高矿化的 HCO_3^- Na 型水。地下水的交替循环速度控制着氟的迁移聚集，含水层的岩性、结构、透水性、地下水埋深等因素控制着地下水的循环交替强度。因此主因子 F3 被认为是水文地质条件作用因子。

主因子 F4 包括 Fe 和 Mn。地层主要由黏土和粉土组成，黏土矿物外围被富含铁、锰的膜所包围。地下水中高浓度的铁、锰可能会造成各种健康危害。因此主因子 F4 代表淋滤作用。

主因子 F5 主要包括 Se 和 Cr^{6+}，代表 Cr 污染。"煤城"焦作在煤矿附近就近建有坑口电厂，电厂的粉煤灰经降雨淋滤产生 Cr^{6+}，煤系地层通常富含 Se。所以主因子 F3 代表煤矿业活动。

主因子 F6 主要包括 As 和 Al，代表了水文作用。

通过 SPSS 软件可以计算出各主因子的因子得分情况，因子所得分值的大小代表了该因子在该点的重要性的大小。根据点的坐标和各主因子的得分情况绘制因子得分的空间分布图，见图 3。因子得分大于 1 表示该因子对地下水水质起主要作用，得分为负值表明该因子对地下水水质的影响越不重要，得分接近于 0 说明该因子对地下水的水质起一定作用。研究区因子得分等值线图(a)～(f)显示了前述各因子对研究区地下水成因的贡献率大小的空间分布。

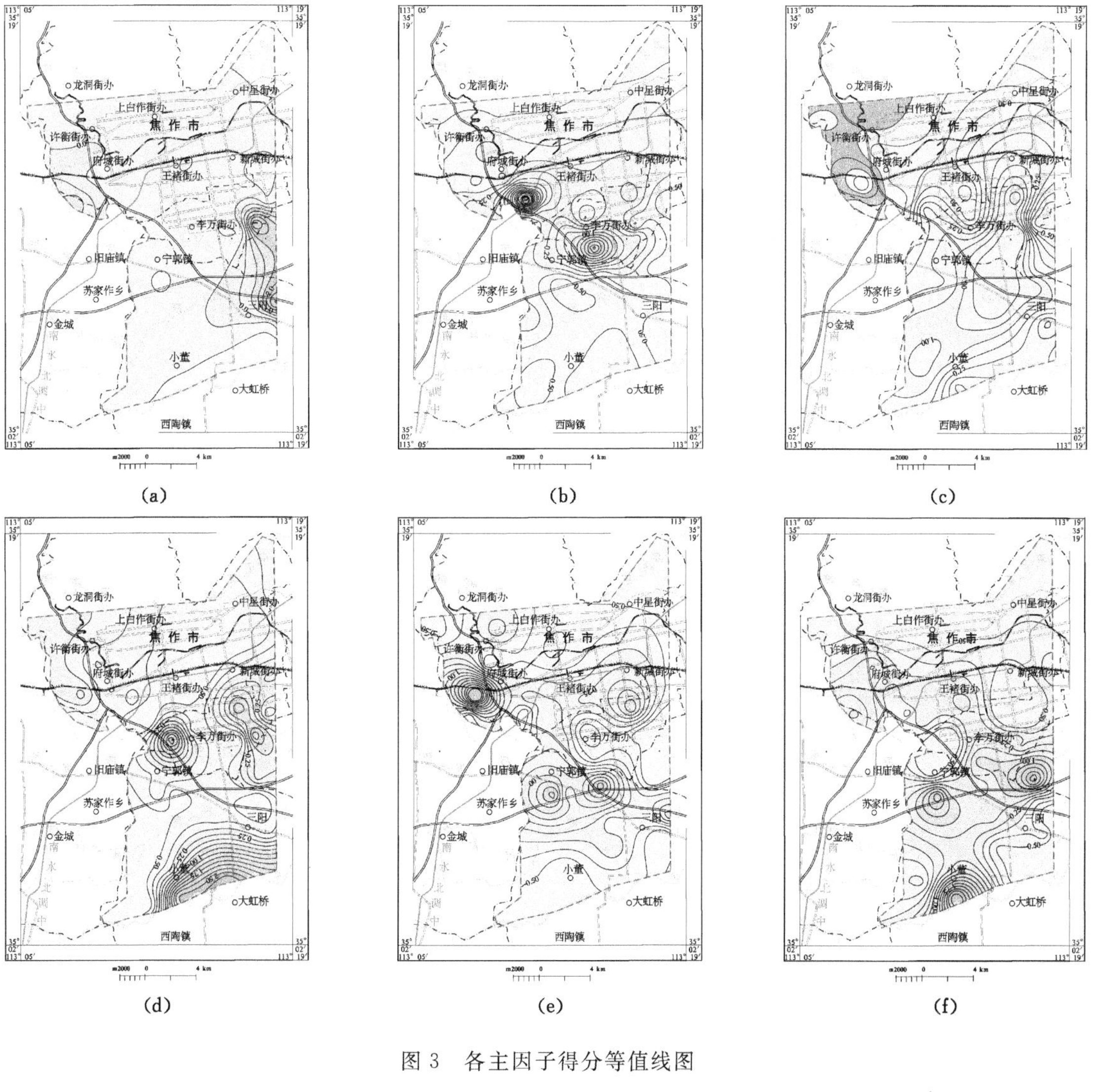

图 3　各主因子得分等值线图

主因子 1 的因子得分空间分布规律显示水岩相互作用主要发生在研究区西北部大沙河冲洪积扇顶部以及东部扇前洼地。通过调查发现，冲洪积扇顶部有大量高矿化地表污水渗入，同地下水含水层产生阳离子交换作用，而扇前洼地的地下水径流途径要远远大于其他的区域，水岩相互作用较为充分，因此这两个区域的因子得分值最大。南部黄沁河冲积平原靠近沁河，地下水位远低于沁河水位，主要接受地表水补给，所以地下水径流途径短，水岩相互作用不充分，因此在研究区的东北部因子得分值最小。

主因子 2 的因子得分空间分布规律与研究区府城和李万南蔬菜种植区重合，受农业活动影响强烈。

主因子 3 的因子得分空间分布规律显示在扇前洼地和黄沁河冲积平原区含水层径流条件差。

主因子 4 的因子得分空间分布规律与主因子 3 一致。河流作为地下水流动系统的排泄区，其他区域为地下水的补给区，因此河流附近的因子得分值较低，远离河流得分值较高。

主因子 5 的因子得分空间分布规律显示高值区位于大沙河顶部冲洪积扇处和东部煤矿区，通过调查发现为电厂粉煤灰堆放处和煤矿区。

主因子 6 的因子得分空间分布规律与主因子 4 是相反的，说明水文作用引起 As 受铁、锰含量影响。

5 结论

本文通过计算所有变量的相关系数矩阵来验证因子分析的适用性，同时采用 KMO 检验和巴特利特球度检验来检验数据是否满足分析要求。因子分析方法的合理采用以及分析结构的标准化展现使得因子分析方法在地下水水质方面的应用更加可靠。

因子分析的结果显示 18 个地下水水质变量可以归并为 6 个主因子，即水岩相互作用、农业活动、水文地质条件作用、淋滤作用、煤矿业活动、水文作用。这 6 个主因子揭示了总方差的 80.360%，其中水岩相互作用是研究区地下水水质的主要影响因素。

因子得分的空间分布规律揭示了各主因子对地下水水质形成的重要性。通过现场调查，验证了因子分析结论的可靠性。

参考文献

[1] SHIHAB A S, BAQI Y T A. Multivariate analysis of ground water quality of Makhmor Plain/North Lraq[J]. Damascus University Journal, 2010, 26(1): 19-26.

[2] SUBYANI A M, AL-AHMADI M E. Multivariate statistical analysis of groundwater quality in Wadi Ranyah [J]. Saudi Arabia, JAKU Earth Sci, 2010, 21(2): 29-46.

[3] LU K, LIU C, JANG C. Using multivariate statistical methods to assess the groundwater quality in an arsenic-contaminated area of Southwestern Taiwan[J]. Environmental Monitoring and Assessment, 2012, 184(10): 6071-6085.

[4] OLOBANIYI S B, OWOYEMI F B. Characterization by factor analysis of the chemical facies of groundwater in the deltaic plain sands aquifer of Warri, Western Niger delta, Nigeria [J]. African Journal of Science and Technology, 2006, 7(1): 73-81.

[5] BELKHIRI L, BOUDOUKHA A, MOUNI L. Groundwater quality and its suitability for drinking and agricultural use in Ain Azel plain, Algeria[J]. Journal of Geography and Regional Planning, 2010, 3(6): 151-157.

[6] CHEN H. Factor analysis as an example of qualitative and quantitative method for modeling hydrogeochemical processes of coastal sedimentary basin of Togo[J]. African Journal of Microbiology Research, 2011, 5(31): 5554-5559.

[7] LOVE D,HALLBAUER D,AMOS A,et al. Factor analysis as a tool in groundwater quality management:two southern African case studies[J]. Physics & Chemistry of the Earth,2004,29(15):1135-1143.

[8] 曹阳,滕彦国,刘昀竺. 宁夏吴忠市金积水源地地下水水质影响因素的多元统计分析[J]. 吉林大学学报(地球科学版),2013(1):235-244.

[9] ISHAKU J M,KAIGAMA U,ONYEKA N R. Assessment of groundwater quality using factor analysis in Mararaba-mubi area,Northeastern Nigeria[J]. Journal of Earth Sciences and Geotechnical Engineering,2011,1(1):9-33.

[10] 张艳,吴勇,杨军,等. 阆中市思依镇水化学特征及其成因分析[J]. 环境科学,2015,36(9):3230-3237.

[11] 洪涛,谢运球,喻崎雯,等. 乌蒙山重点地区地下水水化学特征及成因分析[J]. 地球与环境,2016,44(1):11-18.

[12] 文泽伟,汝旋,谢彬彬,等. 龙江-柳江-西江流域的水化学特征及其成因分析[J]. 环境化学,2016,35(9):1853-1864.

[13] 张智雄,许模,张强,等. 绵阳红层地区浅层地下水水化学特征、成因及水质分析[J]. 科学技术与工程,2018,18(3):168-173.

豫北四城市地热地质条件概述

黄光寿，郭丽丽，黄　凯，郭立伟

摘　要：豫北安阳、鹤壁、濮阳、新乡四城市地热资源比较丰富，具有较高的地温梯度，巨厚的新生界沉积及其覆盖下的古生界奥陶系、寒武系形成良好的热储层。近年来的勘探、开发和研究，为在豫北四城市寻找地热资源提供了依据。

关键词：构造背景；热储特征；地温场特征；豫北四城市

豫北安阳、鹤壁、濮阳、新乡四城市地处黄河下游豫北平原。区内交通便利，矿产资源和旅游资源丰富，在河南省的经济发展中具有重要的地位，极具发展潜力。

豫北安阳、鹤壁、濮阳、新乡四城市地热资源比较丰富，具有较高的地温梯度，巨厚的新生界沉积及其覆盖下的下古生界奥陶系、寒武系形成良好的热储层。

自 20 世纪 80 年代以来，安阳、鹤壁、濮阳、新乡四城市相继开凿深度千米左右的地热井 40 余眼，多数地热井水温度 40～50 ℃，地热水主要用于医疗、洗浴、游泳。鹤壁市淇滨新区鹤热 2# 地热井，孔深 3 276 m，井口水温 74 ℃，并富含二氧化碳气体，达到理疗矿水标准。2004 年 1 月成井的新乡医学院 1# 地热井，孔深仅 1 300 m，水温高达 73 ℃；2009 年 11 月成井的新乡获嘉县太山乡东寺营村地热井，孔深 1 231.8 m，水温达 72 ℃。地热资源的开发利用，已产生了明显的社会、经济和环境效益。

1　新乡市地热地质条件

豫北四城市地热开发尚处于起步阶段。地热资源作为一种廉价、环保的新型能源，以其巨大的资源潜力等待着科学、全面、有管理地勘探和开发。

1.1　构造背景

新乡市区位于汤阴断陷南部与太行拱断束交接斜坡部位，断裂构造发育，主要有近南北向、近东西向和北西向断裂，不同方向的断裂纵横切割，控制了区内新生界的发育，并控制着深部地热水的形成及运移（见图 1）。

1.2　热储特征

新乡市区主要热储层为新近系热储层，埋深 300～800 m 为温水储层，800 m 以下为温热水储

黄光寿：男，1963 年生。本科，高级工程师，主要从事水文地质环境地质研究。河南省地质调查院，河南省城市地质工程技术研究中心。

郭丽丽：河南省地矿局第五地质勘查院。

黄凯：河南省地矿局第五地质勘查院。

郭立伟：河南省地矿建设工程（集团）有限公司。

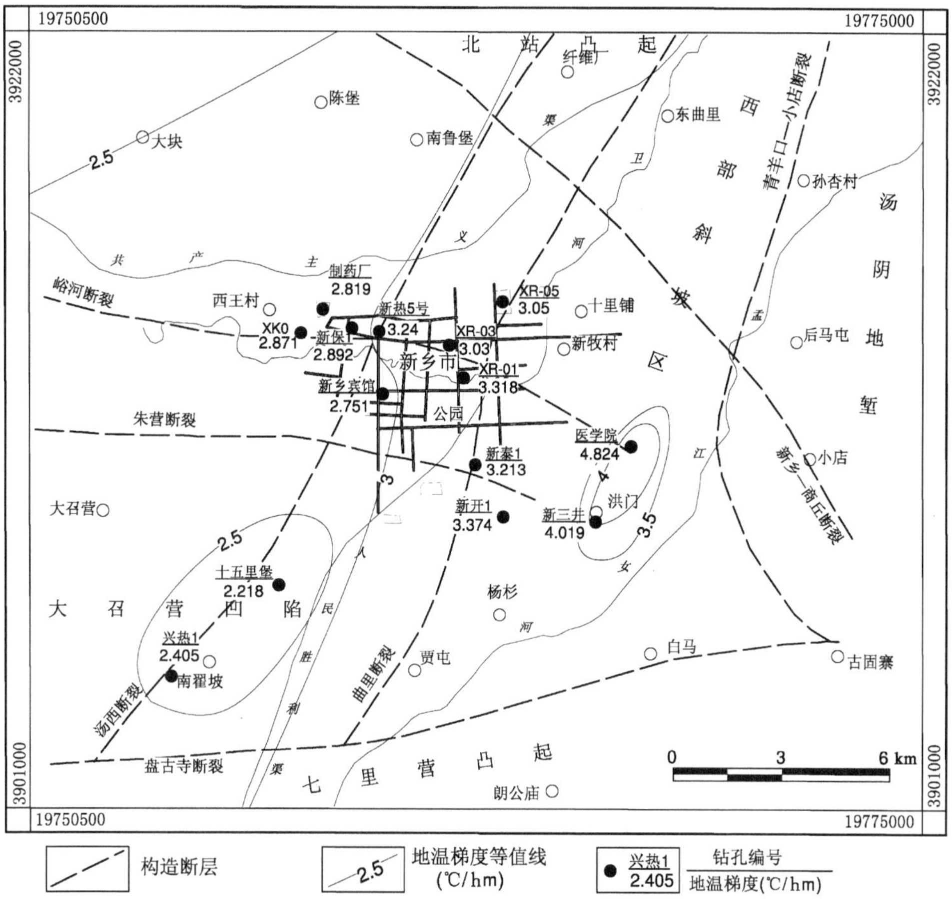

图 1　新乡市区地热地质简图
（引自《河南省豫北平原地热资源调查报告》插图）

层。西王村-东曲里以北地区由于新近系底板埋深小于 800 m，仅有上部的温水储层。

热储层主要含水介质为细砂岩、中砂岩，其次为粉砂岩、粗砂岩、砾岩，单层厚度 2～42.8 m。含水介质占总地层厚度的 14.7%～44.1%。热水井单位涌水量 6.35～20.45 $m^3/(d \cdot m)$。

新乡市北站区树脂厂-热电厂-潞王坟一带，由于受青羊口断裂导热作用影响，形成地热异常，其奥陶系-寒武系含水介质，埋深 25～211 m，水温 25～35 ℃，地温梯度 3.937 ℃/hm，单井涌水量大，具有良好的开采条件。

1.3　地温场特征

本区地温主要受到构造断裂和基底构造起伏的控制，由图 1 可见，本区新生界地温梯度东高西低，其分布在市区一带明显受到汤西断裂和曲里断裂的控制，基本上以汤西断裂为界，以西地温梯度 2.5～3 ℃/hm，以东地温梯度 3～3.5 ℃/hm；而在市区南部十五里堡-翟坡一带，受到构造凹陷的控制，其地温梯度低于 2.5 ℃/hm，明显低于凹陷外围地区，呈现为低温地热异常。

断裂对地温场的作用不仅表现在成为地温场的分隔边界，同时也表现在其导热作用。例如，洪门一带，位于峪河断裂、朱营断裂等近东西向断裂的东部末端，受断裂导热作用的影响，地温梯度高达 4.019～4.824 ℃/hm，具有明显的地热高温异常。

2 安阳市地热地质条件

2.1 构造背景

安阳市位于汤阴断陷北端的安阳次凹陷内，其控制性断裂汤东和青羊口断裂，属区域性深大断裂，是良好的导热构造，同时分布着北西西向安阳断裂、辛店断裂、安阳北断裂、安阳南断裂等正断层，具有张性，是良好的导水构造，由此接受西部山地地下水的侧向补给，遇导热构造和自然增温，形成地下热水，储存于新生界碎屑岩类含水层和下部奥陶系、寒武系灰岩中，上部巨厚的黏土岩则为良好的保温层(见图2)。

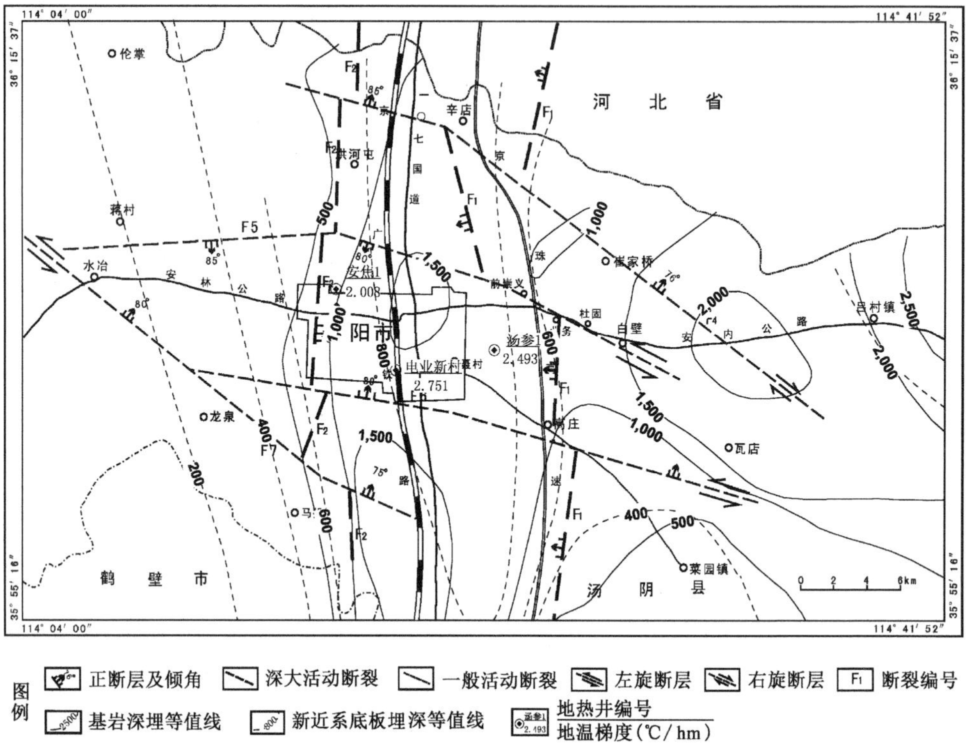

图2 安阳地区地热地质条件概图

(引自《河南省豫北平原地热资源调查报告》插图)

2.2 热储特征

(1) 新近系热储。安阳市区东部一般底板埋深800～1 000 m，上部第四系覆盖层厚度50～100 m。含水介质岩性一般为细砂岩、粉砂岩，砾岩。水温大于25 ℃地热流体实际埋深在400 m以下。

(2) 古近系热储。主要分布于汤东断裂与青羊口断裂之间，呈带状分布，其顶板埋深一般600～1 000 m，底板埋深大于2 000 m，汤参1井底板深达3 638 m。含水介质岩性主要为砾岩、粉砂岩。目前区内有十几口地热井，取水段多为1 500～2 000 m，井口水温一般为42.6～55 ℃，单井出水量多为25～60 m^3/h。

2.3 地温场

根据十几口地热井资料计算，安阳市区地温梯度2.008～2.751 ℃/hm，平均2.414 ℃/hm，有西低东高的趋势。

3 鹤壁市淇滨新区地热地质条件

3.1 构造背景

鹤壁市淇滨新区位于汤阴断陷中部偏北的宜沟凸起区，宜沟凸起东西以汤阴断陷为界、南北分别与淇县凹陷、安阳凹陷为邻(见图3)。其基底为太古界、下古生界地层，上部覆盖上古生界-新生界地层。其东西两侧的汤东断裂和青羊口断裂，作为汤阴断陷的边界，断裂切割深度较大，均切穿基底，西部沿青羊口断裂带有喜山期橄榄玄武岩喷出。

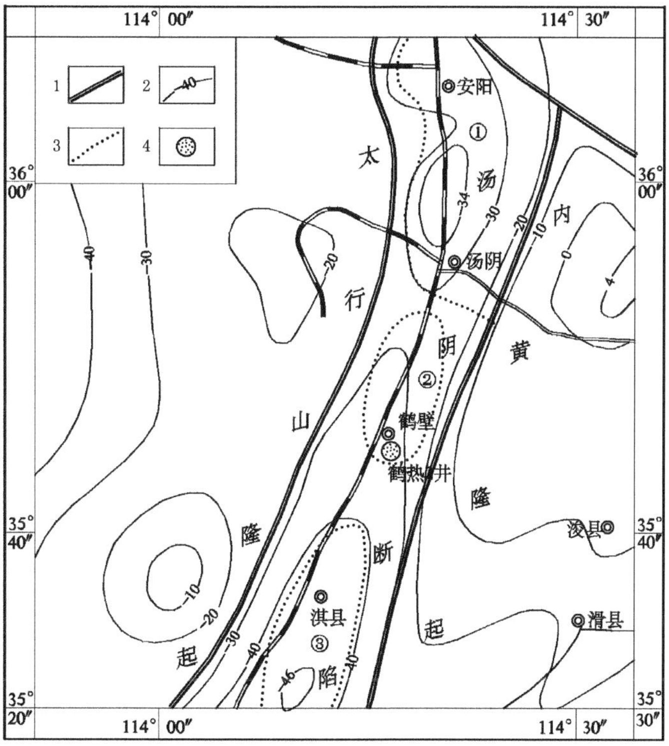

图3 汤阴断陷构造纲要及重力异常平面图

(引自《鹤壁市淇滨新区地热及二氧化碳资源普查报告》插图)

1——断裂；2——重力线；3——次级重级界线(① 安阳次凹；② 宜沟凸起；③ 淇县次凹)；4——鹤热2井

3.2 热储特征

(1) 青羊口断裂带奥陶系-寒武系热储分布区位于西部的青羊口断裂带，由3条压扭性正断层组成。根据力学性质，3条断裂具隔水性质，不易与邻区进行水热对流交替，因此具有较好的热储条件；断裂破碎带和影响带，易于地热流体富集；地热流体径流条件较差，北西西向断裂成为地热流体径流通道。储层岩性主要为碳酸盐岩，储层顶板埋深1 700～2 600 m，厚度约1 100 m，富水性极不均匀，涌水量100～5 000 m^3/d。推测热储平均温度85 ℃。

(2) 汤东断裂带奥陶系-寒武系热储分布区位于东部的汤东断裂带，该区东西两侧由压扭性断裂构成隔水边界，地下水流和热流难以进行侧向循环交替，具有较好的热储性质。地热流体主要沿北西向构造作缓慢径流补给。储层顶板埋深1 200～2 000 m，储层厚度约1 100 m。推测热储平均温度 80 ℃。

(3) 淇河古潜山奥陶系-寒武系热储区分布于高村-吕庄-大赉店-宜沟一带，呈北北东向展布，奥陶系热储顶板埋深 1 800～2 900 m。含水介质富水性不均，在断裂带及其强影响带，溶隙、裂隙发育，地热流体丰富，鹤热 3 井揭露储层厚度 1 117 m(未揭穿)，自喷水量 1 847 m^3/d，并富含大量 CO_2 气体，气水比 14.5∶1，热储温度 115 ℃，井口温度 74 ℃，地层压力 28.69 MPa，井口压力 2.2 MPa；而远离断裂带及其强影响带，溶隙、裂隙发育，但多被后期方解石脉充填，富水性差，据鹤热 3 井钻探可知，仅有间歇性井喷，平均 8～10 d 自喷一次，每次 6 h，自喷水量 350 m^3 左右，平均自喷水量 35 m^3/d。热储温度 120 ℃，井口温度 58 ℃，井口压力 55 MPa，富含 CO_2 气体(气水比未测试)，推测热储平均温度 105 ℃。

3.3 地温场特征

本区浅层地温在平面上呈现出东、中、西分区且具明显差异的分布特征，地温表现为太行山隆起区和内黄隆起区温度高，并分别向汤阴断陷区递减。在汤阴断陷区，中部次凸温度高，凹陷区温度低，基本与构造起伏相一致。

地温梯度垂向上随深度增加而增高，地热增温率新近系为 0.8～0.82 ℃/hm，古近系至中生界为 1.62～1.7 ℃/hm，上古生界石炭-二叠系为 2.05～3.74 ℃/hm，奥陶系为 3.66 ℃/hm。从新近系到中生界地热增温率较低表明，石炭-二叠系具有良好的隔热性能，使深部热量向上传导时受阻。地温场的形成主要来自上地幔热流的传导，地温属正常增温型，为断陷盆地传导型地热田。

4 濮阳市地热地质条件

4.1 构造背景

濮阳市处于内黄凸起斜坡区，西部属内黄凸起，东部属东明断陷，其古老结晶基底由太古界片麻岩组成。古生代时期，本区受到广泛的海侵，沉积了以碳酸盐岩为主的寒武系、中-下奥陶统地层，在长期的抬升作用之后，石炭系华北地台整体下沉，在中奥陶统的侵蚀面之上沉积了海陆交互相的石炭系和陆相沉积的二叠系地层。燕山运动之后，华北盆地开始形成，沉积了巨厚的新生界地层。

4.2 热储特征

(1) 新近系热储层。主要岩性为砂岩和泥岩，其中的砂岩层数多，单层厚度大，裂隙丰富，为地下热水的主要储水介质。根据地层时代可分为上部的明化镇组热储层和下部的馆陶组热储层。明化镇组在区内分布比较稳定，厚度约 700～800 m，主要含水介质为粗砂岩、含砾粗砂岩，次为细砂岩，单层厚度 1.5～3.7 m，含水介质占总地层厚度的 25.6%～44.6%，其热水井单位涌水量 6.52～44.44 $m^3/(d·m)$。而馆陶组在王助-胡村一线以西厚度较薄，仅几十米，以东渐增至 300 余米，根据濮阳市区中油二招钻探资料，含水介质主要岩性为细砂岩，含水介质占总地层厚度的 67.2%。

(2) 奥陶系-寒武系热储层。因中生界及古生界部分地层缺失，中奥陶统、石炭系和二叠系由西向东依次伏于新近系之下，其顶面埋深由西向东逐渐增大。其中石炭系和二叠系为热阻率很高的页岩、铝页岩与薄层砂岩互层，富水性差，供热意义不大。奥陶系主要由灰岩和白云质灰岩组成，发育有大量的溶洞、溶隙，为新生界中地下热水的主要储水介质。该地层在王助-胡村一线以西埋藏深度在 1 000～1 100 m 之间，以东埋藏深度逐渐增大，至市区以东埋深超过 2 000 m。

根据本区地层结构、地温场特征和地热田水文地质特征可以看出，本区热储结构为复合型结构，2 000 m 深度以内有供热意义的热储层，按其温度高低可分为 3 个热储层：① 由新近系明化镇组上、中部中、细砂岩组成的温水储层，温度 25 ℃≤t<40 ℃，开采层为 328～900 m；② 由新近系明化镇组下部和馆陶组中、厚层中、细砂岩组成的温热水储层，温度 40 ℃≤t<60 ℃，开采层为 775～1 450 m；③ 由中奥陶统马家沟组灰岩、白云质灰岩组成的热水储层，温度 60 ℃≤t<90 ℃，开采层为 1 400～2 000 m。濮阳市热储层空间分布及其相互间关系见图 4、图 5。

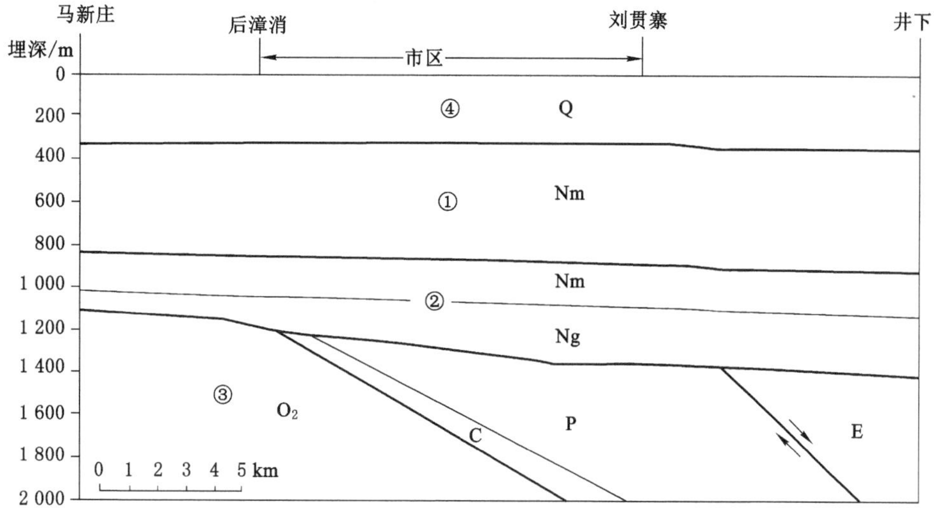

图 4　濮阳市热储结构示意图

（引自《河南省濮阳市地热资源勘查报告》插图）

①——温水储层；②——温热水储层；③——推测热水储层；④——盖层

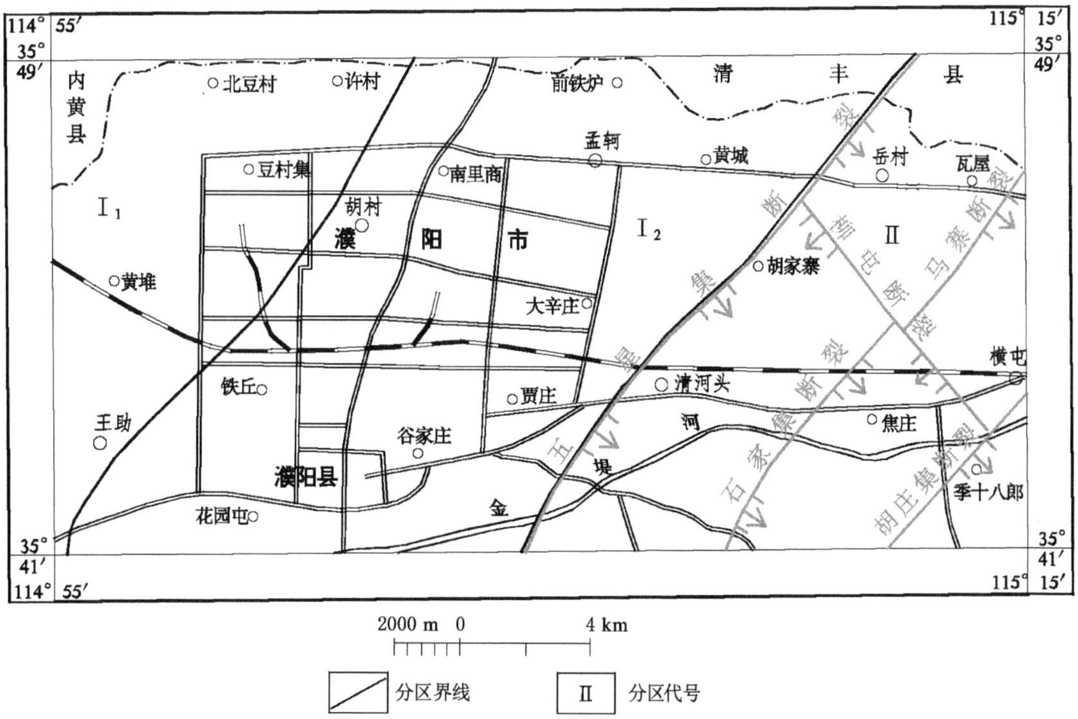

图 5　濮阳市热储平面分区图

（引自《河南省濮阳市地热资源勘查报告》插图）

4.3 地温场

本区主要为热传导型地温场，以五星集断裂（清河头-岳村一线）为界，以西为凸起区，以东为凹陷区；凸起区为地热异常区，凹陷区为地热正常区，其新生界地温梯度平均值分别是 3.52 ℃/hm、2.79 ℃/hm；地质构造与热储层岩性双重控制地热的运移富集。

参 考 文 献

[1] 河南省地矿局水文地质一队.河南省豫北平原地热资源调查报告[R].2004.
[2] 河南省地质工程公司.鹤壁市淇滨新区地热及二氧化碳资源普查报告[R].2003.
[3] 河南省地矿局水文地质一队.河南省濮阳市地热资源勘查报告[R].2000.
[4] 河南省地质环境监测院.河南省地热矿泉水调查报告[R].2007.
[5] 河南省地质调查院.河南省地热资源现状调查评价与区划[R].2014.

光山县五岳居民区边坡稳定性分析

李　奇，胡丰产，张军杰，潘俊杰

摘　要：边坡稳定性分析是边坡地质灾害防治中的重要研究课题，对不同的边坡类型、边坡所处的环境地质条件及获得的勘查成果等资料，采用与之相适应的计算理论和稳定性分析方法。本文主要介绍了光山县五岳居民区边坡，根据勘察取得的边坡坡体岩土物理力学性质，通过定性分析（赤平投影图法），评价边坡的稳定程度；通过定量分析（极限平衡法），进行边坡稳定性综合评价，并确定边坡稳定性敏感因素，为治理工程设计提供技术依据，也为相关边坡地质灾害分析提供类似参考。

关键词：边坡；地质灾害；稳定性；定性；定量；综合评价

0　引言

光山县五岳居民区边坡为人类工程活动切坡形成的高陡边坡，于2009年开挖形成。边坡平面上近半圆形，纵剖面呈阶梯状，坡底高程95 m，坡顶高程124 m，相对高差29 m。坡体上部为自然边坡，坡度20°～55°，下部为人工边坡，坡度55°，距坡脚前缘3 m有一幢6层48户居民住宅楼，坡顶建有建筑物。根据边坡开挖揭露的地质情况，坡体地层上部为第四系残坡积含碎石黏土，下部为燕山期斜长角山片岩，坡体基岩被多组节理切割，岩体较为破碎。目前边坡东段坡脚临空面出现岩体分解崩落现象，坡体台阶出现裂缝，坡顶建筑围墙开裂，边坡处于变形阶段[1]。为防治边坡的变形破坏，须对该边坡稳定性进行分析判断，以期为边坡治理设计提供理论数据及技术依据，也为该地区类似地质环境条件下的人工切坡的调查评价及研究提供参考。

1　边坡稳定性分析

1.1　边坡岩体分类及安全等级

依据《建筑边坡工程技术规范》（GB 50330—2013）[2]，边坡岩体较完整，结构面一般，有外倾结构面＜35°，目前边坡出现崩落，判定边坡岩体类型属Ⅱ类。边坡为岩质边坡，边坡高度最大24 m，破坏后果严重，又据《建筑边坡工程技术规范》（GB 50330—2013）中表3.2.1确定其边坡工程安全等级为一级。

李奇：男，1980年12月生。工学学士，工程师，从事岩土工程、矿山地质环境治理、地质灾害防治工作。河南省核工业地质局。
胡丰产：河南省核工业地质局。
张军杰：河南省核工业地质局。
潘俊杰：河南省核工业地质局。

1.2 边坡稳定性定性分析

边坡上部自然边坡倾向 180°，倾角 20°，边坡底部经人工开挖后形成的人工切坡高 7.5 m，倾向 190°，倾角 55°，坡面基岩裂隙发育，岩体被切割 0.2～1.0 m。经测量，主要裂隙有三组：第一组 107°∠75°，第二组 205°∠87°，第三组 160°∠24°[3]。边坡结构面的赤平投影图如图 1 所示。

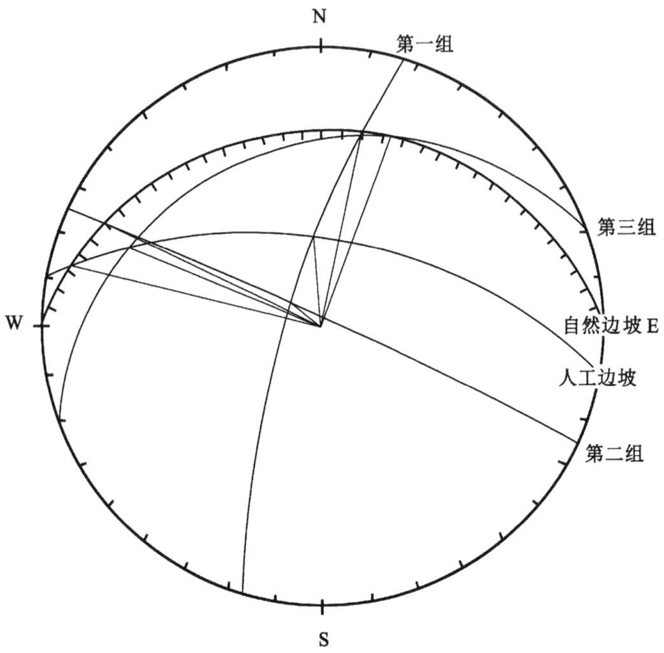

编号	结构面名称	倾向/(°)	倾角/(°)
自然边坡	坡面	180	20
人工边坡	坡面	190	55
第一组	裂隙1	107	75
第二组	裂隙2	205	87
第三组	裂隙3	160	24

组合交棱线	倾向/(°)	倾角/(°)
自然边坡-人工边坡	103	5
自然边坡-第一组	192	20
自然边坡-第二组	115	9
自然边坡-第三组	200	19
人工边坡-第一组	175	54
人工边坡-第二组	116	22
人工边坡-第三组	112	17
第一组-第二组	126	74
第一组-第三组	191	21
第二组-第三组	116	18

图 1 边坡赤平投影图

从赤平投影图上分析，第一组和第二组裂隙面的交点与边坡投影弧在同一侧，在人工边坡的内侧，说明裂隙面组合交线的倾向和坡面倾向一致，倾角大于坡角，属于稳定结构。第一组和第三组裂隙面的交点与边坡投影弧在同一侧，在自然边坡和人工边坡之间，说明裂隙面组合交线的倾向与坡面倾向一致，倾角小于开挖坡角，为不稳定结构。第二组和第三组裂隙面的交点与边坡投影弧在同一侧，在自然边坡和人工边坡之间，说明裂隙面组合交线的倾向与坡面倾向一致，倾角小于自然坡角，属于较稳定结构。所以，第一组和第三组裂隙对边坡的稳定性影响最大，第二组和第三组次之，该边坡的稳定性较差。

1.3 边坡稳定性定量分析

对控制边坡稳定的第一组和第三组结构面确定为潜在滑动面，第一组为斜坡坡体中斜长角闪片岩强-中风化界面，第三组为中风化岩层上部与岩层平行的一组节理裂隙面，按其可能的破坏型式，采用相应的极限平衡理论进行稳定性验算。

根据边坡长度，横向把边坡分 4 个地质剖面，其中 1-1′剖面坡度 40°，2-2′剖面坡度 30°～50°，3-3′剖面坡度 24°～50°，4-4′剖面坡度接近 20°[3]。计算剖面图见图 2～图 5。

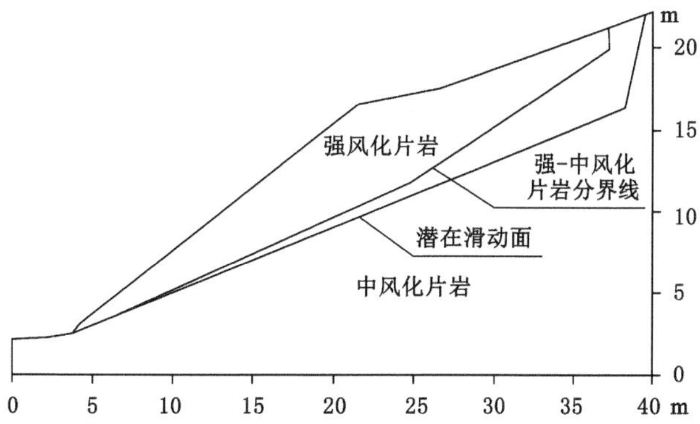

图 2　1-1′剖面计算简图

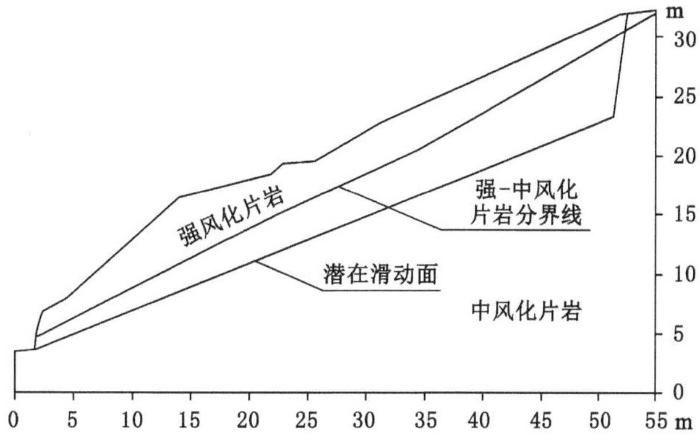

图 3　2-2′剖面计算简图

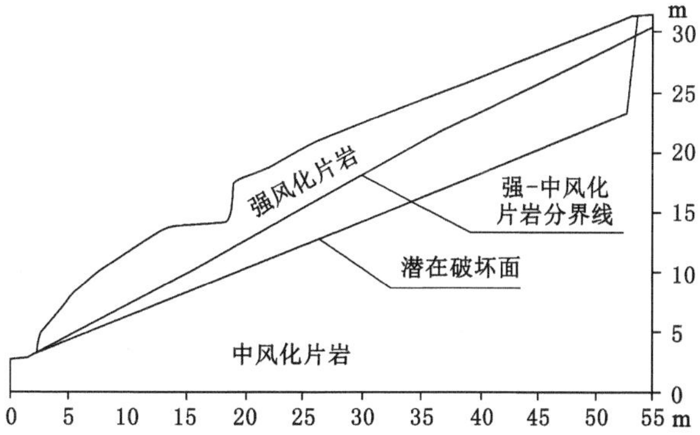

图 4　3-3′剖面计算简图

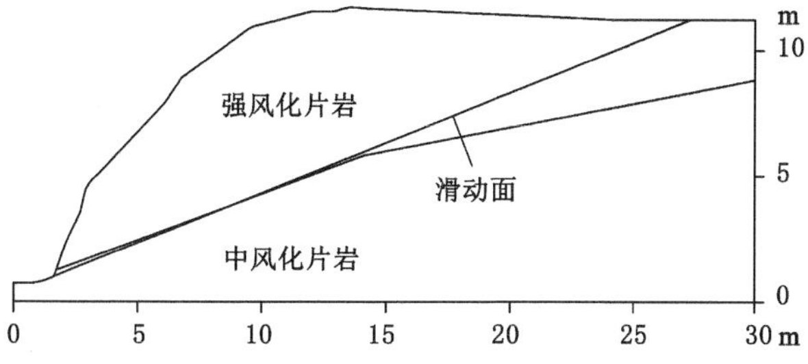

图 5　4-4′剖面计算简图

对于强-中风化片岩交界面，设定为折线形滑面，为一级破坏面，采用《滑坡防治工程勘查规范》(DZ/T 0218—2006)中附录E(E.1.2)[4]传递系数法计算。对于中风化片岩上部的顺层外倾节理面，设定为平滑斜面，为二级破坏面，采用《滑坡防治工程勘查规范》(DZ/T 0218—2006)附录E(E.1.1)平面滑动法计算。

1.3.1 坡体岩土力学指标

坡体岩土力学指标见表1。

表1　坡体主要岩土力学指标[3]

岩土名称	统计项目	质量密度 ρ /(g/cm^3)	天然含水量 ω /%	土粒比重 G_s	天然孔隙比 e	重力密度 γ /(kN/m^3)	饱和重度 γ_{sat} /(kN/m^3)	内摩擦角 φ/(°)(快剪)	黏聚力 C/kPa(快剪)	内摩擦角 φ/(°)(饱和)	黏聚力 C/kPa(饱和)
残坡积土	统计个数	6	6	6	6	6	6	6	6	6	6
	最大值	2.01	22.0	2.71	0.68	20.1	21.01	29.4	35.8	24.6	27.3
	最小值	1.94	14.4	2.70	0.54	19.4	20.2	15.5	17.9	12.8	12.8
	平均值	1.98	18.32	2.71	0.62	19.77	20.54	20.8	25.40	17.25	19.3
	标准差	0.03	2.82	0.00	0.05	0.26	0.28	5.78	7.29	4.62	5.51
	变异系数	0.01	0.15	0.00	0.07	0.01	0.01	0.28	0.29	0.27	0.29
	标准值	1.96	20.65	2.70	0.66	19.6	20.3	16.0	19.4	13.4	14.7

坡体土天然重度均值为19.6 kN/m^3；饱和重度均值为20.3 kN/m^3；天然抗剪强度：黏聚力标准值为19.4 kPa，内摩擦角标准值为16.0°；天然残余抗剪强度：黏聚力标准值为14.7 kPa，内摩擦角标准值为13.4°。

坡体风化片岩岩体力学指标见表2。

表2　风化片岩岩土力学指标[3]

岩土名称	统计项目	天然重力密度 γ/(kN/m^3)	天然岩石单轴抗压强度/MPa	黏聚力 C/kPa	内摩擦角 φ/(°)
斜长角闪片岩	组数	9	9		
	最大值	25.42	41.9		
	最小值	24.49	59.0		
	平均值	25.11	47.3	37	51

现场原位剪切试验成果见表3。

表3　现场原位剪切试验成果汇总表[3]

试验位置	剪切类型	状态	样本数/组	C/kPa	φ/(°)
				试验值	试验值
Ⅰ#位置	原状剪	天然	1	17	54
	残余剪	天然	1	11	51
Ⅱ#位置	原状剪	饱和	1	15	40
	残余剪	饱和	1	10	36

综合给出边坡稳定性计算参数取值见表4。

表 4　　边坡稳定性计算参数取值综合确定表

		天然状态		饱和状态	
		黏聚力 C/kPa	内摩擦角 φ/(°)	黏聚力 C/kPa	内摩擦角 φ/(°)
试验值		17	54	15	40
反演值		19	23	14	19
规范值		C=50～20　φ=12～18			
经验值		C=8～20　φ=10～30			
计算值	一级破坏面	19	23	14	19
	二级破坏面	19	36	17	25

1.3.2　边坡稳定安全系数

依据《建筑边坡工程技术规范》(GB 50330—2013)中表 5.3.2,边坡安全等级为一级边坡,验算时采取的安全系数为 1.35。

1.3.3　边坡稳定性计算

根据边坡的地质环境条件,考虑三种计算工况。

工况Ⅰ:自重(天然状态);

工况Ⅱ:自重+暴雨(连续降雨);

工况Ⅲ:自重+暴雨+地震,场区地震基本烈度为Ⅵ度,水平地震系数为 0.05。

按照上述工况对五岳居民区不稳定边坡稳定性进行分析计算,计算结果见表 5～表 6。

表 5　　折线法(一级破坏面)边坡稳定性计算成果

剖面编号	计算工况	稳定性系数 K_s	安全系数 F_s	下滑力/(kN/m)
1-1′	工况Ⅰ(天然工况)	1.51	1.35	0
	工况Ⅱ(暴雨工况)	1.17	1.35	208.45
	工况Ⅲ(地震工况)	1.15	1.35	220.50
2-2′	工况Ⅰ(天然工况)	1.48	1.35	0
	工况Ⅱ(暴雨工况)	1.14	1.35	370.73
	工况Ⅲ(地震工况)	1.12	1.35	378.30
3-3′	工况Ⅰ(天然工况)	1.42	1.35	0
	工况Ⅱ(暴雨工况)	1.10	1.35	513.34
	工况Ⅲ(地震工况)	1.09	1.35	533.71
4-4′	工况Ⅰ(天然工况)	1.72	1.35	0
	工况Ⅱ(暴雨工况)	1.30	1.35	64.30
	工况Ⅲ(地震工况)	1.29	1.35	71.40

表 6　　平面滑动法(二级破坏面)边坡稳定性计算成果

剖面编号	计算工况	稳定性系数 K_s	安全系数 F_s	下滑力/(kN/m)
1-1′	工况Ⅰ(天然工况)	2.29	1.35	0
	工况Ⅱ(暴雨工况)	1.55	1.35	0
	工况Ⅲ(地震工况)	1.51	1.35	0

续表 6

剖面编号	计算工况	稳定性系数 K_s	安全系数 F_s	下滑力/(kN/m)
2-2′	工况Ⅰ(天然工况)	2.11	1.35	0
	工况Ⅱ(暴雨工况)	1.20	1.35	524.1
	工况Ⅲ(地震工况)	1.18	1.35	534.97
3-3′	工况Ⅰ(天然工况)	2.09	1.35	0
	工况Ⅱ(暴雨工况)	1.28	1.35	305.7
	工况Ⅲ(地震工况)	1.27	1.35	315.83
4-4′	工况Ⅰ(天然工况)	2.52	1.35	0
	工况Ⅱ(暴雨工况)	1.75	1.35	0
	工况Ⅲ(地震工况)	1.71	1.35	0

边坡稳定性计算结果表明,一级破坏面在边坡工况Ⅰ下处于稳定状态,在工况Ⅱ、工况Ⅲ下稳定系数均小于安全系数,不满足边坡稳定性的要求,其中在工况Ⅲ下,3-3′剖面处剩余下滑力为533.71 kN/m;二级破坏面在边坡工况Ⅰ下处于稳定状态,在工况Ⅱ、工况Ⅲ下,1-1′剖面、4-4′剖面处于稳定状态,2-2′剖面、3-3′剖面稳定系数均小于安全系数,不满足边坡稳定性的要求,剩余下滑力最大值位于2-2′剖面处,为534.97 kN/m。

2 边坡稳定性敏感因素分析

假定在强降雨条件下极限状态,利用3-3′剖面计算抗剪强度变化对边坡稳定性影响程度(见表7),结果显示:黏聚力 C 值与 k 值关系曲线(见图6)斜率0.015;内摩擦角 φ 值与 k 值关系曲线(见图7)斜率0.042。相对而言,内摩擦角的变化对稳定性影响更为显著。土体黏聚力随含水量增大降低幅度大,对内摩擦角影响也比较显著。五岳居民区边坡问题是在人类工程活动诱发下产生,降水条件下加剧发展形成的,降水下渗是影响其边坡稳定性的重要因素。

表 7　主滑面抗剪强度对边坡稳定系数影响敏感性分析表

C/kPa \ φ/(°)	15	16	17	18	19	20	21
11	0.75	0.79	0.83	0.87	0.92	0.96	1.00
12	0.76	0.81	0.85	0.89	0.93	0.97	1.02
13	0.78	0.82	0.86	0.90	0.95	0.99	1.03
14	0.80	0.84	0.88	0.92	0.96	1.01	1.05
15	0.81	0.85	0.89	0.94	0.98	1.02	1.06
16	0.83	0.87	0.91	0.95	0.99	1.04	1.08
17	0.84	0.88	0.92	0.97	1.01	1.05	1.09
18	0.86	0.90	0.94	0.98	1.02	1.07	1.11
19	0.87	0.91	0.95	1.00	1.04	1.08	1.13

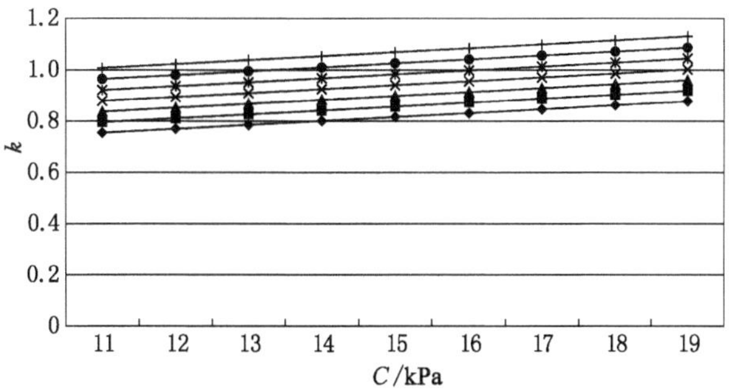

图 6　黏聚力 C 值与 k 值关系曲线

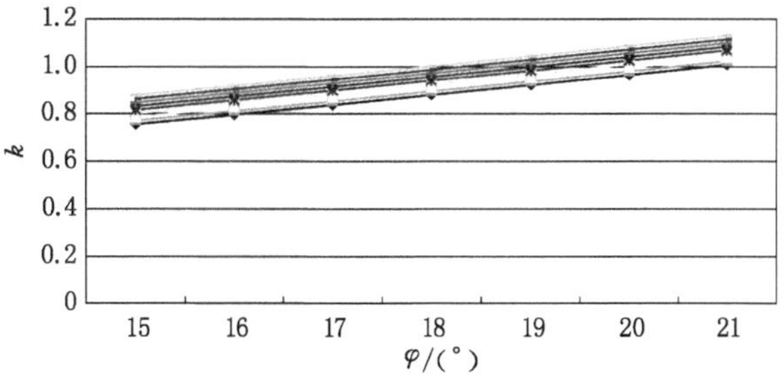

图 7　内摩擦角 φ 值与 k 值关系曲线

3　结论

采用赤平投影可直观地作出边坡稳定状态的评价，它是岩质边坡稳定性分析常用的一种方法，但它仅是定性分析，无法进行定量评价。极限平衡分析法可建立在定性分析基础之上，根据赤平投影法的判别结果，对定性判别为潜在不稳定岩体进行计算分析。采用定性与定量分析相结合的方法对边坡进行稳定性评价将会取得事半功倍的效果，同时提高了评价结果的准确性。

采用极限平衡法计算时，可根据边坡时空效应、自然因素等外界条件影响，确定边坡稳定的敏感因素，为边坡防治工程设计、部署工程措施提供参考方向。

参考文献

[1] 李奇，吴松峰. 光山县五岳居民区地质灾害治理工程施工图设计书[R]. 2014.
[2] 中华人民共和国住房和城乡建设部，中华人民共和国国家质量监督检验检疫总局. 建筑边工程技术规范：GB 50330—2013[S]. 北京：中国建筑工业出版社，2014.
[3] 李奇，吴松峰. 光山县五岳居民区地质灾害应急勘查报告[R]. 2014.
[4] 中华人民共和国国土资源部. 滑坡防治工程勘查规范：DZ/T 0218—2006[S]. 北京：中国标准出版社，2006.

河南省液化土判别与防治建议

王春晖,狄艳松,李　扬,左　伟

摘　要:河南省大部分地区地震烈度大于Ⅶ度,地震极易引起饱和砂土及粉土液化产生地基变形、建筑物损坏。本文依据相关规范规定的液化土判别标准,对河南省地震烈度Ⅶ度以上的第四系全新统粉土和砂性土分布区进行了液化土判别,圈定了河南省液化土的分布范围,在此基础上提出了砂土液化的防治建议。

关键词:地震;饱和砂土;液化土;判别;防治建议

在地震等周期性动荷载作用下,饱和砂土或粉土及砂质粉土等少黏性土极易产生液化现象,从而造成地貌变形,如地面裂缝、不均匀沉陷、喷水冒砂,致使建筑物倒塌、损坏。20 世纪 70 年代相继在邢台、海城和唐山发生地震,因砂土液化导致地基变形,造成大量人员伤亡和财产损失。特别是 2008 年 5 月我国汶川 8.0 级地震中砂砾石层普遍液化,引发山区大量山体滑坡、崩塌和泥石流等地质灾害,死亡和失踪人数接近 9 万人,直接经济损失 8 000 多亿元[1]。

据历史记载,河南省因受地震影响曾在濮城、内黄、浚县等地发生喷水喷沙现象,尤以 1502 年的濮城 6.5 级地震引起的液化土最为严重[2]。如何对具体工程地震液化问题准确判别,圈定液化土范围,提出有效防止措施,是规划与城市建设部门共同关注的热点问题之一。

河南省大部分地区位于地震烈度Ⅵ、Ⅶ、Ⅷ度区,且地表堆积全新统黄河及淮河冲积物——砂性土及粉土,在地震影响下,极易发生砂土液化。

随着国民经济的迅速发展,河南省的城市建设、新农村建设及道路建设飞速发展,急需了解区域性液化土分布状况。因此,本文对河南省液化土进行评定与圈定范围,从而为相关行业建设发展提供地质依据。

1　液化土

1.1　液化土判别

1.1.1　液化土影响因素

饱和砂土、粉土、砂质粉土液化的主要影响因素是地震烈度、地下水水位、埋深、黏粒含量和上覆非液化土层的厚度等。

1.1.2　液化土判别依据[3]

对饱和砂土和粉土(不含黄土)的液化判别和地基处理,地震烈度Ⅵ度时,一般情况下可不进行

王春晖:男,1978 年生,河南确山人。在读工程硕士,高级工程师,从事水工环地质工作。河南省地质矿产勘查开发局第五地质勘查院。

狄艳松:河南省地质矿产勘查开发局第五地质勘查院。

李扬:河南省地质矿产勘查开发局第五地质勘查院。

左伟:河南省地质矿产勘查开发局第五地质勘查院。

判别和处理，但对液化沉降敏感的乙类建筑可按Ⅶ度的要求进行判别和处理；Ⅶ～Ⅸ度时，乙类建筑可按本地区抗震设防烈度的要求进行判别和处理。

地面下存在饱和砂土和饱和粉土时，除Ⅵ度外，应进行液化判别；存在液化土层的地基，应根据建筑的抗震设防类别、地基的液化等级，结合具体情况采取相应的措施。

饱和的砂土或粉土（不含黄土），当符合下列条件之一时，可初步判别为不液化或不考虑液化影响：

（1）地质年代为第四系上更新统（Qp_3）及其以前地层时，地震烈度Ⅶ、Ⅷ度时可判为不液化。

（2）粉土的黏粒（粒径小于 0.005 mm 的颗粒）含量百分率，对Ⅶ、Ⅷ和Ⅸ度分别不小于 10%、13%和 16%时，可判为不液化土。

（3）浅埋天然地基的建筑，当上覆非液化土层厚度和地下水水位深度符合下列条件之一时，可不考虑液化影响：

$$d_u > d_0 + d_b - 2$$

$$d_w > d_0 + d_b - 3$$

$$d_u + d_w > 1.5d_0 + 2d_b - 4.5$$

式中 d_w——地下水水位埋深，宜按设计基准期内年平均最高水位采用，也可按近期内年最高水位采用，本文按 2013 年 9 月丰水期监测水位，m；

d_u——上覆非液化土层厚度，计算时宜将淤泥和淤泥质土层扣除，m；

d_b——基础埋置深度，不超过 2 m 时按 2 m，m；

d_0——液化土特征值深度，可按表 1 采取，m。

表 1　液化土特征值深度　单位：m

饱和土类别	Ⅶ度	Ⅷ度	Ⅸ度
粉土	6	7	8
砂土	7	8	9

1.1.3　液化土判别

依据上述规范条文，对地震烈度Ⅶ度以上全新统的粉土和砂性土分布区进行液化土判断。

河南地震烈度分布特征：Ⅶ～Ⅷ度（含Ⅷ度）分布在三门峡-宜阳-许昌-商丘一线以北区域，Ⅷ度分布在新乡-鹤壁-安阳一带[4]。

地下水水位埋深特征：黄河以南，大部分区域为 4～8 m；黄河以北，沿黄河地带小于 4 m，济源-沁阳-新乡-濮阳大部分区域为 4～20 m；埋深最大的区域在内黄-清风一带，大于 20 m。

根据收集钻孔资料、浅层地下水水位埋深、土工试验资料，首先概化计算分析初始条件：① 在Ⅶ度（地震动峰值加速度 0.09～0.19g）以上区域，地表岩性均为粉土与砂性土分布，即无非液化土分布；② 基础埋深按 2 m 计算；③ 河南地震烈度均不大于Ⅷ度。液化土特征值按表 1 取值。

经过对土层的液化性能计算分析得出：

（1）河南省境内粉土的黏粒（粒径小于 0.005 mm 的颗粒）含量基本均小于 10%，因此均需要进行液化土判断；

（2）在Ⅶ度区，粉土和砂土在地下水水位埋深分别小于 8.5 m 和 10 m 时可判断为液化土；在Ⅷ度区，粉土和砂土在地下水水位埋深分别小于 10 m 和 11.5 m 时可判断为液化土。

根据计算分析研究确定，黄河以南以地震动峰值加速度 0.1g 的线为界，黄河北以埋深 12 m 为界线，即小于 12 m 的范围圈定可能形成液化土的区域。

1.2 液化土分布

据资料分析与计算，结合地震动峰值加速度分布特征、第四系地层岩性与土体结构、浅层地下水水位埋深等因素综合分析，将地震动峰值加速度不小于 0.1g（地震基本烈度Ⅶ度）、第四系全新统为粉土与粉细砂及浅层地下水水位埋深小于 12 m 的区域圈定为液化土。河南省液化土主要分布于汤阴-安阳、濮阳-许昌一带，面积约 2.16×10^4 km^2（见图 1）。

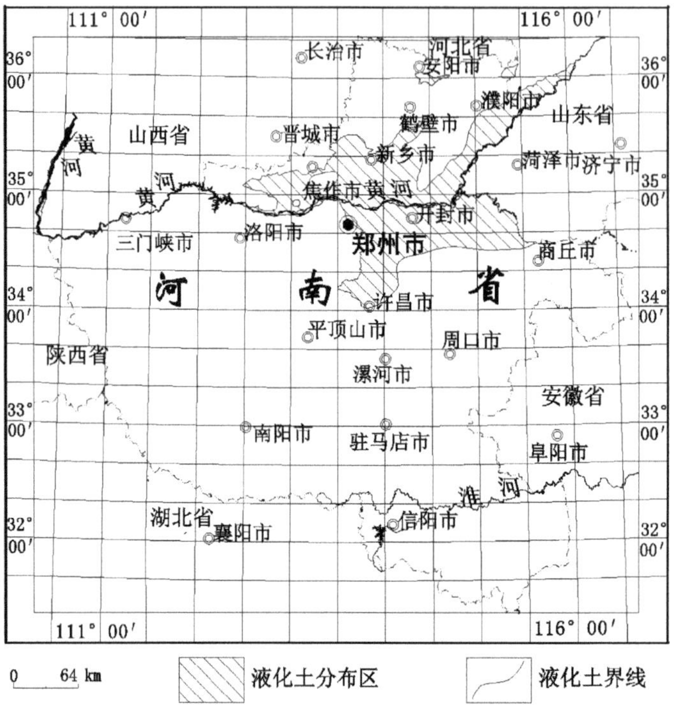

图 1 河南省液化土分布图

2 防治建议

防治建议主要从预防砂土液化的发生和防止或减轻建筑物不均匀沉陷两方面入手，包括合理选择场地；采取振冲、夯实、爆炸、挤密桩等措施提高砂土密度；排水降低砂土孔隙水压力；换土、板桩围封以及采用整体性较好的筏基、深桩基等方法。下面提出三种应用较为广泛的防治措施。

2.1 改善饱和砂土密实度

多采用振冲碎石桩法、沉管碎石桩法处理地基，这两种方法系在液化土层和软土层中以桩的形式将碎石材料贯入地基土中构成复合地基。由于碎石桩具有排水功能，有效消散地震等震动引起的超静空隙水压力，从而减轻或消除饱和砂土或粉土液化；并且振冲碎石桩法、沉管碎石桩可通过挤密作用使砂土密实。

采用振冲碎石桩法加固时，处理深度应大于液化层以下，加固后桩间土标准贯入击数不宜小于液化判别标准贯入击数临界值。基础外缘的处理宽度应超过基础地面下处理深度的 1/2，且不小于基础宽度的 1/5。

2.2 深基础法

可采用桩基础和深基础处理地基。

采用桩基础时，桩型为端承桩，即在极限承载力状态下，桩顶载荷由桩端阻力承受。桩体材料为钢筋和混凝土。桩必须穿透液化土层，桩端深入液化层以下稳定土层中的长度（不包括桩尖端部分）应按计算确定，且对碎石土、砾、粗砂、中砂、坚硬黏性土和密实粉土不应小于 0.8 m，对其他非岩石土类不宜小于 1.5 m。

采用深基础时，基础底面应埋入液化深度以下的稳定土层中，其深度不应小于 0.5 m。

2.3 CFG 桩复合地基技术

CFG 桩复合地基技术是指由少量水泥、粉煤灰、碎石、石屑或砂加水搅拌形成的高黏结强度桩和桩间土、褥垫层一起形成复合地基[5]。

CFG 桩成桩初期，因桩孔内充填过滤性较好的粗颗粒料，在地基中形成了渗透性能良好的人工竖向排水、减压通道，使孔隙水沿桩体向上排出，有效地消散和防止震动产生超孔隙水压力增高，加速地基排水、提高土体强度。成桩过程中的震动增强了填料和土体相对密实度，提高砂性土或粉土的抗液化能力，从而提高地基强度[6]。

采用 CFG 桩方法时，桩必须穿透液化土层，桩端应坐落在较硬的持力层上，基础外围一定范围内应布设护桩。

参 考 文 献

[1] 邱亚兵，朱晟. 地震液化判别及危害性评价[J]. 地震工程学报，2014，36(3)：555-561.

[2] 孙天遂，贾西珍，刘宗周，等. 河南省工程地质图说明书[R]. 河南省地质矿产局水文地质三队，1985：44.

[3] 中华人民共和国住房和城乡建设部，中华人民共和国国家质量监督检验检疫总局. 建筑抗震设计规范：GB 50011—2010[S]. 北京：中国建筑工业出版社，2010.

[4] 中华人民共和国国家质量监督检验检疫总局，中国国家标准化管理委员会. 中国地震动参数区划图：GB 18306—2015[S]. 北京：中国标准出版社，2016.

[5] 王德强，王行军，宫进忠. 廊坊市城市规划区饱和砂土液化的危害及防治措施[J]. 探矿工程（岩土钻掘工程），2010，37(4)：62-64.

[6] 阎明礼，张东刚. CFG 桩复合地基技术及工程实践[M]. 北京：中国水利水电出版社，2003.

基于 Visual Modflow 的许昌市鹿鸣湖工程湖区防渗效果三维数值模拟分析

卜新峰，曾　峰，孙　璐，牛香玉

摘　要：针对平原型水库蓄水后产生的渗漏问题，以许昌市鹿鸣湖工程为例，在概化出湖区水文地质概念模型的基础上，建立了基于 Visual Modflow 的地下水运动三维流数学模型，并采用三维有限差分方法，按无防渗和有防渗两种工况对湖体渗漏量进行了模拟预测。预测结果表明：在有防渗条件下，蓄水初期的湖水渗漏减少量达 57.92%，在整个模拟时段（10 a）后期，减少量趋于平稳，基本维持在 12%左右，蓄水初期防渗处理效果明显。

关键词：鹿鸣湖工程；数值模拟；防渗效果

1　工程概况

鹿鸣湖工程是《许昌市城乡总体规划（2012～2030）》确定的构建"三横、五纵、十湖、三环碧水绕莲城"的景观水系框架中"十湖"的重要组成部分，作为许昌市鹿鸣湖公园的基础，鹿鸣湖湖区通过保持适宜深度和范围的水面，对于鱼类栖息、生物多样性保持具有重要意义。

鹿鸣湖工程总体布置情况为：学院河水体通过引水涵闸进入长约 180 m 的引水渠后入鹿鸣湖主湖区，主湖区南北长约 700 m，东西宽 70～400 m，通过长约 400 m 的退水渠退入学院河。鹿鸣湖湖体总面积 18.9 万 m^2，水面面积率为 16.0%[1]。

2　工程地质条件

鹿鸣湖工程区地处黄淮冲积平原的西部，地形相对平缓，地面高程 68.98～71.62 m。

钻孔揭露的浅部地层岩性（最大勘探深度 15 m）为第四系松散堆积层，其成因以冲积堆积为主，地层岩性主要为中粉质壤土和轻粉质壤土。

工程区地下水类型为第四系松散岩类孔隙潜水，总体流向自西北流向东南。工程区及周边地下水水位埋深 5.15～7.8 m，水位高程 61.90～65.66 m。地下水化学类型以 HCO_3^--Na^+ · Ca^{2+} · Mg^{2+} 和 HCO_3^--Na^+ · Ca^{2+} 型为主[2]。

卜新峰：男，1985 年生，河南商丘人。工程师，硕士研究生，主要从事水利水电工程地质勘查以及工程水文地质方向的研究。黄河勘测规划设计有限公司。

曾峰：黄河勘测规划设计有限公司。

孙璐：黄河勘测规划设计有限公司。

牛香玉：黄河勘测规划设计有限公司。

3 主湖区渗漏分析与评价

工程区勘察深度范围内地层岩性主要为粉质壤土，鹿鸣湖蓄水后，设计湖水位 68.5 m，高于周边地下水位。根据获取的工程区内地层渗透性能参数，工程蓄水后湖体将产生一定的渗漏量，渗漏将导致周边地下水位升高，并可能引起次生环境地质问题。

3.1 水文地质概念模型

本次模拟计算区范围为以鹿鸣湖为中心向四周扩展 3.5 km 的矩形计算区域，面积约 49 km^2。计算模型顶面为潜水面边界，在该面上发生着降水入渗等垂向水交换作用；上下游两侧概化为线性定水头边界；计算区垂向上可概化为 5 层（见图 1），分别为 3 层中粉质壤土和 2 层轻粉质壤土；计算区底面为渗透性较弱的粉质黏土层，可概化为零流量边界。根据设计方案，鹿鸣湖蓄水后，湖体常水位为 68.5 m，以定水头形式给入模型参与计算。

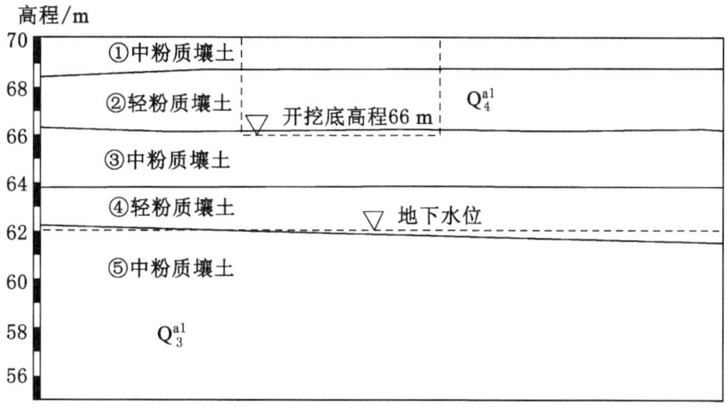

图 1 计算区模型垂向示意图

3.2 数学模型

根据上述水文地质概念模型，研究区的地下水运动三维流数学模型为：

$$
\begin{cases}
\dfrac{\partial}{\partial x}\left(K\dfrac{\partial H}{\partial x}\right)+\dfrac{\partial}{\partial y}\left(K\dfrac{\partial H}{\partial y}\right)+\dfrac{\partial}{\partial z}\left(K\dfrac{\partial H}{\partial z}\right)+Q\cdot\delta=0 & (x,y,z)\in\Omega,t>0 \quad \text{潜水} \\
H(x,y,z,0)=h_0 & (x,y,z)\in\Omega \quad \text{初始条件} \\
H(x,y,z)|_{\Gamma_1}=h_1 & t>0 \quad \text{定水头边界} \\
\dfrac{\partial H}{\partial n}|_{\Gamma_2}=0 & t>0 \quad \text{隔水边界（其他周界与底板）} \\
\left.\begin{aligned} & H=z \\ & \mu\dfrac{\partial H}{\partial t}=-(K-\varepsilon)\dfrac{\partial H}{\partial z}+\varepsilon \end{aligned}\right\} & \text{潜水面边界}
\end{cases}
$$

式中 H——地下水水位标高，m；

K——含水层渗透系数，m/d；

μ——潜水含水层给水度；

Q——潜水水井开采量，m^3/d；

δ——函数（对应水井的位置坐标）；

h_0，h_1——初始水位标高，定水头边界水位标高，m；

ε——潜水面垂向交换量(入为正、出为负),$m^3/(d \cdot m^2)$;

x,y,z,t——坐标变量,m;

t——时间变量,d;

Γ_1,Γ_2——一类边界,二类边界;

n——二类边界外法线方向。

3.3 地下水流数值模型的建立

3.3.1 计算域的剖分

采用 Visual Modflow 软件根据三维有限差分方法对计算域网格进行剖分,根据数学模型建立研究区的三维有限差分数值模型并进行数值模拟。模型平面上网格间距为 70 m×70 m,湖区部分局部加密为 20 m×20 m。垂向上剖分为 5 层,厚 30 m。第一、三、五层为中粉质壤土,第二、四层为轻粉质壤土,各层厚度 1.5～23 m,共 180 500 个活动单元,计算有效单元格 106 445 个(见图 2)。

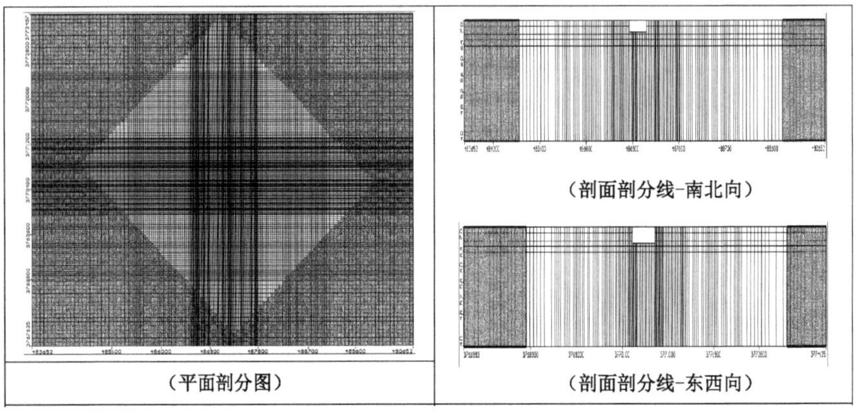

图 2　计算区网格剖分图

3.3.2 模型识别验证与参数取值

依据区内水位统测资料,绘制计算区现状地下水流场图。根据现场试验结果,采用数值模拟方法对编绘的现状地下水流场进行校正,得到研究区地下水初始流场。

渗透系数的取值是在详细分析区域水文地质资料、野外试验资料以及室内试验成果的基础上综合确定的。由于存在平面、垂向上渗透性的差异,对模型区范围内的渗透介质进行分区、分层。根据设计方案以及本次开挖揭露,设计湖底高程(66 m)大部分位于模型第三层中粉质壤土层中,但湖体底部中粉质壤土和轻粉质壤土均有分布,在参数取值上进行区分,渗透系数分区情况见图 3,校正后的各项参数见表 1 所示。

3.4 渗漏量数值模拟

3.4.1 模拟工况设定

为了分析湖体不进行防渗处理和进行防渗处理后湖水渗漏量的变化情况,本次模拟设定以下两种不同工况进行湖水渗漏量的预测。

工况一:湖体不进行任何防渗处理;

工况二:对湖体底部进行碾压和铺盖处理,湖岸均使用土工膜进行防渗处理。

利用校正后的模型,对湖体蓄水后天然条件下的流场变化和渗漏量情况进行数值模拟,模拟时长为 3 650 d,共分 21 个计算周期,其中第一年内为 12 个周期,以后每年一个计算周期[3]。

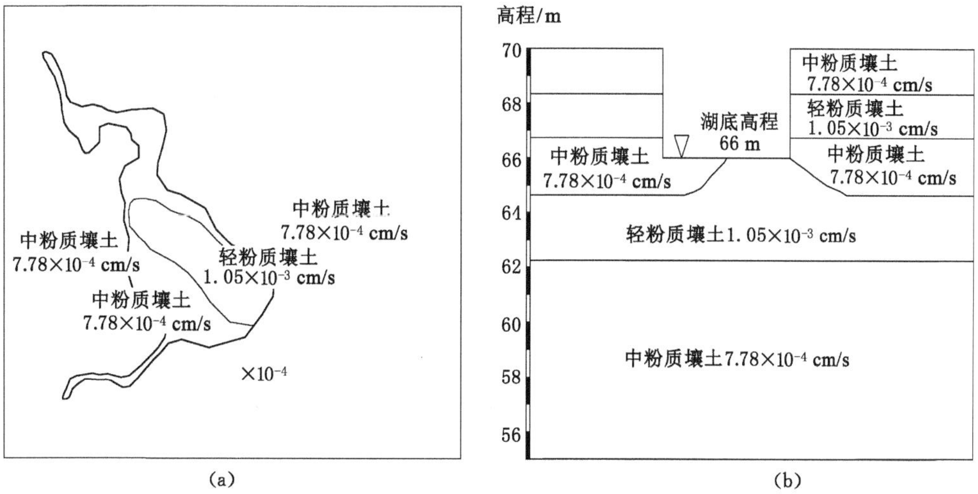

图 3 渗透参数分区示意图

(a) 66 m 高程平面参数分区示意图;(b) 垂面参数分区示意图

表 1 模型校正后的参数取值表

渗透系数/(cm/s)		给水度	降雨入渗系数
中粉质壤土	轻粉质壤土		
7.78×10^{-4}	1.05×10^{-3}	0.12	0.1

3.4.2 渗漏量预测结果

(1) 工况一预测结果

根据设定的工况,运行模型后得到鹿鸣湖工程蓄水后的渗漏量变化和流场变化情况,见图 4～图 6。

(2) 工况二预测结果

根据以往经验以及参考相似地区的试验资料,碾压后的中粉质壤土渗透系数可低至 3.44×10^{-6} cm/s,湖岸均使用土工膜进行防渗处理,考虑到铺设效果与破损情况,渗透系数取 1.06×10^{-8} cm/s。工况二条件下蓄水后的渗漏量变化和流场变化预测结果见图 7～图 9。

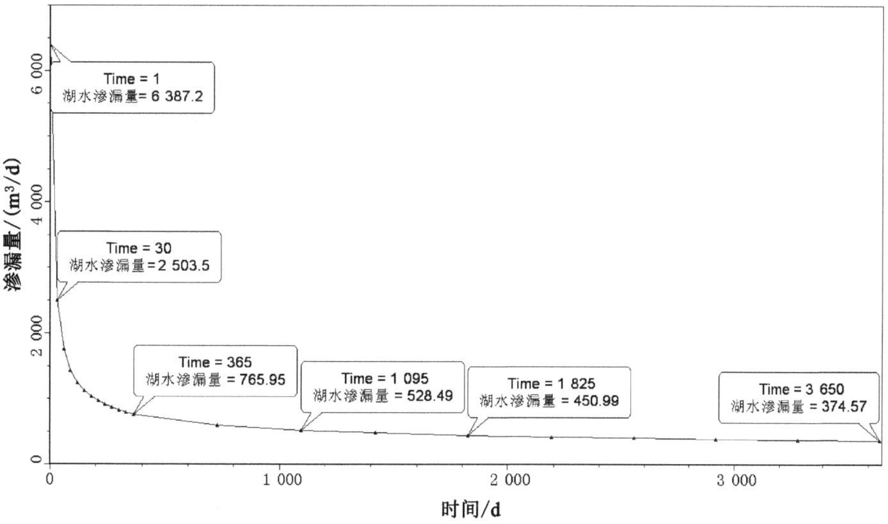

图 4 天然条件下湖水渗漏量随时间变化情况

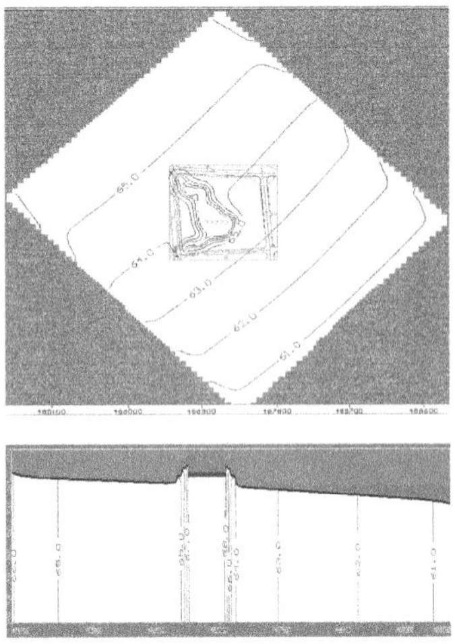

图 5　第 30 天湖区周边流场分布图

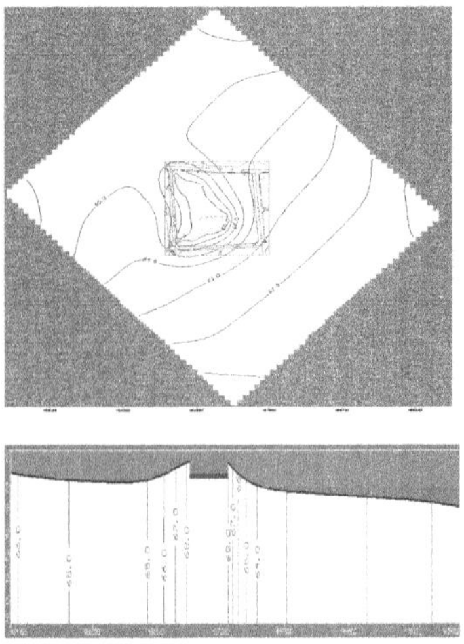

图 6　第 365 天湖区周边流场分布图

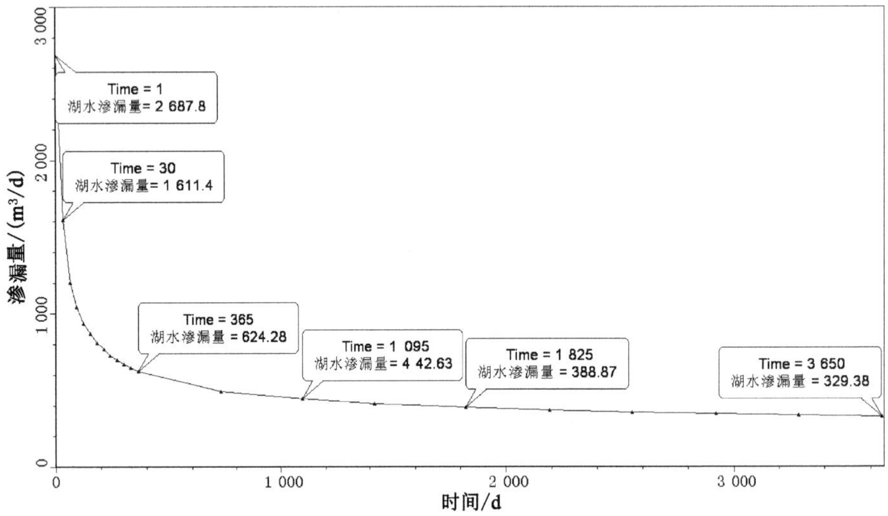

图 7　防渗条件下湖水渗漏量随时间变化情况

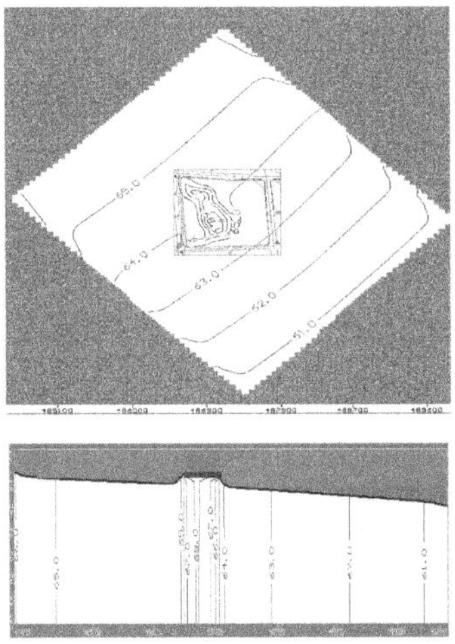

图 8　第 30 天湖区周边流场分布图

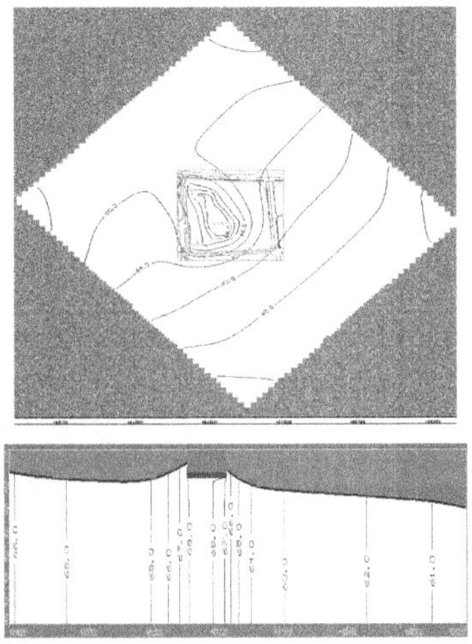

图 9　第 365 天湖区周边流场分布图

3.5 模拟成果分析

将防渗处理后的渗漏量与天然条件下的渗漏量进行对比可知，在渗漏初期，湖水渗漏减少量由最初的 3 699 m^3/d 左右减少为 892 m^3/d 左右，在年末达到 142 m^3/d，随后渗漏量减少速率变缓，在整个模拟时段(10 a)的后期，减少量趋于平稳，基本维持在 45 m^3/d 左右。由此可知，在渗漏初期，对湖区进行防渗处理的效果明显，但随着湖体周边包气带逐渐饱和，渗漏量趋于平稳。不同工况条件下模拟渗漏量结果对比见表 2。

表 2　　不同工况条件下模拟渗漏量结果对比　　单位：m^3/d

工　况	开始蓄水	首月月末	首年年末	第 10 年年末
工况一(天然条件)	6 387	2 503	766	375
工况二(防渗条件)	2 688	1 611	624	330
渗漏减少量	3 699	892	142	45

4　结论

在有防渗和无防渗两种工况下，湖水渗漏量随着时间的变化均呈幂级数衰减形态。天然条件下，湖区蓄水后一个月内，湖水渗漏量由最初的 6 387 m^3/d 快速衰减为 2 503 m^3/d 左右，在第一年年末达到 766 m^3/d，而后衰减速度减弱，在整个模拟时段(10 a)的后期，基本维持在 375 m^3/d 左右，年渗漏量约为 13.69×10^4 m^3。防渗条件下，湖区蓄水后一个月内，湖水渗漏量由最初的 2 688 m^3/d 衰减为 1 611 m^3/d 左右，在第一年年末达到 624 m^3/d，而后衰减速度减弱，在整个模拟时段(10 a)的后期，渗漏量趋于平稳，达到相对平衡状态，基本维持在 330 m^3/d 左右，年渗漏量约为 12.05×10^4 m^3。

在有防渗条件下，蓄水初期湖水渗漏减少量达 3 699 m^3/d，减少量占天然条件下渗漏量的 57.92%，说明采用防渗处理方案湖区蓄水初期渗漏量显著减少，防渗效果与经济效益明显。

参 考 文 献

[1] 卜新峰，蔡金龙，曾峰，等. 许昌市学院河综合治理工程鹿鸣湖工程地质勘察报告[R]. 黄河勘测规划设计有限公司，2015.

[2] 陈晓光，乔书源，陈利，等. 许昌市学院河综合治理工程初步设计阶段工程地质勘察报告[R]. 黄河勘测规划设计有限公司，2014.

[3] 曾峰，蔡金龙，万伟锋，等. 东庄水库岩溶渗漏三维数值模拟[J]. 资源环境与工程，2015，29(5)：538-542.

栾川县合峪麦岭沟滑坡成因分析及防治对策

时　平，李　杨，王春晖，王邦贤，左　伟

摘　要：麦岭沟滑坡区位于伊河流域平良河中游的麦岭沟村斜坡上，为一多期活动的滑坡群，研究其滑坡成因，对于后期防治有极大的意义。本文从滑坡基本条件入手，分析了滑坡的形成机制，为后期滑坡的防治设计提供理论基础和地质依据。

关键词：滑坡；蠕滑；成因；防治对策

1　引言

麦岭沟村是属于栾川县合峪镇西北约 10 km 十八盘村的一个自然村，该村坐落在不稳定斜坡上，该斜坡自 2003 年以来多次出现变形，尤其 2010 年与 2011 年变形较大。正因为如此，斜坡上出现 3 处规模不等滑坡体(图 1)。

滑坡发生后，造成村内建筑物大范围变形破坏，现在，斜坡上各个滑坡仍呈蠕动或蠕滑状态。因此，有必要对滑坡形成原因进行分析，以便今后对麦岭沟滑坡体采取相应的防护措施，保障居民居住安全。

2　滑坡形成基本条件

麦岭沟 3 个滑坡(以下简称滑坡区)位于伊河流域平良河支流中游的麦岭沟村斜坡上，麦岭沟村居民居住在滑坡影响区内。麦岭沟村南部与东部为平良河支流，河流因季节不同流量变化较大，河流两岸陡坎高 3～8 m，坎坡较陡，约 80°左右。滑坡区所在斜坡总体倾向东，局部倾向南西。滑坡发生时后缘呈圆弧状，有 0.5～2.0 m 的陡坎，滑坡体上出现长度不等的多条裂缝，宽度 0.1～0.5 m，现状条件下仍可见滑坡形成时留下的鼓丘，部分地段仍留下 0.5～2.0 m 的陡坎。滑体总体向东滑动，局部向西南滑动。滑坡威胁村民组 40 多户，约 130 人。

滑坡区属于低山地貌，总体趋势西部高，东、东南部低。海拔高程 830～1 010 m，地形坡度 20°～40°。

滑坡区地表岩性为第四系棕褐色粉质黏土，靠近河道地段第四系底部夹有泥质砂砾石，厚度 1.0～15.0 m，结构疏松，孔隙发育。第四系下部为中生代燕山期斑状黑云母花岗岩，颜色为肉白色，以中粗粒花岗结构为主，似斑状结构为辅，块状构造。花岗岩在历史时期经受风化剥蚀，为中

时平：女，1979 年生，河南栾川人。助理工程师，主要从事地质及管理工作。栾川县地质矿产局。
李杨：河南省地质矿产勘查开发局第五地质勘查院。
王春晖：河南省地质矿产勘查开发局第五地质勘查院。
王邦贤：河南省地质矿产勘查开发局第五地质勘查院。
左伟：河南省地质矿产勘查开发局第五地质勘查院。

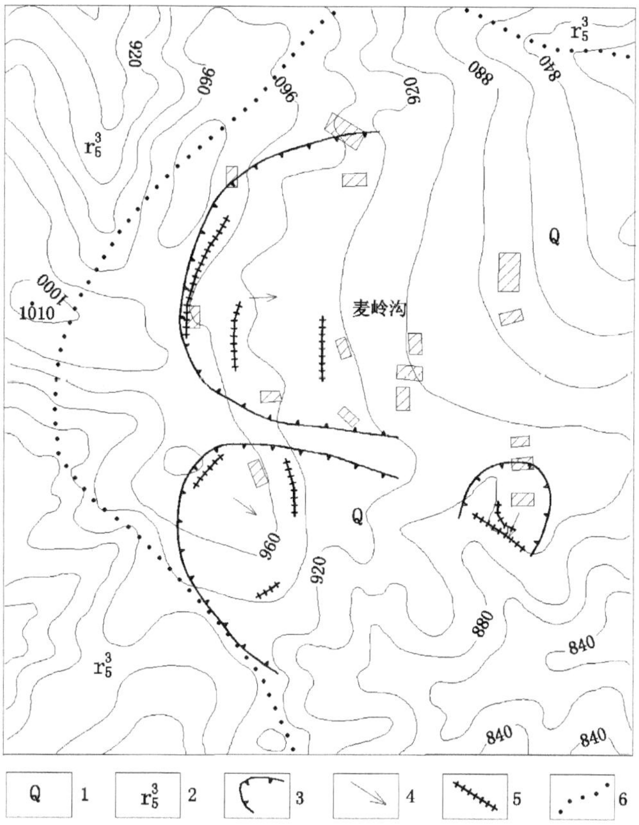

图 1　麦岭滑坡体平面图

1——第四系；2——斑状黑云花岗岩；3——滑坡边界；
4——主滑方向；5——地裂缝；6——地质年代界线

等-微风化，较致密坚硬，力学强度较高。

区域上新构造较发育，主要表现形式为地形大面积抬升；区内次级水系形成沟谷；现代地壳仍在断续上升。栾川县域共发生有感地震 6 次，最大震级 2.6 级。根据《中国地震动参数区划图》(GB 18306—2015)，合峪镇地震动峰值加速度与反应谱特征周期分别为 0.05g 和 0.35 s，按Ⅱ类场地地震动峰值与地震烈度对照表，本区地震烈度为Ⅵ度。

滑坡区地下水主要为松散岩类孔隙水，滑坡区外围属于基岩裂隙水。松散岩类孔隙水主要赋存于松散堆积物中，而基岩裂隙水主要赋存于花岗岩风化裂隙中。

松散岩类孔隙水主要补给来源为大气降水，径流主要排向平良河，排泄主要为径流、蒸发、下渗补给基岩裂隙水。基岩裂隙水主要补给来源为大气降水，径流主要排向平良河，排泄主要为径流。

本区工程地质岩性组合主要为黏性土与花岗岩组合，局部为黏性土、砂性土与花岗岩组合。滑坡区表层岩性为粉质黏土，结构较疏松，孔隙、裂隙较发育。粉质黏土在干燥的条件下，黏聚力与内摩擦角较大；遇水后，力学强度迅速降低，工程地质条件较差；下部花岗岩体呈中等-微风化，裂隙较发育，但裂隙宽度窄，较致密坚硬，工程地质条件相对较好。

滑坡区受人类工程活动影响，分布大量陡坎与平台，坎高 1～3 m，平台高 10～30 m，陡坎和小平台相间分布，改变了原斜坡地形地貌条件。

3 滑坡基本特征

各个滑坡边界明显，后缘有陡坎，呈圆弧状，前缘有临空面，中间可见滑动后的鼓丘。滑坡前缘宽度 100～400 m，纵向长度约 100～270 m，滑体最大厚度约 15 m。滑坡区滑坡总体积约 300 000 m^3，属于巨型滑坡。

滑体为第四系粉质黏土，厚度不均，在后缘部位一般小于 1.0 m，前缘一般 10.0 m 左右，最大厚度约 15 m。地表土层松散，孔隙、空隙发育，降水入渗能力强。

滑床为中生代花岗岩，中等-微风化，裂隙较发育，但裂隙宽度窄，较致密坚硬。

滑带位于第四系与基岩接触带，岩性属于粉质黏土，厚度 0.5 m 左右，在降水作用下，处于过饱和状态，近软塑，力学强度较低。

4 滑坡成因分析

麦岭沟滑坡属于牵引滑坡，分析其成因如下：

(1) 麦岭沟斜坡前缘为平良河，在水流的不断下切作用下形成临空面；另外，斜坡上有多级陡坎形成的临空面。在连续降雨的作用下，降水沿地表孔隙、空隙向下渗透，土体逐渐饱和，逐步下渗到达基岩面，虽然花岗岩体裂隙较发育，但裂隙细小，渗水能力差，很快就处于饱和状态，基岩接触带土体受水浸泡软化，力学强度显著降低。斜坡土体由于存在临空面，缺乏支挡，出现向下游蠕滑变形，蠕滑引起斜坡体表层出现拉张裂缝。

(2) 降水渗入裂缝中，导致裂隙水压力增大，在渗透力的作用下，土体的蠕变变形不断增加，蠕变积累到一定程度后，局部会发生滑移，裂缝继续增大，为拉张裂缝后部坡体蠕变提供了临空面。以此类推，后部土体同样向下蠕滑，当蠕滑变形发展到一定程度，滑坡后缘出现拉张裂缝。

(3) 连续降水使各裂隙水压力增大，蠕滑变形加速，土体蠕动能量聚集到一定程度，土体突然加速下滑，滑坡形成。

5 防治对策

麦岭沟滑坡区前缘有河流切割形成的临空面，有人工改造的多级平台与陡坎。针对此特征，采用以下防治方案预防滑坡发生：

(1) 居民建房时，不要切坡形成新的陡坎，可在地基前缘适当堆积垫高。

(2) 建房高度最好少建两层楼房，减轻斜坡体自重。

(3) 在斜坡区适当修建纵横排水沟，疏通排水，减少降水下渗补给土体。

(4) 汛期组织人员巡视，发现裂缝立即封填、薄膜铺盖压实，预防降水渗入。

(5) 建立防灾避险预案，发现滑坡区变形加大，立即组织居民转移。

(6) 通过立项申请地质灾害防治资金，进行滑坡体的勘查治理。

(7) 实行搬迁避让是解决居民受滑坡威胁的根本措施，应对滑坡体上的居民及滑坡体下缘的村民进行搬迁。

6 结论及建议

(1) 结论

① 麦岭沟滑坡区处于麦岭沟村的斜坡上，是多次发生滑动形成的滑坡群。

② 斜坡土体沿土体与基岩接触部位蠕动或滑移。

③ 在降水作用下土体饱和，自重增加，力学强度降低，尤其基岩接触面，土体处于过饱和状态，力学强度更低；前缘有河流冲刷形成的临空面。因此，前缘的土体易沿基岩接触面向下蠕动，土体出现拉裂缝，这给中部土体提供蠕动机会，逐级传递，斜坡土体聚集到一定能量，进而形成滑坡。

④ 对该滑坡提出了针对性的防治措施。

(2) 建议

栾川县有关部门人员定期或不定期组织麦岭沟村村民进行防灾减灾宣传教育、避灾演练，加强汛期地质灾害群测群防，以便保障居民生命安全，构建文明和谐社会。条件具备时，可以对滑坡进行勘查治理。

参考文献

[1] 伍保祥，沈军辉，刘维国，等．金沙江上游藏曲口滑坡成因机制及稳定性分析[J]．地质灾害与环境保护，2008，19(1)：12-15．

[2] 沈军辉．两河口水电站雅砻江主库区滑坡发育规律[J]．水文地质工程地质，2007(4)：6-9．

[3] 朱容辰，沈军辉，刘毅，等．两河口水库区索依村滑坡形成机制及稳定性评价[J]．地质灾害与环境保护，2008，19(4)：77-80．

[4]《工程地质手册》编委会．工程地质手册[M]．北京：中国建筑工业出版社，2007．

某化肥用含钾岩石矿床水文地质特征及开发中应注意的问题

李国建

摘　要:本文介绍了某化肥用含钾岩石矿床的基本特征及区域水文地质概况,从矿区所处区域水文地质单元的位置、矿体与当地最低侵蚀基准面和地下水位的关系、含水层、隔水层、断裂及其水文地质特征、地下水的补给、径流与排泄、矿床充水因素分析、矿坑涌水量(定性分析)、矿山供水方向等方面全方位分析了矿区水文地质条件,得到了矿床水文地质条件为以基岩裂隙含水层充水为主直接充水的水文地质条件简单的矿床。提示了在矿山生产过程中应根据实际观测的涌水量及时采取防水、疏干排水等有效防水措施,以保障矿山生产安全。

关键词:化肥用含钾岩石矿;水文地质特征;开采条件

1　前言

河南省某化肥用含钾岩石矿区位于豫西伏牛山地区,经过勘查,基本查明并圈定控制了一个化肥用含钾岩石矿体。控制矿体最大长度约 1.60 km,最大宽度约 0.83 km,矿体出露标高 347.00～535.05 m,控制埋深 0.00～168.08 m,控制矿体赋存标高 340.00～508.08 m,控制矿体最大垂厚为 152.50 m,最小厚度为 57.34 m,平均厚度为 115.00 m。矿体形态为一较大型的正长岩岩株,形态简单。矿体矿石为霞石正长岩和霓霞正长岩,有用组分为 K_2O 和 Al_2O_3,K_2O 含量最高 13.47%,最低 7.01%,平均 10.18%;Al_2O_3 含量最高 20.32%,最低 11.56%,平均 14.88%。估算矿石资源量达到特大型,目前正在进行工业性试验,有望成为我国新的化肥用含钾岩石矿勘查开发基地。

2　区域水文地质

2.1　区域水文地质分区

工作区属岩浆岩型基岩裂隙水分布区,主干河流为伊河,河水流量受季节和降雨影响明显。与矿区关系密切且距离最近的是伊河上游五道沟河、吕沟河两条支流,分别从矿区南北两侧流过,最后注入伊河,其汇水范围构成一个完整的水文地质单元。

根据地下水的埋藏条件、含水特征,将地下水分为松散岩类孔隙水、碎屑岩类裂隙孔隙水、基岩裂隙水三大类。见图 1。

李国建:男,1980 年生,工程师,本科,长期从事地质调查与找矿工作。河南省地质矿产勘查开发局第一地质勘查院。

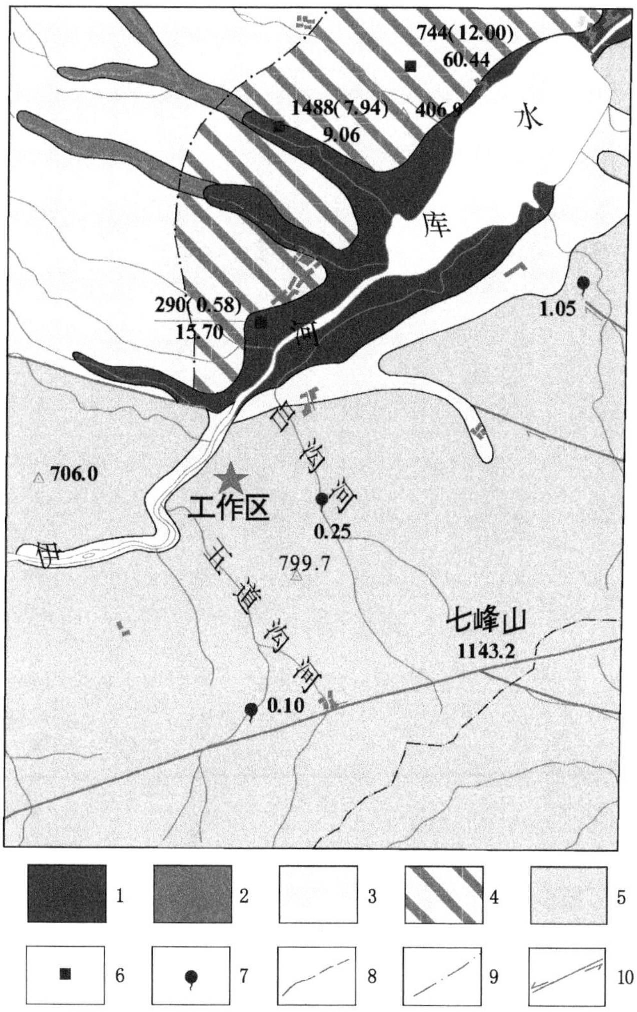

图 1　某化肥用含钾岩石矿床区域水文地质图

Ⅰ——松散岩类孔隙水：1——单井涌水量 1 000～5 000 t/d；2——单井涌水量 500～1 000 t/d；
3——单井涌水量<10 t/d；4——潜水单井涌水量<10 t/d 或层间水单井涌水量 500～1 000 t/d；
Ⅱ——岩浆岩及变质岩裂隙水；5——泉流量 0.1～1.0 L/s 或径流模数 1～3 L/(s·km^2)；
6——民井编号·涌水量·水位埋深；7——下降泉；8——水文地质界线；
9——层间水顶板埋深界线；10——扭性断裂

2.2　区域地下水

(1) 松散岩类孔隙水

该类地下水主要赋存在河流阶地中。泉流量 0.10～250.1 L/s，水位埋深 1.50～4.00 m，含水层岩性主要为砂砾石层，厚度 2～20 m 不等。水质类型为 HCO_3^--Ca^{2+} 型，矿化度 0.1～0.2 g/L。阶地一般具有二元结构，分选性好，渗透系数 4.73 m/d，中等富水性；主要接受大气降水渗入补给，径流主要是水平向运移，以蒸发方式或向下游或沟谷低凹处排泄，其径流和排泄条件良好 。

(2) 碎屑岩类裂隙孔隙水

该类地下水主要赋存在古近系高峪沟组、新近系洛阳组砂岩、砂砾岩裂隙孔隙介质中。泉流量一般小于 0.1 L/s，水质类型为 HCO_3^--Ca^{2+} 型，矿化度 0.3～0.4 g/L，总硬度 5.3～6.3，pH 值为 7.6～7.8。其主要补给来源为大气降水，一般呈水平径流、汇集，在低凹处以泉形式排泄于溪流或者下渗补给基岩裂隙水。

(3) 基岩裂隙水

① 风化裂隙水:基岩在本区广泛出露,其风化程度主要受地形、气候和岩性、构造的控制。风化深度一般 6～18 m,最深可达 20 m 以上。地下水水位埋深一般在 8～16 m 之间,局部地段裂隙水沿坡、沟谷溢出成泉,其水量随季节不同有明显变化。

② 构造破碎带裂隙脉状水:受多期构造活动的影响,区域中断裂构造较发育,在本区形成了一系列的构造破碎带,大气降水通过地表风化裂隙及构造破碎带补给深层地下水,在地形切割处以泉的形式排泄。该类地下水一般沿构造呈带状分布,富水性差异较大,水质类型为 $HCO_3^- - Ca^{2+}$、$HCO_3^- \cdot SO_4^{2-} - Ca^{2+}$ 型,矿化度 6～7.02 mg/L。

2.3 隔水岩层

区内华力西中期正长岩体及燕山期花岗岩体,岩石结构致密完整,裂隙不发育,岩石抗风化能力强且连续分布,断裂构造在区内不发育,地层大部分无构造破坏,隔水性能良好。

3 矿区自然地理概况

勘查区为亚热带向暖温带过渡类型气候区,大陆性气候明显,夏季温暖多雨,冬季寒冷。年最高气温 39 ℃(7～8 月),最低气温 −8 ℃(1～2 月),平均气温 10 ℃。年平均降水量约 725 mm,多集中在 6～9 月,约占全年降雨量 50%以上,冰冻期一般在每年的 11 月至次年 2 月,全年无霜期 220 天左右。伊河自西南向东北流经矿区,该段河谷一般宽 80～150 m,主流水线宽 50～80 m,水深 1～3.5 m。矿区内水系主要是一些小河沟,这些较小的末级水系一般在枯水期干涸,丰水期流量约为 1.23 m^3/s,枯水期最小流量为零,伊河水与矿区地下水无水力联系。矿区内水资源贫乏,旱时群众饮水困难,村中户户建设水窖囤积雨水以保证生活用水。

4 矿区水文地质条件

4.1 矿床所处位置

矿床位于黄河流域伊河水系花岗岩风化裂隙水区。

4.2 矿体与当地最低侵蚀基准面和地下水水位的关系

矿区处于丈道山分水岭北坡,伊河自矿区西北部边界穿过。区内自南向北依次有大门道沟、东沟、三道沟、邓岭沟四条沟谷"V"形深切;最高点丈道山,标高 799.70 m,最低点位于矿区北西部的伊河,标高约 325 m,二者相对高差 474.70 m。矿体呈北西方向延长如纺锤形,当地侵蚀基准面标高为 340 m,矿坑水可以自然排泄。在全区水文地质调查中,共测得 7 个下降泉,出露标高 351～576 m,丰水年丰水期测流量一般为 0.089～0.321 L/s,其他季节常干涸,属极弱-弱富水区。通过所施工钻孔可见,除第四系及风化层外,岩性坚硬、致密、完整,均不透水、漏水,无法观测到地下水水位。

4.3 含水层、隔水层

4.3.1 含水岩层及其含水特征

(1) 松散岩类孔隙含水层

分布在河流阶地和基岩上部的第四系残坡积层覆盖层，主要接受大气降水渗入补给，径流主要是水平运移，以蒸发方式或向下游沟谷低凹处排泄。

(2) 基岩裂隙含水层

① 基岩风化裂隙层：基岩风化带深度 3～20 m，风化裂隙较发育，裂隙规模大，多被泥质充填，为弱透水不含水层。因矿区位于分水岭北侧斜坡地带，沟谷上游坡度大，一般沟谷无水，仅有雨后暂时性流水，雨停水止。矿区地表水缺乏，泉水、水库、河水、坑塘等地表水体较少，属极弱富水含水层，水文地质意义不大。

② 成岩裂隙含水层：区内华力西中期的霓霞正长岩和霞石正长岩为阻水、隔水岩组，地表易风化破碎，浅表风化裂隙发育，形成上部风化裂隙潜水。由于裂隙宽度不大，黏土质充填物较多，因而透水性不好。根据区域资料，泉流量＜0.01～0.1 L/s，富水性差，属极弱富水含水层。

4.3.2 隔水岩层

矿区出露地层主要为长城系熊耳群焦园组上段巨厚层状青流纹斑岩、华力西中期正长花岗岩，分布范围广、厚度大，岩石结构致密完整，裂隙不发育。岩石抗风化能力强，断裂构造在区内不发育，地层大部分无构造破坏，除风化带外，均属隔水层，隔水性能良好。

4.4 断裂及其水文地质特征

区内对矿床有影响的断裂主要为近南北向的邓岭断裂(F1)，起自邓岭村南约 500 m 处，向北经邓岭到磨沟东南约 400 m 被第四系覆盖，出露全长 1 500 m，构造带宽度 10～20 m，总体近南北向展布，向东陡倾。沿构造带有燕山晚期花岗岩脉分布，构造带内普遍发育不同程度的高岭石化，在邓岭南部构造带内的似斑状花岗岩脉可蚀变成灰白色土状物。断裂带内施工的钻探工程，未发现有透水、漏水现象，进一步佐证该断层不具有导水性，富水性较弱。

4.5 地下水的补给、径流与排泄

区内主要岩性为霓霞正长岩和霞石正长岩，均为隔水岩层，地表水、地下水匮乏。大气降水渗入是地下水的主要补给来源，渗透途径为面状渗入。矿区坡度较陡，一般 25°～45°，无存水地形，地形汇水类型为散流，有利于大气降水排泄。降雨后多形成地表径流，迅速汇入邻近沟谷，然后排泄入伊河。洪水有来得快、气势凶猛、消得快、历时较短的特点。

4.6 矿床充水因素分析

地下水主要靠大气降水补给，地下水水位直接受降雨量、降雨频率、降雨强度、降雨时间、降雨面积及地形条件、岩石透水性、地表植被等因素所制约，因此地下水的动态变化与雨季同期，并略有滞后，一般每年 11 月至次年 3 月水位最低。矿床上部第四系覆盖层及浅部风化层松散岩类孔隙水和基岩裂隙水，对矿床充水均有不同的影响。而在矿床内部边缘均为隔水岩层，厚度较大且相对稳定，因此自然条件下对露天采坑充水的影响甚微，只有 F1 断裂在导通的情况下，才可能会成为矿坑充水水源。在 F1 断裂带范围内所施工钻孔，未发现有透水、漏水现象，这进一步佐证该断层不具有导水性，富水性较弱，但在未来矿山开采后，仍应警惕可能使地表水通过断裂带造成采坑充水。

4.7 矿坑涌水量(定性分析)

综合矿床位于分水岭北侧近岭部位、地形地貌有利自然排水、岩石隔水性能好、无导水通道和

储水空间、地表水体多低于矿床开采标高等因素，预测矿坑总体涌水量不大，对矿床开采基本不构成威胁，但在矿山生产过程中应根据实际观测的涌水量及时采取地面防水、疏干排水等有效防水措施，以保障矿山生产安全。

4.8 矿山供水方向

矿区内距离伊河较近，可确保生活、生产用水需求。同时考虑到要选择有利地形建造尾矿库，经方案对比，优选矿区外围五道沟的韩湾村为矿山建设地，利用五道沟小河水作为生产水源。

5 勘查、设计、建设和开采应注意的问题

(1) 水文地质评价要注意开采地下水水位以下矿体时地下水淹没矿坑，以及第四系松散岩类在雨季饱水后孔隙、裂隙水顺岩层面流入矿坑现象。

(2) 露天开采时应注意施工安全，避免重荷作业时出现坍塌崩落；矿山开采至中后期，局部边坡坡高较大，可能有发生崩塌、楔形滑动等现象，应注意监测，及时做好防护措施。建议在矿山建设、开采过程中，设置临时排土场，把矿体周围及洼地中的第四系腐殖土、残坡积黏土临时存放，待矿山开采完毕后用于回填采场生态恢复。

(3) 环境地质评价要采取科学措施，防治结合，综合利用，以减轻对环境的污染；工程地质评价要注意第四系松散岩层在雨季饱水后形成滑动和崩塌；进一步查明露天采矿边坡与结构面的组合关系，确定合理的边坡角。

6 结语

该矿床均在当地侵蚀基准面以上，含水岩组以第四系松散岩类孔隙水、基岩裂隙水为主(季节性饱水)，靠大气降水补给；风化带以下岩石坚硬致密，节理裂隙不发育，隔水性能良好，岩石的富水性微弱，与地表水水力联系不密切，对矿床充水没有大的威胁，在露天采矿时，要利用有利地形加强自然排水。矿区地下水赋存条件差，矿山供水困难，应考虑供水、排水相结合，合理安排，确保矿山开采工作顺利进行。

总之，矿区水文地质条件为以基岩裂隙含水层充水为主直接充水的、水文地质条件简单的矿床，具有优越的水文地质条件，为特大型化肥用含钾岩石矿勘查开发基地的建设奠定了得天独厚的自然基础。在更大范围内来看，也为本类厚大隔水岩矿体的露天开采技术及其应用提供了范例。

参 考 文 献

[1] 胡呈祥，李国建，王明军，等. 河南省嵩县邓岭铅锌矿详查区化肥用含钾岩石矿详查报告[R]. 河南省地矿局第一地质勘查院，2016.

[2] 吴新志. 河南省嵩县大石门沟钼矿床水文地质特征[J]. 技术与市场，2013，20(5)：123-124.

[3] 姜泽汎，吉顺义，张培月，等. 河南省临汝幅区域水文地质普查报告[R]. 河南省地矿局水文地质二队，1985.

泥石流灾害工程治理措施研究

刘建周，姚振国，刘锦宇，牛贝贝，孙红义

摘　要：随着人类对泥石流灾害认识的深入，加强泥石流灾害治理措施的研究势在必行。本文从控制泥石流灾害易发区地表径流流速和流量、减少松散堆积物等固体物质的供应量和增强其抗冲能力等方面入手，探讨了自渗砾井、滞洪梯田、挡排墙等泥石流灾害工程治理措施的可行性，从而在大气降水时能够积极、主动、有效地减免泥石流的形成及其灾害的发生，为泥石流灾害工程治理提供了新的思路。

关键词：泥石流；灾害；治理措施；自渗砾井；滞洪；挡排墙

中国大陆2/3以上的国土面积为山区或处于山区与平原的过渡区，适宜于城镇建设、环境优良的平原区甚少，迫使国内部分城镇建于山川或山区盆地中，从而形成两山夹一川或多山围一盆的地貌形态。此类地貌形态常常地质环境条件复杂，其山区山高坡陡谷深，植被少，松散堆积物多，地质构造发育，新构造运动与地震活动频繁，不良地质体分布广，人类活动活跃，暴雨集中，从而为泥石流的形成提供了有利的地质环境条件。因此，此类城镇泥石流灾害频发，严重影响城镇居民生命财产的安全。

泥石流具有突发性、历时短、来势猛、破坏强、危害大等特点，因而愈来愈得到人们的重视。

1　泥石流灾害治理措施现状

目前常见的泥石流防治措施主要有三方面，即生态措施、非工程措施和工程措施，详见表1。

表1　　泥石流防治措施现状[1-2]

泥石流防治措施分类	泥石流防治措施
生态措施	种草植树，防止水土流失，改善生态环境
非工程措施	监测，巡检，防治工程维护，加强管理
工程措施	引蓄水工程：调洪水库、引水渠、截水沟等； 拦挡和防护工程：拦挡坝、谷坊、护坡等； 疏排导工程：排导沟、导流堤、急流槽等

现有的泥石流灾害治理工程措施多是被动的，不能从根本上减少或减弱泥石流灾害的发生，尚存在如下弊端：

刘建周：男，1965年生，河南巩义人。硕士，教授级高级工程师，从事工程地质、环境地质工作。黄河勘测规划设计有限公司。
姚振国：黄河勘测规划设计有限公司。
刘锦宇：沈阳农业大学。
牛贝贝：黄河勘测规划设计有限公司。
孙红义：黄河勘测规划设计有限公司。

（1）泥石流灾害成因复杂、影响因素众多，人们对泥石流形成规律的认识还不足、不深。因此，难以准确确定泥石流的基本特征参数（重度、泥沙修正系数、流速、堵塞系数、流量、过程总量、固体冲出物等）和动力特征参数（冲击力、爬高、最大冲起高度），从而给泥石流灾害治理工程设计带来较大困难，其治理工程设计方案往往不能适应实际需要。

（2）目前的泥石流灾害治理工程多为临时性或中短期工程，非永久性工程。工程运用期过后，工程即失效，需要重新进行泥石流灾害治理工程建设，治理工程多次反复，造成巨大浪费。

（3）在流域中上游的泥石流流通区或形成区修建拦挡工程极大地增加了流态、固态及混合态岩土和水体的势能，对下游的威胁加大，极易发生次生灾害，且灾害更严重。

（4）由于泥石流堆积区地形平坦、开阔，高程相对较低，取用水及交通便利，现多为已建城镇，其人口众多、建筑物密集，泥石流灾害治理疏排导工程、停淤工程布置场地空间有限，难以实施。

因此，研究适宜城镇区泥石流灾害治理的工程措施十分必要，意义重大。

2 泥石流灾害治理工程措施研究

泥石流是由一定速度和流量的地表水作用于已松动的泥沙、碎石、块石等松散固体堆积物而形成的水、土、石混杂的运动状流体。能够冲刷、掏蚀并携带松散固体堆积物的地表水需具备一定的能量，即具备足够大的流速和流量；固体物质来源——松散堆积物需量足、摩擦阻力小、易于冲移、便于携带。因此，控制地表水流的流速和流量、减少松散堆积物的供应量和增强抗冲能力等是治理泥石流灾害的基本思路。

（1）水流流速和流量控制措施

控制地表水流的流速和流量总的原则是“减”，减少地表径流及径流量、减小或降低地表径流流速，引排洪水，调节地表径流水量，削减洪峰，控制水动力，从而减少或降低地表径流对河床及两岸岩土体的冲刷能力和携带岩土体的能力，消除或减弱泥石流危害。具体措施有“渗”、“滞”、“蓄”等。

“渗”是利用岩土体的透水性，将大气降雨渗入地下，变为地下水，从而减少地表径流、削减洪峰流量。该方法适用于透水性良好的岩土体（如砂卵砾石层、碎块石、溶洞裂隙发育的灰岩等基岩）、区内地下水埋藏深且其岸坡稳定的泥石流形成区。

“滞”是充分利用泥石流形成区或流通区的地形地质条件，将部分大气降水暂时汇集于地形低洼区域，或修建工程将大气降水引入某区域，滞留部分地表径流，错峰向下游排泄洪水，减少洪峰叠加，削减洪峰。

“蓄”是治理泥石流的常用方法，在此不再重复。

（2）松散堆积物等固体物质的控制措施

提高松散堆积物等固体物质的抗冲能力可有效减少泥石流的发生，减轻泥石流的危害。具体措施有“挡”、“网”、“整”、“固”、“护”、“拦”等。

“挡”是在泥石流形成区、流通区主沟槽两侧修建挡墙，阻挡沟道两侧及其岸坡松散堆积物进入主沟槽。同时，两挡墙之间作为渠道，排泄洪水，阻挡洪水对松散堆积物的冲刷。该方法适用于松散堆积物主要来源于岸坡的环境地质条件。

“网”是利用挂网技术，固定坡积和崩积碎块石、冲洪积砾石，防止洪水冲刷的一种方法。该方法适用于固定粒径在5～200 mm之间的松散堆积物。

“整”是对岸坡坡面、沟槽等进行整治，使地表平滑顺畅，地表水能迅速排出，或保护松散固体堆积物免遭冲刷、掏蚀。

“固”、“护”、“拦”分别对应的是固床工程、防护工程、拦挡工程等，相关规程规范、文献资料等多有提及，工程实践及案例很多。

3 泥石流灾害工程治理设计

本文重点阐述"渗"、"滞"、"挡"、"网"、"整"泥石流治理工程措施的设计。

3.1 "渗"

将大气降水通过自渗砂井下渗排入地下，就地或就近渗透、吸收地表径流，减少地表径流，缓解地表排水压力，避免或减轻泥石流灾害。同时，补充地下水资源，调节水循环，提高经济、社会、生态等综合效益。

(1) 渗入层的选取。渗入层应具备渗透系数大(>1×10^{-4} cm/s)、厚度大(>0.5 m)、入渗条件好、分布基本稳定等条件。通过勘察，综合确定目的渗入层。

(2) 自渗砾井设计。

① 位置：在泥石流形成区和流通区两岸岸坡中下部、河床等地形平缓部位选择适宜区域布置自渗砾井。

② 自渗砾井平面上采用网状、梅花形布置(见图1)。根据降雨量、汇水面积、径流量、地层渗透系数、自渗砂井井径等综合确定自渗砂井排距、井距。自渗砂井排距、井距一般采用5～10 m，井径以150～200 mm为宜。自渗砾井深度应进入目的渗入层底以下不少于1 m(见图2)。

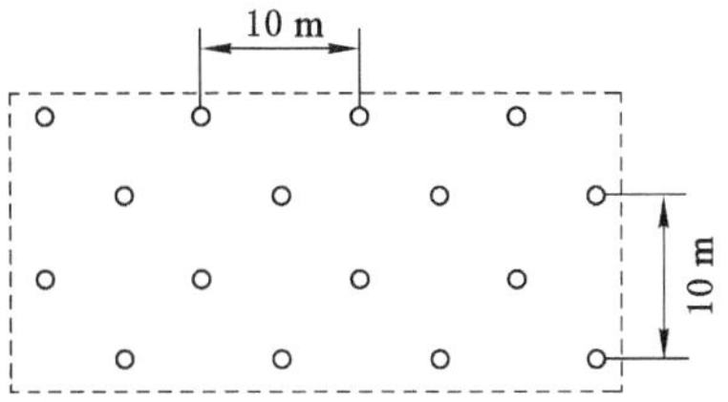

图1 自渗砾井平面布置示意图

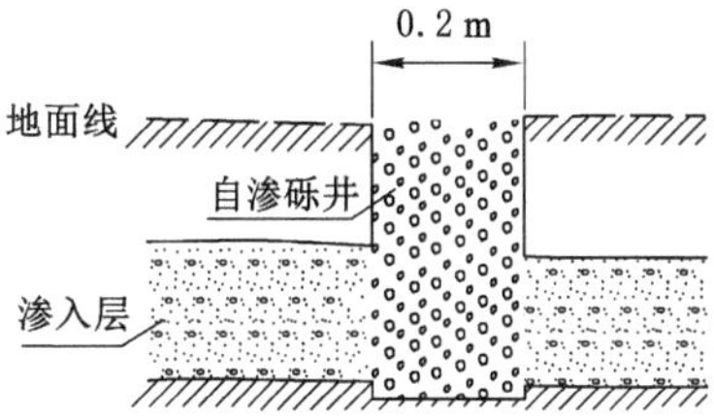

图2 自渗砾井结构设计示意图

③ 填充虑料：自渗砾井全孔填充滤料。滤料质量应满足下列要求：

a. 不含1.25 mm以下粒级和杂物，不合规格的数量小于设计用量的15%；

b. 滤料粒径大于自渗砾井周边松散堆积物平均粒径 d_{50}，颗粒磨圆度好，抗冲能力强；

c. 滤料不均匀系数 k_{80}($k_{80}=d_{80}/d_{10}$)应小于2.0[3]，一般取1.2～1.6；

d. 滤料原岩宜为钙质、硅质等坚硬岩石。

3.2 "滞"

设计滞洪区、滞洪梯田、滞洪渠道，迟滞地表径流，减少洪峰叠加，降低地表径流流量和流速，以消除或减弱泥石流的发生和危害程度。

(1) 滞洪区。在泥石流形成区或流通区沟槽内，选取相对低洼区域进行整治，并构筑引水渠道，将大气降水等地表水引入低洼区内，形成滞洪区系统，减少或延迟区内地表水向下游排泄。

根据低洼区地形地质条件，经过整治后改造为滞洪区。

引水渠采用浆砌石结构，矩形或梯形断面，断面尺寸根据引流区内汇水面积、降雨量等综合确定。砌石厚度宜≥0.5 m，块石质量应满足粒径>0.2 m、干密度>2.4 g/cm^3、饱和抗压强度>30 MPa[4]。

(2) 滞洪梯田。将泥石流易发沟槽两岸岸坡整治为梯田状，以便于蓄滞、下渗大气降水。同时沿岸坡内侧及支沟修筑排水渠道，将漫溢地表水排入主沟槽。

① 适用条件：坡比小于 1∶0.75（坡度≤50°）、覆盖层较厚（≥5 m）、各种工况条件下均稳定的泥石流易发沟槽两岸岸坡。

② 滞洪梯田设计（见图 3）：

图 3 滞洪梯田设计剖面示意图

a. 干砌石护坡：从岸坡坡脚起，沿边坡向上，设一级净高约 5 m 的干砌石护坡。干砌石护坡总高宜不小于 6.5 m（净高约 5 m），砌石厚度、块石质量等要求同上。墙基深入下部稳定岩土层中的深度应不小于 1 m，墙顶高出平整后地表 0.5 m，设计坡比 1∶0.5（坡度 63°）；

b. 开挖回填：沿低于干砌石护坡顶部 0.5 m 水平向上开挖修整边坡，开挖修整边坡高度约 10.0 m，修整后坡比为 1∶0.5。将开挖弃渣回填干砌石护坡后，分层夯实。

c. 平整梯田：对挡墙后的一级平台进行平整，使平台周边高程高于平台中心 0.2～0.3 m，形成周边高中间低、不完整的浅平锅底状，便于蓄滞水。

d. 从一级平台内侧岸坡坡脚起，每隔约 10 m 坡高设二级、三级……n 级干砌石挡墙，相对应平整二级、三级……n 级梯田。其他设计要求同上述 a、b、c。

e. 排水渠道：在本级平台与上一级挡墙交汇处设排水渠道，将平台上溢出的地表水排入邻近沟谷。排水渠渠顶应低于本级挡墙墙顶 0.2～0.3 m。渠道断面尺寸应依据当地降雨量、平台面积、平台岩土体的渗透系数等因素综合确定。排水渠结构等同上述引水渠道。

（3）滞洪渠道。在泥石流形成区或流通区两岸支沟内，依地形设盘山排水渠道，其渠底比降应小于自然支沟比降，以降低洪水流速、迟滞洪水，降低洪水对岸坡及沟槽内固体物质的冲刷能力，减免泥石流灾害。

充分利用地形条件，尽可能加长滞洪渠道长度、降低渠底比降。滞洪渠道断面形态、衬砌结构、稳定要求等同上述引水渠道。滞洪渠道断面尺寸通过下列公式确定：

$$M=Q/S$$

式中 M——渠道断面设计尺寸，m^2；

Q——渠道所在区域洪峰流量，m^3/s；

S——渠道设计流速，m/s。

3.3 “挡”

在泥石流易发主沟槽两侧各设一条挡排墙，防止主沟槽两侧固体松散堆积物被冲刷、携带、冲入下游。同时，通过两挡墙间组成的渠道将上游洪水排向下游。因此，挡排墙具有阻挡固体松散堆积物、向下游排水的双重作用(见图4)。

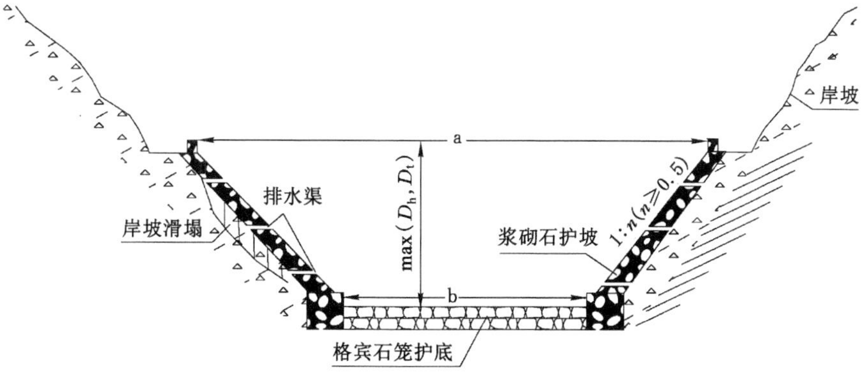

图4　挡排墙设计断面示意图

(1)挡排墙结构。挡排墙采用浆砌石结构,挡排墙之间渠底采用干砌石护底。挡排墙坡比不大于1∶0.5(倾角≤63°),挡排墙应满足各工况条件下的稳定和变形要求,渠底应满足抗冲稳定要求。挡排墙应布设排水口,做好挡排墙内排水设计。挡墙其他质量要求同上。

(2)挡排墙高度设计。挡墙高度应同时满足防洪、挡土(石)需要。

① 防洪高度:

$$D_h = 2Q/[(a+b)S] + 0.5$$

式中　D_h——挡排墙防洪高度,m;

Q——防洪流量,m^3/s;

a——挡排墙间(渠道)顶宽,m;

b——挡排墙间(渠道)底宽,m;

S——渠道设计流速,m/s。

② 挡土(石)高度:

$$D_t = P/A + H$$

式中　D_t——挡排墙挡土(石)高度,m;

P——挡排墙一侧岸坡上松散堆积物总量,m^3;

A——挡排墙与岸坡坡脚间的分布面积,m^2;

H——挡排墙处岸坡坡高,m。

挡排墙设计高度取挡排墙防洪高度、两侧挡土(石)高度二者中的最大值。

(3)挡排墙位置选取。挡排墙宜布置在主沟槽洪流主线两侧,并充分考虑洪峰流量、主流向、流速、两岸地形和岸高、岸坡堆积物的分布和方量等,综合合理确定挡排墙位置。

3.4　"网"

为固定松散堆积物,防止其被洪水冲移、带走,在泥石流易发沟谷形成区、流通区设防护网,固定、防护碎石堆积物。

(1)适用条件。适用于粒径大于5 mm的松散堆积物的防护,且由其组成的边坡各种工况条件下整体处于稳定状态。

(2)防护网设计。

① 根据防护区的气候和环境地质条件,选择防护网材质。一般防护网应耐腐蚀、抗风化。

② 网孔直径应小于所防护松散堆积物的有效粒径 d_{10}。

③ 锚杆锚固深度应根据地质条件确定，应进行抗拔、抗剪验算。

④ 施工前，应对坡面进行整平等整治及施工放线等工作。

3.5 “整”

对泥石流灾害易发沟道内的松散堆积物进行整治是水土保持的一种重要手段。松散堆积物整治的方法主要有坡面平整、构筑地表排水设施、松散堆积物防护等。

以上各泥石流灾害治理工程措施可同时使用、相互辅助、多措并举，共同发挥作用，进行综合治理，确保治理效果。

4 结论

泥石流灾害是山区城镇常见的地质灾害之一，严重威胁人类生命和财产安全。通过采取“渗”、“滞”、“挡”、“网”、“整”等适宜的主动泥石流治理工程处理措施，可以有效减免泥石流灾害的发生，保护泥石流易发区下游城镇的安全。

参考文献

[1] 冯树荣，彭土标. 水工设计手册（第 10 卷）：边坡工程与地质灾害防治[M]. 2 版. 北京：中国水利水电出版社，2013.

[2] 项勃. 特殊条件下的岩土工程[K]. 全国建筑工程勘察科技情报网，2002.

[3] 中华人民共和国住房和城乡建设部. 管井技术规范：GB 50296—2014[S]. 北京：中国计划出版社，2015.

[4] 中华人民共和国水利部. 水利水电工程天然建筑材料勘察规程：SL 251—2015[S]. 北京：中国水利水电出版社，2015.

浅井北坡滑坡的形成机制分析

刘纪尧，武少菁，宋德朝

摘　要：浅井北坡滑坡为一中型牵引式滑坡，通过勘查，探明了该滑坡的空间位置、空间分布状态、滑体结构特征等，并根据试验数据进行了滑坡稳定性分析。文中对该滑坡的形成机制和破坏模式进行了分析，认为该滑坡的形成与人类采矿活动有关。

关键词：形成机制；滑坡；浅井北坡；采煤

1　引言

浅井北坡滑坡地处巩义市涉村镇浅井村1组，该处为侵蚀中低山～黄土丘陵区的过渡地带，为一坡向西南的缓坡，坡度8°～12°，2002年开始发现有滑坡迹象，并在随后的几年中逐渐发展。

滑坡区北部为构造侵蚀中低山，多见基岩出露，向南过渡为黄土丘陵区，总体地势北高南低，区内海拔标高450～600 m，地形起伏较大。微地貌形态为山前斜坡，斜坡呈台阶状，台阶高度一般在1.5～4 m，整体坡度约12°。区内的地层主要有第四系上更新统（Qp_3）、下二叠统山西组（P_1s）、上石炭统太原组（C_2t）和古元古界嵩山群五指岭组（Pt_1w）。

区内基岩主要是C_2t灰岩、砂岩或铝质泥岩，多风化轻微，局部有溶洞或裂隙，岩体较完整，物理力学性质较好。表层为Qp_3残坡积物覆盖，厚8～20 m，较松散，成分多为土体加砾石，组构差异大，为基质状混杂结构，土体颗粒单元有显著差异，上部多有薄层腐殖层，沉积界面不明显，下部土体粒间联结性较好，遇水强度降低，容易顺坡滑动，物理力学性质较差。

2　滑坡体基本特征

2.1　滑坡体边界、规模及形态特征

滑坡体平面形态总体呈圈椅状，根据斜坡形态和变形形迹确定滑坡体边界为：前缘以坡下部水泥路上台阶为界，高程约515 m；后缘以浅井村1组村后房屋为界，高程约548 m，高差约33.0 m；西北以冲沟边界为界，东南部以水泥小路为边界。

在纵向上滑坡体呈弧形，纵向长约205.19 m。在横向上，滑坡体地形起伏较缓，变化不大，横宽约177.05 m。滑坡体总体面积约30 818.07 m^2，体积约36.98×10^4 m^3，属中型牵引式滑坡。

刘纪尧：男，1982年生，河南郑州人。。水工环工程师，主要从事环境地质、地质灾害调查评价、勘查治理工作。河南省航空物探遥感中心。

武少菁：河南省航空物探遥感中心。

宋德朝：河南省航空物探遥感中心。

2.2 滑坡体物质构成特征

滑坡体物质构成为残坡积的粉质黏土，其中上部粉质黏土呈红褐色，土质疏松，含少量砾石，砾石成分为粗粒石英砂岩；地表下 1 m 处局部夹白色钙化物，呈包裹体状，敲击易散，该层厚度在不同地段差异较大，在两侧较薄处厚约 8 m，中间最厚处约 20 m。

在勘查中未发现滑坡体滑移时对周围土体产生挤压扰动和滑移擦痕等现象。根据实地调查、搜集资料和访问情况，结合地形、岩性判断，该滑坡体目前处于相对稳定状态，在斜坡土体强度薄弱地段无明显的拉张变形特征。根据钻孔揭露的地层显示，Qp_3 粉质黏土厚度在 5.55～13.35 m，该层粉质黏土夹有少量碎石颗粒，成分为粗粒石英砂岩；部分钻孔中粉质黏土下部为 C_2t 铝质泥岩，灰白色，干燥状态下较坚硬，遇水即软，滑腻呈泥状，下伏基岩则为 C_2t 灰岩或砂岩，具有良好的隔水性。由此可以进一步确定滑坡体的滑带由粉质黏土和铝质泥岩组成。

在滑坡体上地表均为残坡积物覆盖，大气降水沿土体孔隙或地表裂缝入渗，在运移途中受到隔水性相对较好的 C_2t 灰岩或砂岩层阻隔后，在该层上部滞留，粉质黏土和铝质泥岩浸水饱和后，其抗剪强度大大降低从而形成滑面。所以该滑坡体的滑床由 C_2t 灰岩或砂岩组成，其空间形态呈弧线状。

3 滑坡稳定性分析

3.1 滑坡土体物理力学参数取值

滑体土的重度根据实验室计算值修正后取标准值，滑体土的 C、φ 值取土工实验平均值的修正标准值。滑带土取值方法同滑体土。滑床岩层参数取实验室平均值。见表 1、表 2。

表 1　滑体土及滑带土物理力学参数综合选取表

状态＼项目	滑体土(粉质黏土)			滑带土(粉质黏土、铝质泥岩)		
	γ/(kN/m^3)	C/kPa	φ/(°)	γ/(kN/m^3)	C/kPa	φ/(°)
天然	18.64	25.05	15.53	20.51	12.6	14.52
饱和	19.69	10.03	6.20	22.99	5.04	7.3

表 2　滑床石英砂岩、灰岩物理参数综合取值表

γ/(kN/m^3)	抗剪强度(天然)		抗剪强度(饱和)	
26.42(天然)	C/MPa	φ/(°)	C/MPa	φ/(°)
26.47(饱和)	7.33	50.25	7.19	49.1

3.2 计算模型与计算方法

勘查时钻孔已钻至滑床，揭露出滑面特征，故计算模型主要根据钻孔资料，结合地质环境条件与实际位置的滑面(软弱面)计算，滑面按折线型。以上部残坡积粉质黏土层的下伏基岩层(灰岩、砂岩)为滑动面，以斜坡实测剖面为计算剖面(见图 1～图 3)。根据滑坡的破坏形式和计算模型，采用《滑坡防治工程勘查规范》(GB/T 32864—2016)推荐的滑坡稳定性系数和推力计算公式。

(1) 稳定性系数计算公式

$$K_f = \frac{\sum_{i=1}^{n-1}\left\{\{\{W_i[(1-r_u)\cos\alpha_i - A\sin\alpha_i] - R_{D_i}\}\tan\varphi_i + C_iL_i\}\prod_{j=i}^{n-1}\psi_j\right\} + R_n}{\sum_{i=1}^{n-1}\left\{[W_i(\sin\alpha_i + A\cos\alpha_i) + T_{D_i}]\prod_{j=i}^{n-1}\psi_j\right\} + T_n}$$

式中　K_f——稳定系数；

W_i——第 i 条块的每延米重量，kN/m；

C_i——第 i 条块黏聚力，kPa；

φ_i——第 i 条块内摩擦角，(°)；

L_i——第 i 条块滑面长度，m；

α_i——第 i 条块滑面倾角，(°)；

A——地震加速度(重力加速度 g)，m/s^2；

R_{D_i}——渗透压力垂直滑面每延米分力，kN/m；

T_{D_i}——渗透压力平行滑面每延米分力，kN/m；

r_u——孔隙压力比；

ψ_j——第 i 块段的剩余下滑力传递至第 $i+1$ 块段时的传递系数；

R_n——最后一个条块的每延米抗滑力，kN/m；

T_n——最后一个条块的每延米下滑力，kN/m。

(2) 剩余下滑力计算公式

$$P_i = P_{i-1}\psi + K_S T_i - R_i$$

式中　P_i——第 i 条块每延米剩余下滑力，kN/m；

P_{i-1}——第 $i-1$ 条块的每延米剩余下滑力，kN/m；

ψ——传递系数；

T_i——下滑力，kN/m；

R_i——抗滑力，kN/m；

K_S——设计安全系数。

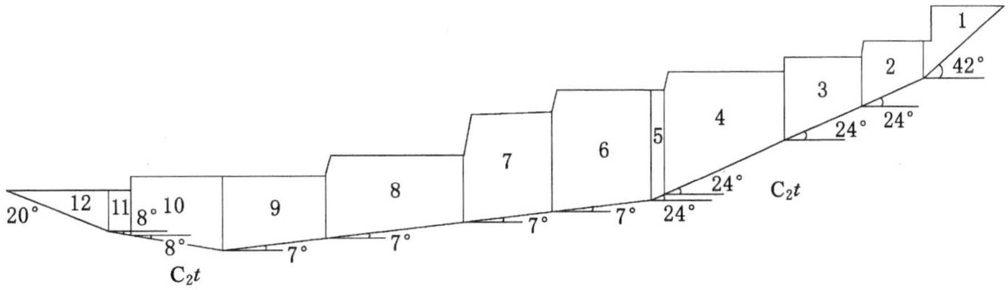

图 1　斜坡稳定性及推力计算 1-1′剖面图

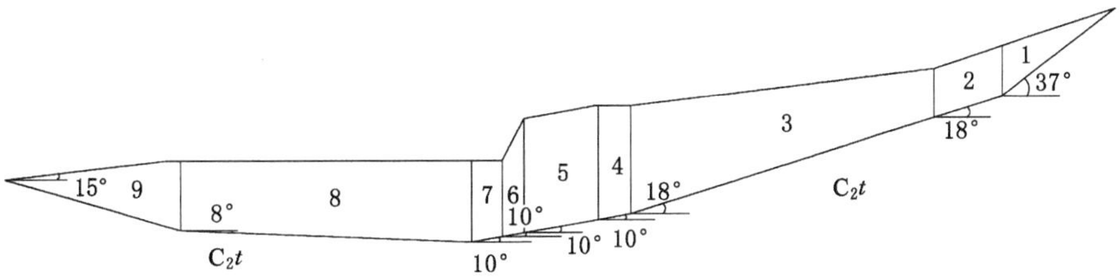

图 2　斜坡稳定性及推力计算 3-3′剖面图

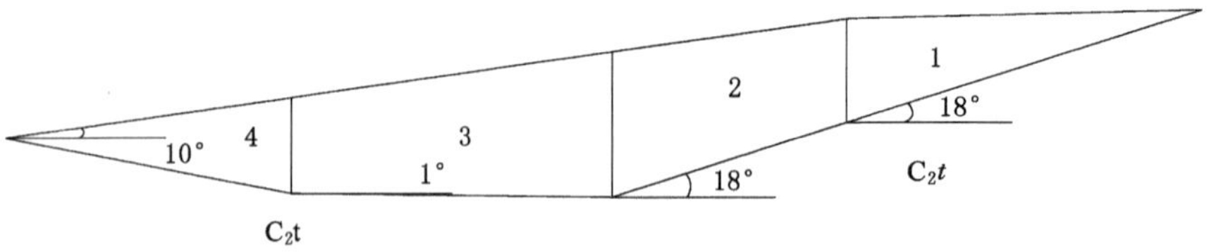

图3　斜坡稳定性及推力计算4-4′剖面图

(3) 荷载组合

滑坡体上有建筑物，需考虑建筑荷载。村内房屋大多为单层，荷载取 $q=25$ kPa，可换算成坡体自重考虑；坡体内无稳定的地下水水位，不考虑地下水的影响；巩义市抗震设防烈度为Ⅶ度，地震加速度值为 0.1g，设计地震分组为第一组，可考虑地震荷载。

在天然状态下，滑坡体自重按天然重度计算；依据当地水文气象资料及滑坡体岩性组成的实际情况，在连续降雨或暴雨条件下，滑坡体自重为土体的饱和重度。

(4) 计算工况

按三种工况进行滑坡体的稳定性计算，即自重工况、自重＋暴雨工况、自重＋地震工况。

3.3　滑动推力及稳定性计算

根据计算模型和计算参数，在设计工况和校核工况条件下分别进行整体稳定性和推力计算，计算结果见表3。

表3　　斜坡稳定性计算成果汇总表

计算剖面	工况条件	稳定性系数 F_S	安全系数 K_S	剩余下滑力/(kN/m)
KP1	工况一(自重)	1.70 1.34	1.2	0
	工况二(自重＋暴雨)	0.66 0.64	1.1	3 250.12 3 381.76
	工况三(自重＋地震)	1.19 0.93	1.1	0 791.95
KP3	工况一(自重)	1.86 1.42	1.2	0
	工况二(自重＋暴雨)	0.72 0.66	1.1	2 122.60 2 416.18
	工况三(自重＋地震)	1.30 0.99	1.1	0 319.47
KP4	工况一(自重)	2.61 1.97	1.2	0
	工况二(自重＋暴雨)	1.01 0.91	1.1	169.66 406.83
	工况三(自重＋地震)	1.47 1.25	1.1	0

3.4　稳定性综合分析

由三种工况的计算结果可知：

(1) 在工况一(自重)条件下，3个剖面的稳定性系数计算值为1.34～1.97，故斜坡土体整体上处于稳定状态。

(2) 在工况二(自重+暴雨)条件下,3 个剖面的稳定性系数计算值为 0.64～0.91,故斜坡土体整体上处于不稳定状态。

(3) 在工况三(自重+地震)条件下,3 个剖面的稳定性系数计算值为 0.93～1.25,故斜坡土体整体上处于不稳定～稳定状态。

3.5 滑坡体稳定性敏感因素分析

斜坡滑体土为残坡积的粉质黏土,因大气降水的入渗浸泡,在粉质黏土内形成以下伏基岩隔水层以上的浸水饱和软弱带为滑带,以与下部较坚硬的 C_2t 灰岩或砂岩接触面为滑面,以下伏基岩为滑床。斜坡地面平均坡度约 12°,选取滑带的抗剪强度参数为天然状态下 C=12.6 kPa,φ=14.52°,饱和状态下 C=5.04 kPa,φ=7.3°,得出该条件下斜坡滑体土的稳定性系数。

通过对剖面进行演算分析,在 φ 值每增加 1°和 C 值每增加 1 kPa 情况下,分别计算相应的稳定性系数。结果发现,φ 值每增加 1°,稳定性增加 10%;C 值每增加 1 kPa,稳定性增加 3.077%。具体见表 4。

表 4　　滑面抗剪强度参数大小对斜坡稳定性系数影响的敏感性分析表

剖　面		1-1′剖面	
		增加量	增加百分比
滑体土质		粉质黏土	
滑带土质		粉质黏土	
坡面平均坡度/(°)		12°	
滑面抗剪强度参数	内摩擦角 φ/(°)	7.3	
	黏聚力 C/kPa	5.04	
φ 值增加 1°对斜坡稳定性系数影响		0.07	10%
C 值增加 1 kPa 对斜坡稳定性系数影响		0.02	3.077%

4 滑坡体稳定性分析与评价

4.1 滑坡体的形成机制分析

根据滑坡体所在的地貌单元、地貌特征、周边人类工程活动和产生滑移的诱因进行分析,在最不利的持续降雨或暴雨、地震作用条件下,斜坡体就会发生变形,有滑移失稳、导致地质灾害形成的可能性。其形成机理如下:

(1) 在该滑坡体南 2 km 处有上庄煤矿,主要开采二$_1$ 煤,采深 100 m 左右,煤层总厚度 15.89 m。滑坡体以南和以西 150 m 处分布有上庄煤矿的老采区,开采时间为 20 世纪 50 年代～1998 年,1998 年后停采,该处采区目前形成的塌陷区已基本稳定。因该处煤层极厚,采煤导致的采空塌陷对地表形态破坏亦大,焦桐高速以南的斜坡体形态亦受到改变。根据对村民的访问,在滑坡体南 150 m 处,原地形为起伏不平小丘,地面高程在 510 m 左右,后因地面塌陷变为一处凹陷,地面下陷达 20 余米。该滑坡体南侧采空区的地形改变造成滑坡体坡脚缺少支挡,客观上构成了斜坡体产生滑坡的空间要素。另外,在斜坡上有一百余间依势而建的民居,加重和破坏了斜坡的力学平衡,为滑坡体的形成提供了条件。

(2) 斜坡体的主要物质组成为较厚的 Qp_3 粉质黏土层，下伏基岩为 C_2t 灰岩或砂岩，大气降水下渗遇相对隔水的灰岩或砂岩形成上层滞水，上部土体和铝质泥岩受到季节性地下水的反复浸泡，形成强度较低的饱和土体，极易形成滑动带。在持续暴雨或强降雨等外部因素的作用下，因滑体土处于饱水状态，滑体的自重增加，地下水在其内部径流，不断浸泡软化滑体土和降低其抗剪强度，土体和基岩的接触面成为天然滑面，构成了斜坡失稳、产生滑动的又一重要条件。

(3) 大气降水是斜坡蠕变、形成滑坡的决定性因素。斜坡在大气降水过程中，接受降水沿土体孔隙和地表裂缝的入渗补给，大量入渗的大气降水在滑体内径流的过程中，遇隔水性相对较好的灰岩或砂岩层阻隔后，在该层上部滞留，不断聚集软化土体，粉质黏土和铝质泥岩浸水饱和后，其抗剪强度大大降低，促使了滑动带的形成；同时粉质黏土的粒间孔隙成为向上沟通大气降水的运移通道，进而增加滑体内的地下水储水量，在不断增加的水压力下，为滑体提供了滑动的润滑剂。

综上所述，斜坡体前缘缺乏支挡、大气降水的大量入渗聚集，使滑体土因饱水而增加重度，软化后降低其抗剪强度，在不断增加的水压力作用下，软弱结构面达到贯通状态，就造成了斜坡失稳滑移的地质灾害。

4.2 滑坡破坏模式分析

根据对浅井北坡滑坡的现场调查及工程勘查，认为该滑坡为第四系覆盖层在暴雨的作用下，沿薄弱的滑带土及下覆基岩面发生的一种破坏滑移变形。由于上覆盖层为夹有碎石的粉质黏土，在建房等人为工程作用下加大滑坡体荷载，下伏基岩为灰岩、砂岩不透水层，造成地下水长期赋存于上部粉质黏土层和局部的铝质泥岩中，浸泡、软化土层，降低了其抗剪强度，同时，由于滑坡体坡脚处地形被破坏形成塌陷、缺乏支挡，遂在暴雨情况下发生滑移。其滑体移动特点为历时久，过程缓慢，约 3 年方停；变形量小，除建筑物内裂缝外，其他处未发现滑坡特征。因此，根据滑坡的变形特征可以看出，浅井北坡滑坡为牵引式滑坡。

根据本次对浅井北坡滑坡的勘查以及对相关资料的分析，该滑坡灾害发生的主要原因是：因人类采矿活动(上庄煤矿采煤)造成坡脚处塌陷，地形改变后失去支撑功能，加之 2002～2005 年夏季连续降雨，雨水渗入土体内，在土体和基岩接触面形成一天然滑面，饱和土体亦加重了滑体的自重，最终形成滑坡。

参 考 文 献

[1] 崔芳鹏，胡瑞林，谭儒蛟，等. 青海八大山滑坡群形成机制及稳定性评价研究[J]. 岩石力学与工程学报 2008，27(4)：848-857.

[2] 殷志强，许强，赵无忌. 黄河上游夏藏滩巨型滑坡演化过程及形成机制[J]. 第四纪研究，2016，36(2)：474-483.

[3] 邓晓飞，于漂罗，唐书君，等. 青海大通西山滑坡稳定性分析及防治方案[J]. 探矿工程－岩土钻掘工程，2016，43(10)：16-21.

商城县战勤保障消防大队边坡治理设计与评价

徐广义，朱明鑫，刘巧娥

摘　要：本文结合工程实例，对商城县战勤保障消防大队建设用地边坡治理工程进行了边坡治理的设计工作；根据场区岩性分布特征，分析边坡不稳定性和影响因素，计算了边坡稳定性系数和剩余下滑力；为边坡支护提供了设计方案。

关键词：边坡设计；高边坡；地基处理；挡土墙设计

1　工程概况

项目区位于信阳市商城县温泉大道西段北侧，东临商城县看守所。为满足商城县消防大队战勤战备需要，更好地维护地方稳定和社会发展，经商城县政府同意，在温泉大道西段北侧地区进行战勤保障消防大队建设。在建设主体建筑楼及配套设施时，对项目区山体进行了挖填，在项目区西侧形成了总体走向近似为南北向的土质边坡，边坡沿走向总长度约 115 m，最大高度约 4.0 m，坡面倾角约 40°，坡底高程约为 80.0 m，坡顶高程 83.6～83.9 m（以下简称边坡Ⅰ）。在项目区东侧形成了总体走向近似为南北向的岩土质边坡，边坡沿走向总长度约 113 m，最大高度约 5.5 m，坡面倾角约 30°，坡底高程 86.3～87.0 m，坡顶高程 90.6～91.6 m。

图 1　项目区开挖情况

徐广义：男，汉，甘肃省天水市人。工程师，从事岩土工程工作。核工业信阳建设工程有限公司。
朱明鑫：核工业信阳建设工程有限公司。
刘巧娥：核工业信阳建设工程有限公司。

根据现场踏勘，项目区边坡地质体风化严重，汛期发生滑坡的概率较大，对消防工作人员生命财产安全的威胁较大。为了尽快消除地质灾害隐患，确保消防工作人员的生命财产安全，商城县消防大队提出要彻底清除项目区内的致灾体，并对边坡进行永久性防护。

2 工程地质条件

2.1 地形地貌

商城县位于河南省南部，地跨长江、淮河两大流域，地处鄂豫皖三省六县结合部。地属大别山腹地，大别山东西走向横贯全境，境内层峦叠嶂，河溪纵横，有山地、丘陵、冲积河谷和堆积凹谷，平均海拔约 90 m。商城县地貌形态主要为丘陵。

项目区位于商城县县城西部，场区经过整平后地形起伏变化较小，海拔高程约 84.3 m，属丘陵区。边坡区所在坡体平均坡度 30°～60°，山顶地形陡峻，自然坡面地表植被繁茂，树木、杂草及灌木发育，植被覆盖率大于 85%。

2.2 地层岩性特征

勘察边坡区域位于晓天-磨子坛深大断裂带南部的新县岩体内，区内岩性简单，主要岩性为少量的第四系上更新统残坡积物上覆层和燕山晚期白垩纪花岗岩，断裂构造、节理发育。自上而下岩土层分布和特征描述如下：

(1) 杂填土(Q_4^{ml})：杂色，松散，稍湿，主要成分为黏性土，欠固结，含少量碎石块，局部为薄层根植土。

(2) 粉质黏土(Q_4^{al+pl})：灰黑色，软塑，切面稍有光泽，韧性较差，干强度中等，无摇震反应，主要分布于项目区西侧。

(3) 粉质黏土(Q_4^{al+pl})：灰黑色、黄褐色，可塑，切面稍有光泽，韧性中等，干强度中等，无摇震反应。

(4) 1 花岗岩($K_1S\eta\gamma$)：灰白色、黄色，部分肉红色，全风化-强风化，中粒结构，块状构造，主要矿物成分为石英、长石，岩芯呈砂砾状或碎块状，节理发育，风化不均匀，岩体破碎，属软岩，基本质量等级Ⅴ级。

(5) 2 花岗岩($K_1S\eta\gamma$)：灰白色，中风化，中粒结构，块状构造，主要矿物成分为石英、长石和少量黑云母等暗色矿物，岩芯呈柱状，节理不发育，岩体较完整，属较软岩，基本质量等级Ⅳ级。

3 边坡治理措施

3.1 地基处理

由于项目区西南角为一小河沟，该处有较大面积淤泥，厚度约 1～2 m。在对边坡进行治理之前，由于工程需要及安全需要，要将该处的积水和淤泥清除，并用级配砂石进行换填，以作为挡土墙的持力层。根据勘查报告结果，预测清除的淤泥约为 3 000 m^3，需要级配砂石约 2 000 m^3。由于场区内有大量砂粒状花岗岩残坡积土，级配良好，透水性能佳，因此可就地取材。

3.2 挡土墙设计

根据边坡情况，以场区边界计算边坡Ⅰ所需支挡长度，可知所需支挡长度约 133 m。由于场区整体地势南低北高，故以西南边界点（$X=630\ 009.956$，$Y=3\ 520\ 446.967$）为界，北侧坡底布设M10浆砌块石挡墙（N1）支护，南侧坡底布设M10浆砌块石挡墙（N1）支护，浆砌块石挡墙坡脚坐标见表1。

表1　　浆砌块石挡墙坡脚拐点坐标表

坐标位置	坐标点号	坐标	
		X	Y
N1挡墙	A	630 056.298	3 520 501.425
	B	630 039.639	3 520 507.326
	C	630 009.956	3 520 446.967

N1挡墙长85 m，高5 m，墙顶宽0.80 m，基础埋深0.70 m，基础宽3.25 m，墙角台阶宽度0.50 m，高度0.50 m；墙踵台阶宽度0.50 m，高度0.50 m；面坡倾斜坡度1∶0.20，背坡倾斜坡度1∶0.10；基础下采用防滑凸榫，宽度2.00 m，高度0.60 m；墙身根部夯实30 cm厚黏土隔水层，墙背回填30 cm厚砂砾反滤层；墙后填土分层回填夯实；基础顶以上100 cm设置2排直径100 mm的PVC排水管（孔），上下排水孔交错排列，呈梅花形，间距2 m，外倾坡降5%；挡墙按10 m间距设置伸缩缝，缝宽2 cm，缝内填塞沥青麻絮。

表2　　浆砌块石挡墙工程量表

项目名称	工作内容	单位	工程量	备注
N1挡墙	M10浆砌块石	m^3	802.23	
	基槽开挖	m^3	397.8	
	反滤层	m^3	8.5	砂砾石
	伸缩缝	m	44.8	
	100 mm PVC管	m	129	
	隔水层	m^3	170	黏土夯实
	墙背回填	m^3	1 275	
	砂浆抹面（2 cm厚）	m^2	170	
	砂浆勾缝（2 cm厚）	m^2	365.5	

（1）挡墙稳定性验算

根据挡墙墙背填土情况，挡墙主动土压力按《建筑地基基础设计规范》（GB 50007—2011）中公式6.7.3-1计算：

$$E_a=\frac{1}{2}\psi_a\gamma h^2 k_a$$

式中　E_a——主动土压力，kN；

ψ_a——主动土压力增大系数，挡墙高度小于5 m时宜取1.0，高度5～8 m时宜取1.1，高度大于8 m时宜取1.2，N1挡墙取1.1，N2挡墙取1.0；

γ——填土的重度，kN/m^3；

h——挡土墙的高度，m；

k_a——主动土压力系数，按《建筑地基基础设计规范》（GB 50007—2011）附录L确定。

由于边坡Ⅰ墙背回填土多为场区内全风化花岗岩开挖后形成的砂土，根据其力学特征取值参数，填土黏聚力C值为0，内摩擦角φ取30°，重度γ取19.5 kN/m^3，土压力增大系数ψ_a为N1挡墙取1.1，土对墙背的摩擦角 δ 按《建筑地基基础设计规范》(GB 50007—2011)取值。考虑到将来坡顶拟建的建筑物，背坡荷载按30 kN/m计算。

表3　　挡墙主动土压力计算成果表

项目名称	土压力系数 k_a	主动土压力 E_a	挡墙每延米自重 W/(kN/m)	土压力各向每延米分力/(kN/m)	
				竖直方向 E_{ay}	水平方向 E_{ax}
N1挡墙	0.335	83.697	217.074	29.599	78.289

注：浆砌石挡墙容重取23 kN/m。

(2) 抗滑移稳定性验算

挡墙抗滑移稳定性验算按《建筑地基基础设计规范》(GB 50007—2011)中公式6.7.5-1计算：

$$k_s = \frac{(W + E_{ay})\mu}{E_{ax}}$$

式中　k_s——抗滑移系数；

μ——土对挡墙基底的摩擦系数，按《建筑地基基础设计规范》(GB 50007—2011)表6.7.5-2取值0.4；

W——挡墙每延米自重，kN/m；

E_{ay}——主动土压力的每延米垂直分量，kN/m；

E_{ax}——主动土压力的每延米水平分量，kN/m。

(3) 抗倾覆稳定性验算

挡墙抗倾覆稳定性验算按《建筑地基基础设计规范》(GB 50007—2011)中公式6.7.5-6计算：

$$k_t = \frac{WL_0 + E_{ay}L_y}{E_{ax}L_x}$$

式中　k_t——抗倾覆系数；

W——挡墙每延米自重，kN/m；

E_{ay}——主动土压力的每延米垂直分量，kN/m；

E_{ax}——主动土压力的每延米水平分量，kN/m；

L_0——挡墙重心至墙踵的水平距离，m；

L_x，L_y——土压力水平分力、竖直分力至墙踵的水平距离，m。

(4) 挡墙地基承载力验算

挡墙地基承载力按下式计算。基底边缘压力：

$$p_{min}^{max} = \frac{N}{B}\left(1 \pm \frac{6e}{B}\right)$$

$$\frac{1}{2}(p_{max} + p_{min}) \leqslant f$$

$$p_{max} \leqslant 1.2f$$

式中　f——修正后地基承载力，kPa；

N——作用在基础底面上每延米总的竖向力，kN/m；

B——挡墙基础宽度，m；

e——偏心距，m；

p_{max}——相应于作用的标准组合，挡土墙基础地面边缘最大压力值；

p_{min}——相应于作用的标准组合，挡土墙基础地面边缘最小压力值。

挡墙稳定性验算成果见表4。

表 4 挡墙稳定性验算成果表

项目名称	抗滑移系数		抗倾覆系数		地基承载力验算/kPa			
	k_s	$[k_s]$	k_t	$[k_t]$	p	f	p_{max}	$1.2f$
N1 挡墙	2.226	1.3	4.924	1.6	118.11	200	130.47	240

注：① $[k_s]$、$[k_t]$指《建筑地基基础设计规范》(GB 50007—2011)中容许抗滑移系数、抗倾覆系数；

② f 指勘察报告中地基承载力特征值，表中取自级配砂石对应值。

3.3 抗滑桩 K1 设计

根据边坡情况，在边坡Ⅱ坡底布设抗滑桩(K1)支护。K1 抗滑桩起始点坐标见表 5。

表 5 K1 桩板式挡墙坐标表

坐标位置	坐标点号	坐标	
		X	Y
K1 桩板式挡墙	K1-D	3 520 423.207	630 261.115
	K1-E	3 520 322.302	630 264.317

边坡Ⅱ长 113 m，根据地形要求，设计支护长度为 113.2 m。沿坡脚共设 30 个抗滑桩，采用钢筋混凝土结构，每根桩长为 11.5 m，其中锚固段长度 4.5 m，悬臂段长度 7 m；每个桩截面宽度为 1.2 m，厚(高)度为 1.5 m，桩芯间距 4 m。抗滑桩井口设置锁口护壁，锁口顶宽 40 cm，底宽 25 cm，高出地面 30 cm，采用 C20 钢筋混凝土浇筑。纵筋选取 22 根Φ18 钢筋，箍筋为Φ10@200。

在抗滑桩后缘、土质边坡前缘设置挡土板，挡土板采用现浇钢筋混凝土结构，板厚 0.30 m，板高 0.70 m，共 10 块，长约 113.0 m。挡土板后回填 30 cm 厚砂砾反滤层。每块挡土板设置 4 根Φ18 纵筋，钢筋强度为 HRB400；箍筋为Φ8@200，钢筋强度为 HPB300。每块挡土板与抗滑桩之间设置 4 根Φ10 拉结筋。每两个抗滑桩之间的挡土板设置 6 个直径 100 mm 的 PVC 排水管(孔)，排水孔间距 2 m，外倾坡降 5%。K1 桩板式挡墙设计主要参数见表 6、表 7。

表 6 K1 桩板式挡墙设计参数表

工程项目	桩间距/m	数量	截面形状	宽度/m	层厚/m	长度/m	锚固段长度/m	混凝土强度	纵筋/mm (HRB400)	箍筋/mm (HPB300)	保护层厚度/mm
抗滑桩	4	29	矩形	1.2	1.5	11.5	4.5	C30	24Φ22, 10Φ18	Φ10@100	50
锁口护壁	4	29	矩形	1.5	1.8	4.5	—	C20	22Φ18	Φ10@200	—
挡土板	—	6	矩形	0.3	0.7	113.0	—	C30	4Φ18	Φ8@200	50

表 7 K1 桩板式挡墙工程量表

项目名称	工作内容	单位	工程量	备注
抗滑桩	基坑开挖	m^3	396.5	
	C30 混凝土	m^3	600.3	
	模板	m^2	1 096.2	
	HPB300 箍筋(Φ10@100)	t	19.14	
	HRB400 纵筋	t	31.94	

续表 7

项目名称	工作内容	单位	工程量	备注
锁口护壁	C20 混凝土	m^3	152.83	
	HPB300 箍筋(Φ10@200)	t	2.58	
	HRB400 纵筋(Φ18)	t	6.12	
	模板	m^2	704.7	
挡土板	反滤层	m^3	252	
	C30 混凝土	m^3	252	
	HPB300 箍筋(Φ8@200)	t	3.68	
	HRB400 纵筋(Φ18)	t	9.04	
	模板	m^2	1 680	
	直径 100 mm PVC 管	m	50.4	
	HPB300 拉结筋(Φ10@350)	t	0.787	

4 结论

根据项目区地形地貌、岩土层分布情况及治理区附近已有建构筑物地理位置确定了治理目标，以达到消除地质灾害隐患、保护消防工作人员生命财产安全、改善生态环境的目标。依据充分，目标明确，项目区地质环境问题清楚。本工程设计 N1 挡墙长度 85 m，N2 挡墙长度 48 m，桩板式挡墙长度 113.0 m，截水沟长度 130 m，排水沟长度 100 m，工程量包括 M10 浆砌块石 1 495.8 m^3，基槽开挖 1 082.4 m^3，基坑开挖 396.5 m^3，C30 混凝土 852.3 m^3，各类钢筋 73.28 t 等。分项工程设计内容全面具体，工程量适当，计算方法和参数选取合理。

参 考 文 献

[1] 商城县消防支队战勤保障大队建设用地边坡治理报告[R]. 2016.

[2] 中华人民共和国住房和城乡建设部，中华人民共和国国家质量监督检验检疫总局. 建筑边坡工程技术规范：GB 50330—2013[S]. 北京：中国建筑工业出版社，2014.

[3] 中华人民共和国国土资源部. 滑坡防治工程设计与施工技术规范：DZ/T 0219—2006[S]. 北京：中国标准出版社，2006.

[4] 中华人民共和国国土资源部. 地质灾害危险性评估规范：DZ/T 0286—2015[S]. 北京：中国标准出版社，2015.

[5]《工程地质手册》编委会. 工程地质手册[M]. 4 版. 北京：中国建筑工业出版社，2014.

台辉高速公路豫鲁界至范县段地质灾害危险性评估

肖　亮，吕先作

摘　要：本文评估工作的目的主要是为台辉高速公路豫鲁界至范县段工程合理选线，使建设工程实施前就综合考虑到地质灾害的防治问题，以避免或减少地质灾害对建设工程的危害；同时为国土资源行政主管部门用地审批提供依据。

关键词：台辉高速公路；地质灾害；危险性评估

1　概况

拟建线路跨濮阳市范县、台前两个县，路线起于豫鲁交界处，西行止于濮范高速终点，并与德商高速相交叉。拟建线路全长约 37.557 km，公路等级为一级，双向四车道，沥青混凝土路面，设计时速 100 km/h，新建特大桥 1 座，中桥 610 m/8 座。黄河特大桥长 10.228 km，接线总长 27.32 km（不含台前连接线），采用变截面连续梁，桥墩采用花瓶墙式墩，钻孔灌注桩基础。中桥采用装配式预应力混凝土连续箱梁，柱式墩、柱式台，钻孔灌注桩基础。

台辉高速公路是河南省高速公路网规划重要组成部分，向东接山东境的高速公路网，向西连接晋东南，是连接豫北、鲁西乃至晋东南的一条东西向高速通道。台辉高速公路豫鲁界至范县段的建设，对促进中原经济区建设、提升豫北的经济辐射带动能力、加强豫鲁两省区域经济合作等都有重要作用。

1.1　评估范围及级别确定

1.1.1　评估范围确定

根据地质灾害评估有关技术要求及台辉高速公路豫鲁界至范县段工程的特点，并结合地形地貌等地质环境条件，按线状工程确定评估区范围，以改建道路轴线为中心向两侧及两端点各外扩 0.5 km，确定评估区面积为 38.557 km^2。

1.1.2　评估级别确定

评估级别主要依据地质环境条件复杂程度及建设项目重要性来确定。本次评估级别确定的依据如下：

（1）地质环境条件复杂程度

评估区地貌类型为黄河冲积平缓平原，地势平坦、地貌类型单一，地质构造简单，土体工程地质性质较差，工程水文地质条件较差，地质灾害不发育，破坏地质环境的人类工程活动一般。因此，评估区地质环境条件复杂程度为中等。

肖亮：男，1985 年生。助理工程师，水工环地质工作。河南省地质矿产勘查开发局第五地质勘查院。
吕先作：男，1978 年生。工程师，工程地质工作。河南省地质矿产勘查开发局第五地质勘查院。

（2）评估级别的确定

根据该工程项目的重要性和建设场地地质环境条件复杂程度，依据国土资发〔2004〕69号文件附件《地质灾害危险性评估技术要求》（试行）第5.8条的规定，确定本工程建设场地地质灾害危险性评估工作级别为一级。

2 地质环境条件

2.1 气象、水文

2.1.1 气象

该区属暖温带大陆型季风气候，半湿润，四季分明，温度适宜，光照充足，春旱夏涝交替明显。春季干旱多风，夏季炎热多雨，秋季天高气爽日照长，冬季干冷少雨雪。冬季盛行偏北风，夏季盛行偏南风。年平均气温为13.4 ℃，一月份平均气温为－2.3 ℃，七月平均气温为27.1 ℃，绝对最高气温为43.1 ℃，绝对最低气温为－21 ℃，最大冻土深度为41 cm，全年无霜期218天左右（4～10月）。因受东南季风影响，降雨量年内分布极不均匀，汛期多在7～9月，年平均降水量640.1 mm。

2.1.2 水文

评估区属黄河流域，区内及附近主要河流有黄河和金堤河，另有张大庙干渠、王集大干渠等人工饮水灌溉渠。

（1）黄河

黄河全长约5 464 km，流域面积约75.2万 km^2。黄河是世界上多泥沙河流之一，黄河出邙山峡谷后进入华北平原成为地上"悬河"，向东流至兰考县东坝头，折向东北经山东入渤海。据花园口水文站资料，黄河多年平均流量1 447 m^3/s，最大洪峰流量22 300 m^3/s（1958年），最小流量42 m^3/s，多年平均含沙量27.81 kg/m^3，最大年平均含沙量53.0 kg/m^3，多年平均水位91.53 m，最高水位95.33 m（1996年8月），最低时干枯（1960年）。年内黄河水量分配不均，汛期水量占全年水量的30%～50%。

评估区内河水面宽约200 m，内侧河堤高出河水面约2.0 m。黄河于拟建线路K105＋114处自西南向东北穿越评估区。

（2）金堤河

金堤河是黄河下游的一条支流，是北金堤滞洪区的重要组成部分。金堤河发源于河南省滑县，流经河南、山东两省的6个县，纵穿北金堤滞洪区，在陶城铺险工上首经张庄闸控制入黄。金堤河属平原河道，南临黄河和天然文岩渠流域，北临卫河、马颊河、徒骇河流，流域面积5 047 km^2，干流长158.6 km，流域呈狭长三角形，上宽下窄，东西长200多千米。该河流于评估区西北约10 km处自西南向东北流过。

2.2 地形地貌

评估区位于濮阳市东北部，属黄河冲积平缓平原地貌。地势平坦，自西南向东北略有倾斜，地面自然坡降南北为1/4 000～1/6 000、东西为1/6 000～1/9 000，地面海拔一般在43～47 m之间。由于历史上黄河沉积、淤塞、决口、改道等作用，造就了本区平地、岗洼、沙丘、沟河相间的微地貌特征。

2.3 地层

评估区位于黄河冲积平原上，属华北地层区，地表被第四系粉土、粉砂、粉质黏土所覆盖。据附近钻孔揭露，新近系及第四系地层发育齐全。

2.3.1 新近系(N)

新近系主要为河流-湖泊相沉积，岩性为较松散或半胶结状的砂岩、砂砾岩、泥灰岩和泥岩互层。

(1) 馆陶组(Ng)

岩层底板埋深：开封 1 685 m，郑州 1 000～1 200 m。下部：褐灰色灰岩、泥灰岩、灰白色钙质砂岩。中部：灰白色砾状砂岩夹紫红色泥岩。上部：黑色硬煤与浅灰色粉砂岩。

(2) 明化镇组(Nm)

岩层厚 990 m，其岩性自上而下可分为四段：

① 棕红、深棕红显紫色泥岩、砂质泥岩及泥质粉砂岩夹黄白色细粒长石砂岩、粉砂岩，厚 390 m。

② 褐黄色、微灰绿泥质粉砂岩，灰白色、黄色粉细砂岩与紫红、棕红、灰绿砂质灰岩、泥岩互层，厚 150 m。

③ 棕红色泥岩、砂质泥岩、泥质粉砂岩夹棕红色、灰白色、灰绿色粉细砂岩，厚 250 m。

④ 黄褐色、灰白色长石石英细砂岩，灰绿色、黄褐色泥质粉砂岩夹棕红、褐棕色砂质泥岩，厚 200 m。

2.3.2 第四系(Q)

(1) 下更新统(Qp_1)

评估区均有分布，厚度 130 m 左右，成因类型主要为冰水、冲积及冲湖积、湖积等。

下段主要岩性为棕红、灰绿色厚层黏土、粉质黏土夹砖红或锈黄色粉细砂，内含较多的混粒土和混粒砂。其成因类型为冰水、冲洪积。

中段岩性为黄棕、棕、棕红色黏土、粉质黏土夹粗、中、细砂层。黏性土细腻，断面光滑，呈致密块状。砂层分选较好。

上段岩性上部黄绿、下部灰绿中夹黄棕、浅棕红色粉质黏土、黏土及细-中砂。其成因类型为冰水、冲积、湖积及河口三角洲堆积。

(2) 中更新统(Qp_2)

该层厚度一般 70～80 m，其岩性为一套浅棕黄、棕红、褐黄色杂有灰绿染的似黄土状土、粉土、粉质黏土夹厚度不等的中细砂、粉细砂互层，砂层西部颗粒粗、厚度大，成因以冲湖积为主。该层普遍含钙质结核和少量铁锰质结核，具有古土壤层和淋滤淀积层。

(3) 上更新统(Qp_3)

区内普遍分布着黄河堆积物，厚度一般 40 m 左右。颜色以黄色为主，多呈现灰黄、土黄、褐黄等色。纵观整个地层有以下几个特点：① 二元结构明显，黄土状土发育，分散钙含量高，砂层富集；② 上段主要为土黄、灰黄色具锈染的粉土、粉质黏土与中细砂、粉细砂互层，含较多小钙核；③ 下段色调稍重，以暗灰、浅黄棕、浅褐黄色为主，夹浅黄、灰黄色的粉土、粉质黏土与中粗砂互层，局部含小砾石。

(4) 全新统(Qh)

该套地层在区内较发育，其厚度在 20～30 m 之间。堆积物主要为黄土物质经黄河搬运堆积而成。由于黄河在平原区多次改道泛滥，使堆积物叠复出现，形成一个规模宏大的冲积扇，岩性由灰黄、灰黑、黄灰色的粉土、粉质黏土与厚层粉细砂、局部中细砂组成，形成一较厚的具“二元结构”的旋回层。该层富含分散状钙，不含钙核及铁锰结核，局部有被搬运而来的钙质小砾石，圆度较好，粒径 1～3 cm。本段可见 1～2 层淤泥层或淤泥质层，特别是河间洼地中更明显。

2.4 地质构造与区域地壳稳定性

2.4.1 地质构造

评估区位于新华夏系第二沉降带～华北凹陷的南部、东濮凹陷东北部，区内新构造运动主要表现以下降运动为主，沉积了巨厚的新生界地层，构造断裂活动不明显，区内无断裂通过。评估区附近主要断层有长垣断层、黄河断层、聊城～兰考断层。

2.4.2 区域地壳稳定性

依据《中国地震动参数区划图》(GB 18306—2015)及附录中表 G.1(地震动峰值加速度与地震烈度对照表)，评估区地震动峰值加速度 0.10～0.20g，地震基本烈度为Ⅶ～Ⅷ度，属较稳定～较不稳定地区(表 1)。

表 1　　区域地壳稳定性评价表

地震烈度	≤Ⅵ度	Ⅶ度	Ⅷ度	≥Ⅸ度
区域地壳稳定性	稳定	较稳定	较不稳定	不稳定

3 地质灾害危险性评估

3.1 地质灾害危险性现状评估

评估区位于黄河冲积平原，地形平坦，远离山区，第四系沉积厚度大，不具备崩塌、滑坡、泥石流山地灾害的形成条件。本次调查，评估区未发现地裂缝、地面塌陷、地面沉降等灾害。因此，评估区地质灾害不发育。

评估区地形平坦开阔，人类工程活动一般。通过野外地质灾害综合调查，评估区内未发现崩塌、滑坡、泥石流、地面塌陷、地裂缝、地面沉降等地质灾害。现状条件下，评估区地质灾害不发育，地质灾害危险性小。

3.2 地质灾害危险性预测评估

依据野外地质灾害调查访问资料及对历史、区域资料进行分析研究，并考虑拟建工程特点，预测该工程在建设过程中和建成后，必然会引起附近地质环境、自然环境的改变，加上施工和建成后加载，都可能会引发崩塌、地面不均匀沉陷等地质灾害。

地质灾害危险性现状评估表明，评估区现状条件下，地质灾害不发育，地质灾害危险性小。

预测评估认为：① 路基工程建设引发路基边坡崩塌、地面不均匀沉陷灾害的可能性小；黄河特大桥工程建设引发河岸崩塌、边坡崩塌灾害的可能性中等，引发地面不均匀沉陷灾害的可能性小；其他桥涵工程引发边坡崩塌、地面不均匀沉陷灾害的可能性小；服务区、收费站建设引发基坑崩塌、地面不均匀沉陷灾害的可能性小。② 路基工程建设遭受路基边坡崩塌、地面不均匀沉陷灾害的危险性小；黄河特大桥工程建设遭受河岸崩塌、边坡崩塌地质灾害的危险性中等，遭受地面不均匀沉陷的危险性小；其他桥涵工程遭受边坡崩塌、地面不均匀沉陷灾害的危险小；服务区、收费站建设遭受基坑崩塌、地面不均匀沉陷的危险性小。

3.3 地质灾害危险性综合分区评估

根据现状评估与预测评估，综合分区评估认为，评估区黄河特大桥(K100＋000～K110＋228)

段为地质灾害危险性中等区，评估区其他地段为地质灾害危险性小区(见表2)。

表 2　　　　综合分区评估说明表

区(段)	地质灾害类型	发生的位置	现状评估	预测评估		综合分区评估
				①	②	
黄河特大桥段(K100＋000～K110＋228)	河岸崩塌	桥墩基础与河岸连接处	—	中等	中等	地质灾害危险性中等区
	边坡崩塌	路基与引桥结合处	—	中等	中等	
	基坑崩塌	桥梁两端沟壁处、桥墩基础	—	中等	中等	
	地面不均匀沉陷	桥墩基础、路基与引桥结合处	—	小	小	
评估区其他地段	边坡崩塌	路基	—	小	小	地质灾害危险性小区
	基坑崩塌	桥梁两端沟壁处、桥墩基础、服务区、收费站	—	小	小	
	地面不均匀沉陷	桥墩基础、路基与引桥结合处、服务区、收费站	—	小	小	

注：① 工程建设引发、加剧地质灾害的可能性；② 工程建设本身遭受地质灾害的危险性。

3.4　建设场地适宜性分区评估

根据地质灾害危险性综合分区评估，评估区黄河特大桥段(K100＋000～K110＋228)为地质灾害危险性中等区，基本适宜工程建设，但对工程引发和遭受的地质灾害须采取有效防治措施；评估区其他地段为地质灾害危险性小区，适宜工程建设。

3.5　地质灾害防治措施

地质灾害防治，应贯彻“预防为主，避让与治理相结合”的方针，以达到保护地质环境、避免和减少地质灾害损失的目的。拟建工程建设可能引发边坡崩塌、河岸崩塌、基坑崩塌和地面不均匀沉陷地质灾害，工程建设本身可能遭受的地质灾害有边坡崩塌、基坑崩塌、河岸崩塌和地面不均匀沉陷。

3.5.1　边坡崩塌灾害的防治措施

建议填方路段，特别是桥头等填方高度较大的路段，路基边坡坡度应按规范要求，采取必要的坡面防护措施(如种植被、砌护坡)及坡面排水措施，确保路基边坡的稳定。

3.5.2　基坑崩塌灾害的防治措施

引发基坑边坡崩塌发生的主要原因是基坑开挖施工过程中未采取有效支护措施，另一原因是雨季施工。因此，一是要避开雨季施工；二是要做好基坑支护，避免崩塌发生。

3.5.3　河岸崩塌灾害的防治措施

由于黄河流势变化大，主流摆动不定，易造成大规模河槽岸坍塌，威胁公路安全，应在拟建公路西侧黄河两岸修筑控导工程，控制黄河河势变化，达到稳固河岸的目的。黄河桥墩的布设尽量远离河岸，特别是黄河特大桥在建设期及运营期，应对黄河河道水文、河岸变化趋势进行不间断的连续监测，避免或减少黄河塌岸灾害的发生。

3.5.4　地面不均匀沉陷灾害的防治措施

地面不均匀沉陷主要发生在高填方及桥头部位，主要是由于地表加荷引起土层压密而形成的路基不均匀沉陷，因此，防治软弱土地基引起的地面不均匀沉陷灾害的措施为：低路堤采用铺设垫层及土工材料；一般路堤采用预压、强夯置换法，铺设垫层及土工材料；通道、涵洞采用粉喷桩、挤密砂桩、碎石桩等措施或采用整体式基础；桥头、高路堤采用粉喷桩、挤密砂桩、碎石桩等措施；在施工过程中填方区填料可选用黏性土，分层碾压夯实均匀，并保证填土质量。

4 结语

（1）台辉高速公路豫鲁界至范县段工程为重要建设项目，评估区位于黄河冲积平原，地势平坦、地貌类型单一，地质构造简单，土体工程地质性质较差，工程水文地质条件较差，地质灾害不发育，破坏地质环境的人类工程活动一般，因此地质环境条件复杂程度为中等。评估级别综合确定为一级。

（2）现状条件下，评估区内未发现崩塌、滑坡、泥石流、地面塌陷、地裂缝及地面沉降等地质灾害，现状评估结果为地质灾害危险性小。

（3）预测评估认为，路基工程建设引发路基边坡崩塌、地面不均匀沉陷灾害的可能性小；黄河特大桥工程建设引发河岸崩塌、边坡崩塌灾害的可能性中等，引发地面不均匀沉陷灾害的可能性小；其他桥涵工程引发边坡崩塌、地面不均匀沉陷灾害的可能性小；服务区、收费站建设引发基坑崩塌、地面不均匀沉陷灾害的可能性小。路基工程建设遭受路基边坡崩塌、地面不均匀沉陷灾害的危险性小；黄河特大桥工程建设遭受河岸崩塌、边坡崩塌地质灾害的危险性中等，遭受地面不均匀沉陷的危险性小；其他桥涵工程遭受边坡崩塌、地面不均匀沉陷灾害的危险小；服务区、收费站建设遭受基坑崩塌、地面不均匀沉陷的危险性小。

（4）综合分区评估认为，评估区黄河特大桥（K100＋000～K110＋228）段为地质灾害危险性中等区，评估区其他地段为地质灾害危险性小区。

（5）建设场地适宜性评估认为，评估区黄河特大桥段（K100＋000～K110＋228）为地质灾害危险性中等区，基本适宜工程建设，但对工程引发和遭受的地质灾害须采取有效防治措施；评估区其他地段为地质灾害危险性小区，适宜工程建设。

参 考 文 献

[1] 王瑞玲，李璞，谢山立，等. 台辉高速公路豫鲁界至范县段工程地质灾害危险性评估报告[R]. 河南省地质环境规划设计院有限公司，2013.

[2] 木超，劳子强，席文祥，等. 河南省区域地质志[M]. 北京：地质出版社，1989.

[3] 中华人民共和国国土资源部. 滑坡崩塌泥石流灾害调查规范：DZ/T 0261—2014[S]. 北京：中国标准出版社，2014.

[4] 中华人民共和国国土资源部. 泥石流灾害防治工程勘查规范：DZ/T 0220—2006[S]. 北京：中国标准出版社，2006.

[5] 王明伟，陈治，孙永年. 地质灾害调查与评价[M]. 北京：地质出版社，2008.

土拱效应形成机理及其研究进展

鲁 杰

摘 要:本文分析了土拱效应的形成机理及土拱空间受力特征,综述了目前土拱效应的研究现状,对土拱效应研究方向的发展趋势做了简要论述。

关键词:土拱效应;形成机理;研究现状;发展趋势

1 概述

土拱效应是自然界中普遍存在的一种自然现象,是土体表现出的特有的空间效应,是由于介质的不均匀位移引起的[1-2]。从细观角度讲,土体是由固体、液体、气体共同构成的三相体,其中固体相主要是由土颗粒组成。从这方面来说,可以近似地将土体归纳为颗粒体系。与流体、均匀固体不同,颗粒物质具有独有的特性,主要表现在其底面积的受力大小与体系的应力分布有关。当受到纵向压力作用时,颗粒体系内部应力容易发生变向,而趋于横向分布。这种潜在规律是致使土拱形成的主导因素。

早在19世纪80年代,科学家Roberts就注意到粮仓内粮食堆积高度达到一定值时,粮仓底部的压强几乎不再变化,而是趋于一个稳定值这一现象,提出了"粮仓效应"这个概念。这就是被日后学者和研究人员所公认的"土拱效应"的雏形。19世纪90年代末期,Janssen用连续介质模型对其进行了定量解释[3],但是仍然停留在现象表面,并没有就本质深入揭示。直到20世纪40年代,Terzaghi开展了著名的活动门试验,将土拱效应引入土力学领域,并针对土拱的应力分布进行了一定的描述[4]。到20世纪末期,有关土拱效应的现场实测数据以及理论研究越来越多。在研究土拱效应的同时,有的学者已经将其用于指导工程实践,不仅得到了理想的结果,而且积累了宝贵的经验。从"粮仓效应"概念的提出到真正认识并应用"土拱效应"跨越了近一个世纪,但仍然留有一些问题需要深入分析。

2 形成机理及空间受力特征

2.1 形成机理

在具体的滑坡防治案例中,根据滑坡复杂程度的不同,可以有针对性地选择布桩方式(单排桩、桩群)。无论采用哪一种布桩方式,其各自的加固机制是相同的,亦即必须使桩体、滑体、滑床这三方面在实际工作中相互协调[5-6]。滑体下滑所产生的滑坡推力主要由抗滑桩承担。在下滑的瞬间,滑体表现出一种整体移动的趋势,此时可以认为抗滑桩桩体是被动的,换言之,在这种瞬时下滑状

鲁杰:男,1991年生。硕士,助理工程师,主要从事地质灾害的研究工作。河南省地质矿产勘查开发局第四地质勘查院。

态下可以忽略桩体的存在，即抗滑桩与滑体作为一个整体发生滑动，在这种状态下，抗滑桩与滑体之间所受到的土压力是均衡的。然而，相对于滑床来说，如果抗滑桩与之发生了错动，那么在两者之间将产生摩擦阻力，这时，随着滑体的下滑，抗滑桩就表现出其刚性特征，进而出现两种结果：① 处于桩体后部的土体在桩体的横向阻拦下位移受阻，继而压缩，从而产生了不均匀的侧向土压力；② 土体内部黏聚力以及抗滑桩的桩侧摩擦阻力发挥作用。在抗滑桩发挥其阻滑能力的同时，由于桩前土体受抗滑桩的阻抗作用影响较小，所以表现出的整体逃逸趋势相对明显，位于桩前与桩后的土体出现了不一致的运动趋势，致使土体在桩间形成土拱效应(见图 1)。

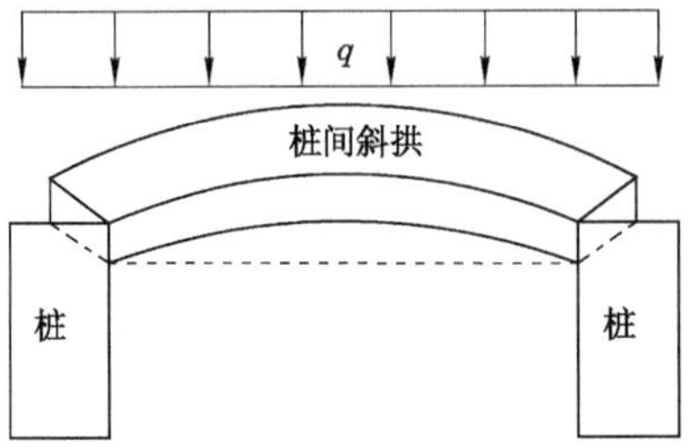

图 1　桩间土拱效应示意图

2.2　空间受力特征

当土体前方受到上部土体传递的滑坡推力 p 的作用时，桩间土拱形成。其受力状态如图 2 所示。由图可知，在滑坡推力 p 作用下，土拱下方会产生一个与滑坡推力方向相反的阻抗力 p'，主要作用在土拱后侧。同时，在滑动面处，土体也会产生抗滑力 p_0。显然，作用在土拱上方的实际推力为三者的合力，在合力的作用下，抗滑桩桩侧产生桩侧摩阻力 T。

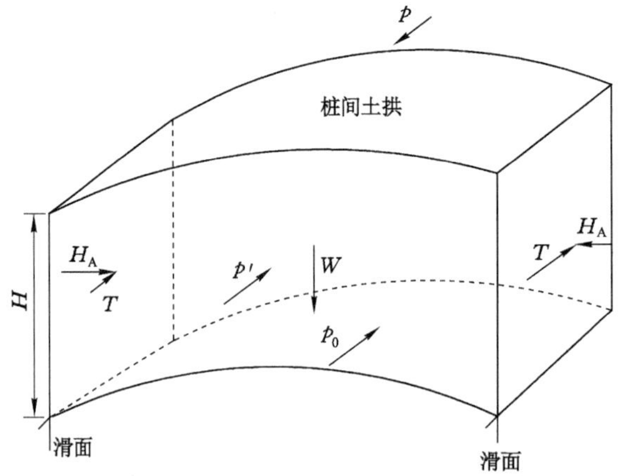

图 2　桩间土拱受力示意图

一般情况下，利用土拱下方土体的阻抗作为支撑力会很小，因为土拱本身所允许的压缩滑动变形就比较小。当桩后土体的滑坡推力作用到土拱上以后，土拱立即将其分摊到抗滑桩两侧的桩体上，然后抗滑桩将桩体上的荷载通过桩身传递到加固基岩以下，从而对边坡或滑坡起到支挡防护的作用。也就是说，只有当拱体自身失稳，土拱下方土体的阻力作用才会充分地表现出来。在布桩间距合适的情况下，存在这样一个状态，即土拱的荷载分担性能完全发挥，那么传递到土拱前方的滑坡推力就几乎为零，换言之，在此条件下，拱体前方土体对后部土体的阻抗力可以忽略不计。

3 研究现状

3.1 理论研究现状

理论方面，Handy[7]在对无黏性土的应力分布分析中指出，无黏性土的应力分布和我们日常见到的拱是不同的，主要是其应力分布和结构拱相反，即土拱中小主应力是连续的。在此基础上，提出了小主应力成拱理论。胡敏云等以基坑中相邻两支护桩为例，建立了水平剖面的分析模型，在此基础上，对桩间土拱效应进行了探讨，认为土拱中的大主应力是连续的，即土拱与承受压力作用的结构拱相似，大主应力线的轨迹可以近似地用圆弧线方程进行描述；并进一步利用摩尔应力圆对土拱边界处的压力、分布形式进行了深入分析。

朱碧堂等[8]在归纳了前人研究工作的基础上，将桩间土拱简化成结构中的拱形梁，通过在抗滑桩与土体接触面处建立静力平衡条件对土拱的受力进行分析，并把此种方法称作“拱形梁”法。由于“拱形梁”法能够很好地从结构力学方面引荐过来，所以，在之后的研究工作当中，很大一部分是以此分析方法为理论基础展开的。其中，Wang 和 Yen[9]借助此理论方法，以无限土坡中的抗滑桩为研究对象进行了针对性的分析，得到了以下有益的结论：① 土拱所受到的压力与同位置处斜坡的下滑推力相等；② 在无黏性土和黏性土中都存在土拱效应；③ 存在一个桩间距临界值，一旦布桩的间距超过此临界值，抗滑桩桩间将不会形成土拱效应。

3.2 室内试验研究现状

有关试验方面的报道，最早是 Vermeer 等[10]为了寻求土拱效应存在的数据支持，在科隆铁路开挖工程中进行的现场试验，通过拆除被动桩桩间的支挡木条来监测桩后区的土压力分布，监测到的数据显示，位于支护桩桩后土体中土压力分布情况是近似三角形的形态，而不是理论上的固定值(也就是直线状态)，通过开展这个试验，间接地论证了土拱效应的存在。Bosscher 等[11]为了解砂性土中土拱效应的特征，在室内通过模型试验的手段对其进行了模拟，模拟结果显示：土拱效应与桩间的设置有着密切的关系，相邻两抗滑桩间距越近，土体所表现出的成拱效果就越显著。换言之，此时土拱可以承担更多的荷载，当 $s/b=3$(桩径比，即相邻两抗滑桩中心距与垂直于滑坡推力方向上的抗滑桩边长之比)时，通过土拱作用传递到抗滑桩上的荷载分担比例达到 70%。Chen 和 Martin[12]在此基础上对排桩中存在的群桩效应进行了探讨，通过一系列模型试验对比分析，得出了群桩效应存在的极限桩径比，即 $s/b\leqslant 8$。国内方面，姚元峰等[13]进行了室内模型试验，给定桩后土体一定的压力直至桩间土体剥落，通过剥落体的形状更加直观地描述了土拱的形状，并得到了不同桩间距下土体的成拱高度。吴子树等[14]借助离心模型试验，将试验结果与土拱的理论研究相结合，对土体的成拱机理以及形成前提进行了综合描述，进而实地调查和分析了硐室中土拱的稳定性，取得了很好的效果。杨明等[15]通过离心模型试验对土拱的长期稳定进行了研究，在试验过程中，通过宏观观测发现，土拱的稳定性在一定程度上与桩宽呈正比关系，在此基础上，针对抗滑桩宽度对土拱的影响规律进行了数值试验研究，数据显示，相对于桩宽对土拱卸荷能力的影响而言，桩间净距对其影响更为明显，起着主导作用。

3.3 数值模拟研究现状

数值模拟研究方面，Liang 和 Zeng[16]采用数值试验手段对抗滑桩与土体之间的相互作用机理进行了深入研究。Chen 和 Martin[12]在土拱效应存在的前提条件下，对水平向推力作用下的抗滑桩以及土体响应特征(如土体位移、桩身变形等)进行了对比分析。Vermeer 等[10]经过模拟得到了荷载作用下桩后土体中的应力应变关系，通过土体内部主应力云图明显观测到了土拱的宏观形态，并将数值试验结论和已有的实测数据进行了综合对比研究，获得了较为理想的规律效果。吕庆等[17]采用 FLAC^{3D}建立了一定厚度的滑坡桩土作用模型，对抗滑桩桩前、桩后以及桩周的应力场以及变形进行了详细的探讨，将土拱的发育大致分为三个阶段，通过对不同阶段土拱的变形规律的分析，得出了土拱效应随滑坡推力以及桩间距变化的关系。张建华等[18]在对桩结构力学解析的基础上，通过 FLAC 软件建立了相应的数值计算模型。采用 Y-d 等值线以及模型中轴线上节点位移变化曲线直观地描述了土拱效应的产生过程，并对不同桩间距模型下的抗滑桩抗滑效果进行了对比分析。张建勋等[19]采用有限元软件对土拱的形成过程进行了剖析，揭示了土体的成拱机理，认为对土拱效应起主导控制作用的因素是桩间距。黄伟达[20]采用 FLAC^{3D}建立了“桩土”作用三维状态下的有限差分模型，考虑了单排桩的空间受力情况，探讨了堆载条件、土层分布和被动桩刚度对桩侧土压力影响规律，当土体弹性模量较小或者被动桩桩径比较大时，桩间土体才会形成土拱，且在不同深度土拱也有所区别。

4 影响土拱效应的主要因素

从以上的研究成果来看，影响土拱效应的主要因素有：① 土体材料力学特性，由弹性模量、泊松比、摩擦角、黏聚力、容重、抗剪强度等参数反映；② 抗滑桩所布桩间距，由无量纲参数桩径比反映；③ 滑坡后缘荷载，由滑坡推力参数反映。

5 研究发展趋势

有关土拱效应的研究虽然取得了很大的成就，但在以下几个方面还有待进一步完善，这些将是以后研究的重点。

(1) 基于微观的土拱效应的形成-发展-破坏研究。众所周知，土体是一种非均质的离散体，并不是严格意义上弹塑体，只有更精确、更实际地概化土拱效应分析模型，才能促进土拱效应研究的发展。

(2) 多边界条件下土拱的长期稳定性研究。在具体滑坡案例中，往往滑坡处于常降雨、多地震等复杂自然环境中。开展多边界条件下土拱的长期稳定性研究，对于滑坡防治工程合理布置具有一定的指导意义，以优化方案，节约投资。

参考文献

[1] 厚美瑛，陆坤权. 奇异的颗粒物质[J]. 新材料产业，2001，8(2)：26-28.
[2] 肖文波，胡林. 颗粒物质的两个典型效应及其研究现状的分析[J]. 物理实验，2004，24(3)：172-174.
[3] JANSSEN H A, VEREINS Z. Versuch über Getreidedruck in Silozellen[J]. Deutcher Ingenieure, Zeitschrift, 1895, 39(25): 1045-1049.
[4] Terzaghi K. Theoretical Soil mechanics[M]. New York: JohnWiley & Son, 1943.
[5] 张倬元. 滑坡防治工程的现状与发展展望[J]. 地质灾害与环境保护，2000，11(2)：89-97.
[6] 张友良，冯夏庭，范建海，等. 抗滑桩与滑坡体相互作用的研究[J]. 岩石力学与工程学报，2002，21(6)：839-842.
[7] HANDY R L. The arch in soil arching[J]. Journal of Geotechnical Engineering, ASCE, 1985(3): 302-318.
[8] 朱碧堂，温国炫，刘一亮. 基坑开挖和支护中土层拱效应的理论分析[J]. 建筑科技，2002，33(2)：97-98.
[9] WANG W L, YEN B C. Soil arching in slopes[J]. Journal of Geotechnical Engineering, ASCE, 1974, 100(GT1): 61-78.
[10] VERMEER P A, ANKANA PUNLOR, NICO RUSE. Arching effects behind a soldier pile wall[J]. Computers

and Geotechnics,2001(28):379-396.

[11] BOSSCHER P J,GRAY D H. Soil arching in sandy slopes[J]. Journal of Geotechnical Engineering,1986,112(6):626-645.

[12] CHEN C Y, MARTIN G R. Soil-structure interaction for landslide stabilizing piles[J]. Computers and Geotechnics. 2002(29):363-386.

[13] 姚元锋,赵晓彦. 抗滑桩桩间土拱效应试验方法的研究[J]. 路基工程,2010,149(2):86-88.

[14] 吴子树,张利民,胡定. 土拱的形成及存在条件的探讨[J]. 成都科技大学学报,1995,83(2):15-19.

[15] 杨明,姚令侃,王广军. 抗滑桩宽度与桩间距对桩间土拱效应的影响研究[J]. 岩土工程学报,2007,29(10):1477-1482.

[16] LIANG R,ZENG S. Numerical study of soil arching mechanism in drilled shafts for slope stabilition[J]. Soil and Foundation,2002,42(2):83-92.

[17] 吕庆,孙红月,尚岳全. 抗滑桩桩后土拱效应的作用机理以及发育规律[J]. 水利学报,2010,41(4):471-476.

[18] 张建华,谢强,张照秀. 抗滑桩结构的土拱效应及其数值模拟[J],岩石力学与工程学报,2004,23(4):698-703.

[19] 张建勋,陈福全,简洪钰. 被动桩中土拱效应问题的数值分析[J]. 岩土力学,2004,25(2):174-179.

[20] 黄伟达. 堆载下被动桩与土体相互作用的 FLAC 三维分析[J]. 工程地质学报,2007,15(1):98-102.

新峰一矿深部煤矿床特征

崔晓梅

摘　要：研究区内的新生界含水岩组、石盒子组碎屑岩裂隙含水岩组、山西组二$_1$煤层顶板直接充水含水层一般对矿坑充水影响较小。而太原组上段、下段岩溶裂隙含水层及寒武系岩溶裂隙含水层的露头部分长期出露地表，在自然环境的影响下，有发育岩溶裂隙甚至溶洞的充分条件，之后又为新生代地层覆盖，与新生代底部含水层相沟通，该处含水层的富水性及导水性相比之下大为增高，在开采本地段煤层时，这三层岩溶裂隙水可能会引起突水及淹井事故。

关键词：含水岩组；隔水层；煤矿床；新峰一矿深部

从20世纪60年代开始，新峰一矿的浅部煤层就已经开发，而深部煤层处在勘查阶段[1]。本文就近年来的矿床开采技术条件，对新峰一矿深部煤层的水文地质条件做重点叙述。

1　地形地貌

区域总的地势是北西部高，为剥蚀丘陵地貌，南部及北东部为山前冲积平原，地形较为平坦。研究区海拔标高98.0～210.0 m。标高98.0 m可作为研究区最低侵蚀基准面高度，含矿层深埋于最低侵蚀基准面之下。

2　气象

区域气候属大陆性半干旱气候，历年最大降水量1 203 mm，年平均降水量669 mm，最大连续降水量204.7 mm，降雨量多集中在第三季度的7、8月。最高气温42.3 ℃，最低气温－13.7 ℃，年平均气温13.7 ℃。常年最多风向是东、北东风，最大风速21 m/s。土壤冻结时间为当年12月至次年2月，冻结深度最大为22 cm。全年无霜期216天。

3　地表水体

区域水库均距离研究区较远，在20 km以外，对地下水影响不大。研究区南西向存在一条区域最大的河流——颍河，距离研究区南10余公里，有厚层新生代地层的阻隔，区内地层又总体向南倾斜，因此该河河水对区域浅层地下水有补给作用，对矿床主要充水含水层补给作用不大。流经的泥河、郭连河均为间歇河，旱季干涸，雨季排泄地表积水，郭连河排泄平禹一矿矿坑水，得以保持终年流水，均对矿床充水含水层补给作用不大。

崔晓梅：女，1990年1月生。本科，助理工程师，从事地质找矿工作。河南省有色金属地质矿产局第四地质大队。

4 地下水的补给、径流和排泄

西部、北部山区的寒武纪地层大面积出露，在构造和风化裂隙发育部位，利于大气降水和地表水对地下水的补给。大气降水一方面渗入裂隙、溶洞转化为地下水，一方面汇成溪流。第四系分布区地下水大面积接受降水的补给，在山前第四系含水层和寒武系灰岩接触部位，第四系水补给寒武系岩溶裂隙水。

蒸发和人工开采是第四系地下水的主要排泄形式。蒸发排泄主要发生在地下水埋藏浅的平原地区；而人工开采则主要用于城镇、工矿供水和农田灌溉。基岩地下水的排泄形式有自然排泄和人工排泄两种形式。自然排泄是指泉水排泄地下水，主要集中在官山寨断层和祖师庙断层之间，排泄量 277.38 L/(s·m)；而人工排泄则比较分散，主要是指煤矿为消除隐患而采取人工排泄地下水。

在水文地质分区上，本区位于箕山南麓褶皱断裂构造带水文地质区磨街-梁北水文地质亚区西段的补给径流带部位；区域上，白沙向斜构成一个完整的水文地质单元，形成统一的地下水含水系统，南关断层和郭连断层分别位于白沙向斜两翼，二者组合构成地堑式构造。

5 主要含水岩组

5.1 新生界含水岩组

本含水岩组具有层数多、厚度大的特征，并可进一步细分为第四系松散岩孔隙水岩组、泥灰岩岩溶裂隙含水岩组和新近系半固结孔隙含水岩组。

研究区第四系控制厚度 41.70～401.38 m，平均厚度 127.2 m。第四系松散岩孔隙水岩组主要分布于浅部，岩性主要有砂、砂卵石、砾石，其次是砂质黏土中的砾石透镜体，泥灰岩岩溶裂隙含水岩组分布于第四系底部；直接接受大气降水补给，含水层的富水、透水性强，深部相对富水性较差，含水层层位不稳定，分布不广泛；地下水径流方向自北西流向南东；地下水排泄方式主要为地表蒸发及人工抽汲；浅部地下水为潜水及弱承压水，向深部转为承压水。钻孔施工中无涌水或漏失水现象。据相邻平禹一矿水文地质资料：单位涌水量 0.010 1～0.264 L/(s·m)，渗透系数为 0.182～1.632 5 m/d，水化学类型为 HCO_3^--Ca^{2+}·Mg^{2+}和 HCO_3^--(K^++Na^+)·Ca^{2+}·Mg^{2+}型水，矿化度 0.359～0.404 g/L。

中砂孔隙裂隙含水岩组，岩性为泥质、钙质胶结，钙质胶结地段可见溶孔、溶蚀裂隙等溶蚀痕迹；该含水层层位不稳定，厚度变化大，部分地段缺失，在东部缺失本层。钻孔施工中无漏水现象。

该含水岩组距离二$_1$煤层较远，一般对矿坑充水影响较小。

5.2 石盒子组碎屑岩裂隙含水岩组

二叠系下、上石盒子组(本区缺失石千峰组)裂隙含水层岩组，由中、粗粒砂岩组成，其中砂锅窑砂岩、田家沟砂岩等厚度大、层位稳定，硅质胶结，质脆坚硬，裂隙较发育。其中四～九煤段砂岩除砂锅窑砂岩外，一般厚度较小，距离主煤层二$_1$煤较远，且与泥岩及薄层煤呈互层状，限制了各含水层中地下水径流，对矿坑充水影响不大。钻孔施工中无涌水或漏水现象。

5.3 山西组二$_1$煤层顶板直接充水含水层

该含水层主要由大占砂岩和香炭砂岩构成，岩性为细～粗粒砂岩，以中粒砂岩为主，硅质胶结，层位稳定，分布广泛，裂隙较发育，局部裂隙面有褐黄色铁锈浸染，其中香炭砂岩局部含泥质成分。

钻孔控制顶板最小埋深 505.56 m(标高－404.12 m),最大埋深 795.00 m(标高－679.96 m),平均埋深 597.77 m,控制厚度 3.50～57.60 m,平均厚 18.77 m,钻进中无循环液漏失现象。详查阶段在该含水层中进行了两次水文地质抽水试验,大占砂岩与香炭砂岩裂隙含水岩组的涌水量 0.000 454～0.002 17 L/(s·m),渗透系数 0.000 2～0.000 76 m/d,矿化度 0.43～0.611 g/L,水化学类型为 $HCO_3^- \cdot SO_4^{2-}$-$Ca^{2+} \cdot (K^+ + Na^+)$,稳定水位标高 81.25～89.95 m。

该含水岩组为二$_1$煤层顶板直接充水含水层,但由于该含水层水文地质参数很小,富水性很弱,甚至隔水,对煤层开采影响不大;从其水化学类型分析,该层水径流滞缓,循环条件较差,水量补给不足。

5.4 太原组上段岩溶裂隙含水层[2]

该含水层是指太原组 L7 灰岩及以上的石灰岩所构成的含水层。钻孔揭露石灰岩一般有 3～4 层,钻孔控制最小埋深 555.99 m(标高－454.55 m),最大埋深 942.10 m(标高－839.26 m),平均埋深 736.39 m,控制厚度 8.50～21.46 m,平均厚 13.41 m。该含水层层位稳定,分布广泛,裂隙较发育,多被白色方解石充填,基本见不到溶蚀痕迹。钻孔施工中在该含水层未发现涌水或冲洗液漏失等现象。据该段石灰岩成分的化验资料,可溶性组分 CaO 平均含量 40.9%,由于燧石含量较高,灰岩单层厚度不大,又处在泥岩及泥质灰岩之间,且太原组与上覆二叠系地层为连续沉积,勘查区内本层受构造影响深埋很大,岩溶发育程度受到限制;该层水埋藏深,根据水化学分析成果,地下水处于径流滞缓甚至相对封闭的环境,水流交替缓慢,阻碍了岩溶裂隙的进一步发育,因而含水空间有限。本次详查阶段在该含水层中进行两次抽水试验,单位涌水量 0.000 452～0.003 1 L/(s·m),渗透系数 0.000 75～0.007 9 m/d(平禹一矿资料:单位涌水量 0.000 847～0.026 3 L/(s·m),渗透系数为 0.062～0.18 m/d),矿化度 0.589～0.802 g/L,水化学类型为 $SO_4^{2-} \cdot Cl^- \cdot HCO_3^-$-$(K^+ + Na^+) \cdot Ca^{2+}$。该含水层稳定水位标高 78.785～86.01 m,为岩溶裂隙承压水。

该含水层至二$_1$煤层底板距离为 5.92～19.33 m,平均距离为 9.20 m,为二$_1$煤底板的间接充水含水层,但该含水层水文地质参数很小,富水性很弱,甚至隔水;从其水化学类型分析,该层水循环条件较差,水量补给不充分。该含水层对开采二$_1$煤层的充水影响较小。

该含水层与上下地层整合接触,为连续沉积,没有受到自然环境及循环水影响的机会,之后又被褶皱影响深埋,没有自身充分发育岩溶裂隙及溶洞的条件。

5.5 太原组下段岩溶裂隙含水层

该含水层是指太原组下段中的石灰岩(包括 L1～L4 灰岩)所构成的含水层。钻孔控制最小埋深 585.09 m(标高－483.65 m),最大埋深 977.00 m(标高－874.05 m),平均埋深 786.55 m,控制灰岩总厚度 4.55～39.30 m,平均厚 21.50 m,层位稳定,分布广泛。其中 L1 与 L2、L3 与 L4 石灰岩常常合并。石灰岩中的裂隙较发育,多被方解石充填胶结,少见有溶蚀痕迹。钻孔施工中在该含水层未出现涌水或冲洗液漏失现象。据该段石灰岩成分的化验资料,可溶性组分 CaO 平均含量 46.4%,太原组与上覆二叠系地层为连续沉积,勘查区内本层受构造影响埋深大;根据水化学分析成果,地下水径流滞缓,水流交替缓慢,阻碍了岩溶裂隙的进一步发育,因而含水空间有限。详查阶段在该含水层中进行两次抽水试验,单位涌水量 0.000 546～0.004 12 L/(s·m),渗透系数 0.001 37～0.003 4 m/d,矿化度 0.430～0.440 g/L,水化学类型为 $HCO_3^- \cdot SO_4^{2-}$-$(K^+ + Na^+) \cdot Ca^{2+}$。该含水层稳定水位标高 87.03～88.02 m。

据平禹一矿水文地质资料,在断层附近出现岩溶裂隙水的突水点 6 个,出水量 5～770 m^3/h,其中 2001 年 10 月水量 770 m^3/h 突水点造成采区被淹,但突水点水量衰减很快,在不长的时间内稳定在 450 m^3/h。

该含水层为岩溶裂隙承压水，富水程度弱，一般情况下对开采二$_1$煤层影响不大，但在断层附近时，该含水层对开采二$_1$煤层有一定的影响。

该含水层与上下地层整合接触，为连续沉积，没有受到自然环境及循环水影响的机会，之后又被褶皱影响深埋，没有自身充分发育岩溶裂隙及溶洞的条件。

该含水层至二$_1$煤层底板距离为49.55～80.01 m，平均距离为63.02 m，为二$_1$煤层底板间接充水含水层，但该含水层渗透条件差，富水性很弱，甚至隔水；从其水化学资料分析，该含水层水循环条件较差，水量补给不充分，以静储量为主。该含水层对开采二$_1$煤层充水影响较小。

综合上述情况，二$_1$煤层底板间接充水含水层，不会对矿井巷道产生突水现象，对矿井的安全影响不大。

5.6 寒武系岩溶裂隙含水层

寒武系岩性主要为白云质灰岩，钻孔控制最小埋深685.25 m(标高－800.00 m)，最大埋深997.28 m(标高－882.245 m)，平均埋深902.74 m。钻孔揭露灰岩厚度8.08～53.040 m，据钻孔岩芯观察，岩芯裂隙较发育，但多被方解石充填胶结，无溶蚀痕迹，钻孔施工中在该含水层未涌水或冲洗液漏失现象。据钻孔揭露灰岩的化验资料，CaO平均含量44.71%。经在该含水层中进行的两次抽水试验，单位涌水量0.005 01～0.008 11 L/(s·m)，渗透系数0.007 7～0.008 7 m/d，矿化度0.525～0.559 g/L。水化学类型为：HCO_3^--(K^+＋Na^+)·Ca^{2+}。该含水层水位标高82.74～85.07 m。

该含水层至二$_1$煤层底板距离为96.33～117.601 m，平均距离为110.21 m，富水性很弱；从其水化学资料分析，该层水循环条件较差，水量补给不充分，对开采二$_1$煤层充水影响较小，对矿井的安全影响不大。但勘查区内断层发育，由于断层的错动，在开采条件下，岩溶裂隙水沿断层破碎带进入矿井成为直接充水水源，对二$_1$煤层开采构成一定威胁。

6 主要隔水层

6.1 二$_1$煤层顶板隔水层

区内二$_1$煤层开采形成导水裂隙带，其上泥岩、砂质泥岩可有效地隔断砂岩含水层中各含水层之间的水力联系。山西组顶部的小紫泥岩，厚度大，层位稳定，分布广泛，节理不发育，可以有效地隔断下石河子组及其以上含水层对矿坑的影响，尤其对其上部砂锅窑砂岩含水层的隔水效果较强。

6.2 二$_1$煤层底板隔水层

区内二$_1$煤层底板至太原组上段石灰岩间距5.92～19.00 m，平均9.20 m；岩性为泥岩、砂质泥岩和砂岩为主，分布稳定，具有较好的隔水性能。在自然条件下，除断层附近外，可阻止二$_1$煤层底板岩溶裂隙水进入二$_1$煤层。但在采煤条件下，受矿山压力及底板灰岩高压水的影响，本隔水层受水软化，并将产生新的裂缝而丧失隔水作用。

6.3 太原组中段隔水层

据勘查区内钻孔揭露，钻孔控制太原组中段最小埋深577.45 m(标高－476.01 m)，最大埋深957.55 m(标高－854.30 m)，平均埋深754.11 m，控制厚度7.64～45.10 m，平均厚23.55 m；岩性以砂质泥岩、泥岩、砂岩为主。该隔水层在区域上层位稳定，厚度较大，分布广，节理裂隙不发育，从而隔水性能良好，正常情况下可阻止太原组下段及寒武系岩溶裂隙水进入二$_1$煤层。但在断层附近，本隔水层的完整性受到破坏，将失去隔水作用。

6.4 本溪组铝质泥岩隔水层

本溪组隔水层岩性多为铝质泥岩和砂质泥岩，厚度 9.20～13.25 m，平均厚度 11.25 m。本溪组在区域上发育良好，层位稳定，隔水性能良好。但在断层附近本隔水层的完整性受到破坏，将失去隔水作用。

7 结论

综合来看，研究区内的新生界含水岩组、石盒子组碎屑岩裂隙含水岩组、山西组二$_1$煤层顶板直接充水含水层一般对矿井充水影响较小。

在研究区的北部，由于受到褶皱构造作用，背斜隆起的核部受到剥蚀。历史上，太原组上段、下段岩溶裂隙含水层及寒武系岩溶裂隙含水层这三层露头部分长期出露地表，在自然环境的影响下，有发育岩溶裂隙甚至溶洞的充分条件，之后又为新生代地层所覆盖，与新生代底部含水层相沟通，该处含水层的富水性及导水性相比之下大为增高，在开采本地段煤层时，这三层岩溶裂隙水可能会引起突水及淹井事故。

据钻孔揭露，区内基岩风化带厚度 25 m 左右，研究区北东部煤层直接为新生代地层所覆盖，当开采位于风化带附近的煤层和煤层顶板基岩厚度小于 60 m 及煤层露头至其以深 100 m 的地区时，受冒顶影响，新生代底部含水层会成为矿井直接充水含水层，会引起突水及淹井事故，应特别注意。

参 考 文 献

[1] 卢克学. 新峰一矿深部二$_1$ 煤层特征[J]. 化学工程与装备，2013(11)：133-136.

[2] 王书华，王松森，张孔敏，等. 新峰一矿构造控水作用与治理措施探讨[J]. 中国煤炭地质，2009，21(4)：38-43.

袁家庄石膏矿区崩塌地质灾害成因分析及防治措施

何伟民，郑云武

摘　要：本文通过对袁家庄石膏矿地质环境条件及矿区崩塌地质灾害成因的分析，指出了造成矿区地质灾害形成的原因是由岩石地质特征的内在因素和人类工程活动的外在因素共同引起的。结合当地实际情况，提出了一些具体、可行的治理措施和防治对策，以便有效地预防和减少地质灾害及次生地质灾害的发生。

关键词：地质环境条件；崩塌地质灾害；防治措施；袁家庄石膏矿区

1　前言

袁家庄石膏矿区位于河南省汝州市西南部，隶属于寄料镇管辖。矿区坐标：东经 112°36′27″～112°39′57″，北纬 34°01′01″～34°02′30″，矿区面积约 14.78k m^2。总体地势西南高，东北低[1]，北部为中高山区，是典型的出山口地形。

矿区内矿产主要有煤炭、黏土矿、灰岩矿、硫铁矿、石英砂矿及石膏矿等。其中煤炭资源储量近 4 000 万 t。由于相关管理部门缺乏对矿产资源有效、科学的管理和监督，加之地层组合的地质特征，导致矿区不同程度地产生了一些崩塌、塌陷等地质灾害。因此，正确认识地质灾害的形成机理，并采取合理的治理措施和防治对策，对保护和促进地质生态环境工程的改善，确保群众生命财产安全，加快平安和谐新农村建设，具有重要的现实意义。

2　矿区地质环境条件[1-2]

2.1　地形地貌

矿区海拔 410～618 m，相对高差 208 m，属中低山地形。区内沟壑纵横，冲沟发育，多为北西～南东向，切割深度 2～6 m(见图 1)。地层总体倾向南东，倾角 15°～35°，基本上为一单斜构造。地形坡度 20°～45°，局部较陡，可达 75°左右，有利于大气降水的排泄。

2.2　气象水文

矿区属暖温带湿润大陆性季风气候，年平均降水量 790 mm，年最大降水量 1 124 mm，年最小降水量 446 mm，降水多集中在 6～9 月，占全年降水量的 67.78%。年极端最高气温 43.3 ℃，极端最低气温 −18.1 ℃，年平均气温 14.7 ℃。矿区局部可见小溪沟，一般流量 0.3～0.5 L/s，随季节

何伟民：男，1975 年生，河南许昌人。硕士，高级工程师。长期从事野外水文地质、工程地质、环境地质及灾害地质的勘查工作及研究。河南省地质矿产勘查开发局第二地质勘查院。

郑云武：重庆市地质矿产勘查开发局 205 地质队。

图 1　矿区地形地貌特征

变化较明显，雨季时流量可达 2 000～5 000 L/s，易造成洪涝灾害。冻结期为当年 12 月至翌年 2 月，最大冻土深度 20 mm。

2.3　地层岩性

区内与地质灾害发育有密切关系的地层主要有：中元古代蓟县系的北大尖组(Pt_2^2bd)的石英砂岩夹页岩；新元古代青白口系的崔庄组(Pt_3c)的页岩、三教堂组(Pt_3s)的石英砂岩、洛峪口组(Pt_3l)的白云岩及页岩；早古生代寒武系辛集组(ϵ_1x)的含磷石英砂岩、朱砂洞组(ϵ_1z)的白云质灰岩、馒头组(ϵ_1m)的(白云)泥质灰岩夹页岩、张夏组(ϵ_2z)的(白云质)灰岩和新生代第四系(Q)的黏质砂土及碎石。

2.4　水文地质

矿区内与地质灾害有关的地下水含水层主要有第四系孔隙潜水含水层和裂隙承压含水层。第四系孔隙潜水含水层仅在沟谷及山坡低洼处有零星分布，按成因可分为残坡积物($Q^{el\text{-}dl}$)、坡洪积物砂砾石($Q^{dl\text{-}pl}$)及沟谷两岸的冲洪积物($Q^{al\text{-}pl}$)，平均厚度 0.5～3.0 m；潜水流量 0.15～0.30 L/s，主要接受大气降水补给，水量不稳定。

裂隙承压含水层主要由下寒武统辛集组一段(ϵ_1x_1)的(海绿石)含磷砂岩、砂质磷块岩组成，该层节理裂隙较发育，岩芯破碎，含裂隙承压水，涌水量 0.004 4～0.008 1 L/s。该含水层厚度 6～15 m，地表出露较高，直接接受大气降水的补给，富水性较差。

2.5　地质构造与地震

矿区内褶皱构造不发育，断裂构造以北东东-南西西向和北西—南东向为主，多为正断层。

据河南省地震烈度区划图，矿区地震基本烈度在Ⅵ度(参照 GB 18306—2015)以内。据史料记载，历史上未发生过五级以上地震。矿区及其附近区域无活动断层，区域稳定性好。

3　崩塌灾害成因分析

崩塌(即崩落、垮塌或塌方)是指较陡斜坡上的岩土体在重力作用下突然脱离母体而急剧崩落、滚动的地质现象，多以乱石堆的形式堆积[2]，具有突发性、随机性和不可预见性。导致崩塌产生的原因包括自然环境基本因素和外界环境诱发因素。

3.1 自然环境基本因素

3.1.1 地形因素

吕庄村西北部山高坡陡，坡脚一般在35°～75°之间（见图2），局部地方甚至垂直（见图3），易形成临空面。陡峭的地形为崩塌的发生提供了条件。

图2 吕庄小学门前陡坡

图3 修建道路产生临空面

3.1.2 地质结构因素

通过灾害地质调查发现，崩滑体多发生在软硬岩层相间的陡坡。岩体上部为洛峪口组二段（Pt_3l_2）的灰红色厚层状白云岩，节理发育，与层面、卸合裂隙等组合，将岩体切割成孤立的岩块，利于地表水的下渗；下部为洛峪口组一段（Pt_3l_1）的灰绿色、紫红色页岩（见图2、图3），为相对不透水的隔水层，地表水在软硬岩石界面处聚集漫延，再加之页岩经长期风化强度大大降低，又不断被水侵蚀（见图4），位于上部的孤立岩体碎块易坠落，从而引发崩塌的产生。

3.2 外界环境诱发因素

3.2.1 降雨因素

大气降雨是崩塌和局部滑坡产生的催化剂。大气降水通过上部岩体裂隙入渗到下部的页岩，由于下部的页岩为隔水层，长期受雨水的冲刷和侵蚀发生软化，当页岩达到饱和临界值时，在上部岩体荷载的作用下，产生滑动型基岩崩塌和滑移现象。2017年8月，由于多日连续降雨，产生突发性岩石崩塌，导致吕庄小学3名学生受重伤，10多名学生轻伤，路面破损，车辆受到不同程度的破坏，造成直接经济损失数万元；同时致使交通滞塞（见图5），严重影响了群众的正常生活。

图4 风化后的页岩易发生崩塌

图5 崩塌导致交通堵塞

3.2.2 工程活动因素

崩塌与人类社会经济活动密切相关。吕庄村委会前面道路工程的不规范开挖施工，使岩体产生临空面(见图3)，破坏了山体或岩体的力学性和完整性，打破了其固有的平衡状态，人为加剧了灾害的发生；牛家寨采掘浅部硫铁矿或石膏矿时，由于环保部门疏于管理和群众缺乏环保生态责任意识，对露天采坑没有及时进行治理和充填，最终诱发坍塌(见图6)的发生，坍塌区范围长约60 m、宽约20 m，坍塌深度1.5～2.5 m，中心深达4 m左右，地面损失面积120 hm^2，严重破坏了生态环境。

图6 采空区引起坍塌

4 治理措施及防治对策

4.1 治理措施

根据矿区崩塌和塌陷形成的地质条件和现场实际状况，本着以人为本、经济与安全相结合、治理与防护相协调的原则，可采取以下治理及防范措施。

4.1.1 边坡的清排工程

对危险性较小的斜坡，可通过削坡、刷坡、减荷等，改变斜坡外形，降低斜坡重心，提高岩体崩滑的稳定性；对易风化的页岩边坡，以及窗户式面墙等封闭措施，以及截排水天沟和平台排水沟措施，以减少地表水对岩土体的冲蚀。

4.1.2 边坡的拦挡工程

图7 坡脚处设置的挡石墙

拦挡工程包括遮挡、支挡、拦截等工程。对易发生剥落、滚石、崩塌的地段，宜在坡脚处设置落石平台、拦石栅、挡石墙(见图7)等构筑物[3]。常采用的支挡结构物如抗滑挡墙、抗滑桩、预应力锚索、锚杆等，控制和防止斜坡岩土体的运动。

4.1.3 边坡的加固工程

对地表白云岩、砂岩发育的节理、裂隙、洞穴等，可采用喷浆、注(灌)浆、勾缝等措施进行填充、固结[4]，以阻止岩体裂隙的持续发展，加强岩体的完整性和稳定性。

4.1.4 露天采坑的回填工程

首先将松散碎石挖出，挖至新鲜基岩面，然后充填废弃的石块，将塌陷区和采坑碾压平实、固结，在上面覆盖一些土壤层，种植一些根深草、灌木(如草木樨、椒蒿、松柏等)[5]之类护坡物种。

4.2 防治对策

4.2.1 加强法制管理，增进部门联系

地方政府及相关管理部门(如国土部门、环保部门、水利部门等)在矿山环境保护方面应制定一些专门、详细的法规、条例、制度和政策，坚持以“预防为主，防治结合，分级管理，属地为主”和“谁诱发，谁治理”为原则，切实改善地质环境，防治地质灾害。

4.2.2 普及科普知识，提高防灾意识

广泛通过各种渠道、媒体，大力宣传和普及地质灾害科普知识，树立和增强防灾减灾的环保意识，提高群众的自救、互救能力。做好群测群防工作，并时常进行应急避险演练（见图 8），使受地质灾害威胁范围内的居民了解灾害隐患、撤离路线、防灾避灾措施。

图 8 吕庄小学应急避险演练

4.2.3 强化网络建设，加强监控力度

综合运用地理信息系统（GIS）、岩体工程技术设备，快速、准确地预测各类地质灾害的险情，也是防治地质灾害的重要措施。建立起防灾减灾的网络体系，对各类地质灾害点进行动态追踪监测，严格汛期值班和灾情速报制度，确保上报下达、信息传递到位。

4.2.4 规范人类活动，综合利用资源

严格按照法规、规程进行工程活动，比如在道路建设、民用建筑建设时，尽量保持山体自然地貌或科学对山体实施改良、加固。严禁私人乱采滥挖矿产，严格遵守《中华人民共和国矿产资源法》和《中华人民共和国环境保护法》，做到依法采矿，提高开采技术，综合利用矿产，使资源与环境良性、持续发展。

5 结语

预防地质灾害，加强生态环境的保护，是我们每个人义不容辞的责任和义务。各级政府及相关管理部门必须以高度负责的精神，践行科学发展观，做到经济建设与环境保持相辅相成，使经济、社会和环境三者相互和谐、健康发展。

参考文献

[1] 杨志强，何伟民，等. 河南省汝州市袁家庄石膏矿预查报告[R]. 河南省地矿局第二地质勘查院，2017.

[2] 何伟民. 矿山常见地质灾害类型及治理对策[J]. 地质灾害与环境保护，2014，25(3)：30-34.

[3] 陈剑平，付荣华，等. 环境地质与工程[M]. 北京：地质出版社，2003.

[4] 吴天军，陈爱新. 北京山区边坡灾害特征及防范措施[J]. 地质灾害与环保保护，2011，22(84)：42-45.

[5] 何伟民，宋丽娜，等. 伊川高山煤矿区地质环境问题及治理措施[J]. 地质灾害与环境保护，2011，22(84)：14-17.

方法技术

基于EXCEL函数实现地下水水化学类型命名

郭 林,郭晓静,李自涛,王唯锦

摘 要:鉴于以往各种确定地下水水化学类型的方法的复杂性、难于理解性、应用局限性,本文采用常用办公软件EXCEL实现地下水水化学类型分类。本文使用EXCEL中的IF函数、LARGE函数及CONCATENATE函数实现地下水水化学类型命名工作。采用EXCEL进行水化学命名,快速、简洁,可操作性强,易于理解。该方法对于有细小差别难于区分的水样可以有效地识别水化学类型差异,可以进行水化学类型的二级分类,可作为水化学分析的参考模板,适合于广大基层技术工作者。

关键词:水化学类型;舒卡列夫分类;EXCLE;IF函数;LARGE函数;CONCATENATE函数

0 前言

地下水水化学类型不仅有助于了解天然水的成因条件,而且水化学类型的递变格局也时常成为圈划地下水系统、地表水系统以及研究两者间水力联系的重要证据[1]。目前工作中确定地下水水化学类型主要通过人工判断,工作量大、程序烦琐易出错;专业水化学分析软件AquaChem可自动判断水化学类型,但其表述为阳离子在前,阴离子在后,与我国常规的表述方式相反。国内专家通过采用不同的方法对地下水水化学类型进行分类。李育松等[2]选择模糊聚类分析法进行了水化学类型的分类和研究。李彬等[3]将Bayes判别分析方法应用于地下水水化学类型判别与分类中。周金龙等[4]针对舒卡列夫分类法的不合理性,提出了合理划分地下水水化学类型的分步聚类分析方法。孟奇等[5]采用主成分聚类分析法代替舒卡列夫分类法,对水化学类型进行分类。王文科等[6]运用FUZZY ISODATA聚类方法对地下水水化学类型的划分进行了初步研究。陈汉[7]采用Q型群分析法进行地下水水化学类型的划分。国外专家也进行了地下水水化学类型分类的相关研究[8-9]。

但是上述研究方法原理复杂,程序难于理解,很难广泛应用。而Microsoft EXCEL是常用办公软件,在数据处理和综合管理方面具有功能强、使用方便等特点[10],利用EXCEL自带的函数功能可以快速、准确地确定某一批水质化验数据的地下水水化学类型。

郭林:男,1987年生,河南省南阳市人。工程师,主要从事水工环地质工作。河南省地质调查院,河南省城市地质工程技术研究中心。

郭晓静:河南省地质调查院,河南省城市地质工程技术研究中心。

李自涛:河南省地质科学研究所。

王唯锦:河南省地质科学研究所。

1 舒卡列夫分类法

地下水水化学分类方法有30多种，目前在我国水文地质学中最常用的是舒卡列夫分类法[11]。舒卡列夫分类(见表1)是根据地下水中6种主要离子(K^+合并于Na^+中)及矿化度划分的，将含量大于25%毫克当量的阴离子和阳离子进行组合，共分成49型水，每型以一个阿拉伯数字作为代号。按矿化度又划分为4组：A组矿化度<1.5 g/L，B组1.5～10 g/L，C组10～40 g/L，D组>40 g/L。这种分类简明易懂，既可系统整理水质分析资料，又能指示地下水总的矿化作用过程，因此在科研和生产实践中广泛应用。但该分类方法中，对于大于25%毫克当量的离子不能反映其大小的次序[12]。为细致反映水质变化，对舒卡列夫分类命名进行改进，按照大于25%毫克当量的离子大小次序进行命名，可以更好地应用于科研和生产实践。

表1　　舒卡列夫分类图表

超过25%毫克当量的离子	HCO_3^-	$HCO_3^-+SO_4^{2-}$	$HCO_3^-+SO_4^{2-}+Cl^-$	$HCO_3^-+Cl^-$	SO_4^{2-}	$SO_4^{2-}+Cl^-$	Cl^-
Ca^{2+}	1	8	15	22	29	36	43
$Ca^{2+}+Mg^{2+}$	2	9	16	23	30	37	44
Mg^{2+}	3	10	17	24	31	38	45
Na^++Ca^{2+}	4	11	18	25	32	39	46
$Na^++Ca^{2+}+Mg^{2+}$	5	12	19	26	33	40	47
Na^++Mg^{2+}	6	13	20	27	34	41	48
Na^+	7	14	21	28	35	42	49

2 基于EXCEL函数的舒卡列夫命名

在舒卡列夫分类中，命名的实质是对阴离子和阳离子的毫克当量百分比进行逻辑判断，判断是否大于25%；在改进的舒卡列夫分类中，命名的实质是增加一步对大于25%毫克当量的阴离子和阳离子进行数据排序。在EXCEL中，IF函数能判断某一值所处的区间，LARGE函数能对一组数据进行排序。这就为我们利用EXCEL中函数功能实现地下水舒卡列夫分类命名及改进提供了理论基础。

利用EXCEL函数功能计算地下水水化学类型可分为两步：① 地下水水质数据的录入和计算各离子的毫克当量百分比；② 判断各阴、阳离子是否参与命名，然后排序和组合命名。

2.1 数据录入和计算

首先，将包含8种主要离子的水质化验数据录入整理成ECXEL表格格式(见图1)，对应顺序为：A列水样序号，B列HCO_3^-，C列CO_3^{2-}，D列SO_4^{2-}，E列Cl^-，F列Na^+，G列K^+，H列Ca^{2+}，I列Mg^{2+}。

其次，分别计算各个阴离子和阳离子占同性离子毫克当量总和的百分比。由于舒卡列夫分类法在计入阴离子毫克当量百分数时，以25%为界限值，理论上不存在3种以上的阴离子组合现象，阳离子也是如此。一般情况下，地下水中CO_3^{2-}含量极小或者不存在[13]，同时K^+含量远低于Na^+含量，且二者性质相近，所以将CO_3^{2-}和K^+分别合并到HCO_3^-和Na^+中计算毫克当量百分比。

	A	B	C	D	E	F	G	H	I	J	K	L	M	N	O	P	Q
1	序号	HCO_3^-	CO_3^{2-}	SO_4^{2-}	Cl^-	Na^+	K^+	Ca^{2+}	Mg^{2+}	HCO_3	SO_4	CL	Na	Ca	Mg	原舒卡列夫分类	改进的舒卡列夫分类
2		离子浓度ρ(B)/(mg/L)								百分比含量x(1/zBz±)/%							
3	SY1	288	0	212	56.8	37.2	1.82	135	42.7	43.96	41.11	14.92	13.97	56.55	29.48	HCO3·SO4·—·Ca·Mg	HCO3·SO4·—Ca·Mg·
4	SY2	144	0	3210	2370	2240	59.1	759	28	1.73	49.12	49.14	71.12	27.22	1.66	·SO4·CL—Na·Ca·	CL·SO4·—Na·Ca·
5	SY3	224	0	219	22.6	14.3	1.83	121	37.6	41.39	51.42	7.19	6.82	61.62	31.56	HCO3·SO4·—·Ca·Mg	SO4·HCO3·—Ca·Mg
6	SY4	286	0	120	27	80.8	1.49	53.7	25.7	58.98	31.44	9.58	42.57	32.11	25.32	HCO3·SO4·—Na·Ca·Mg	HCO3·SO4·—Na·Ca·Mg
7	SY5	492	0	336	144	76.5	1.32	171	98.6	42.17	36.59	21.24	16.80	42.66	40.54	HCO3·SO4·—·Ca·Mg	HCO3·SO4·—Ca·Mg·
8	SY6	512	0	202	90.3	78	1.59	148	86.1	55.41	27.77	16.82	19.18	41.26	39.56	HCO3·SO4·—·Ca·Mg	HCO3·SO4·—Ca·Mg·
9	SY7	273	0	362	63.2	141	1.19	61.1	44.7	32.43	54.64	12.92	47.82	23.66	28.52	HCO3·SO4·—Na··Mg	SO4·HCO3·—Na·Mg·
10	SY8	274	0	57.7	17.2	18.1	0.46	44.3	41.7	72.70	19.45	7.85	12.41	34.33	53.26	HCO3··—·Ca·Mg	HCO3··—Mg·Ca·
11	SY9	443	0	93.2	15.5	19.3	0.807	107	42	75.33	20.13	4.54	8.91	55.31	35.78	HCO3··—·Ca·Mg	HCO3··—Ca·Mg·
12	SY10	270	0	58.6	17.7	12.1	1.38	82.7	21.7	72.02	19.86	8.13	8.68	63.75	27.57	HCO3··—·Ca·Mg	HCO3··—Ca·Mg·

图 1 舒卡列夫命名的 EXCEL 计算表

阴离子 HCO_3^-、SO_4^{2-}、Cl^- 毫克当量百分比的 EXCEL 处理公式分别为：

```
Ji=(Bi/61.02+Ci/60.02)/($Bi/61.02+$Ci/60.02+$Di/48.03+$Ei/35.45)*100
Ki=Di/48.03/($Bi/61.02+$Ci/60.02+$Di/48.03+$Ei/35.45)*100
Li=Ei/35.45/($Bi/61.02+$Ci/60.02+$Di/48.03+$Ei/35.45)*100
```

阳离子 Na^+、Ca^{2+}、Mg^{2+} 毫克当量百分比的 EXCEL 处理公式分别为：

```
Mi=(Fi/22.99+Gi/39.15)/($Fi/22.99+$Gi/39.15+$Hi/20.04+$Ii/12.16)*100
Ni=Hi/20.04/($Fi/22.99+$Gi/39.15+$Hi/20.04+$Ii/12.16)*100
Oi=Ii/12.16/($Fi/22.99+$Gi/39.15+$Hi/20.04+$Ii/12.16)*100
```

2.2 舒卡列夫分类命名

根据舒卡列夫分类方法，采用 IF 函数进行逻辑判断，大于 25% 毫克当量的各阳、阴离子返回离子名称，并用 CONCATENATE 函数连接各离子名称和间隔符号，即可得到按舒卡列夫分类方式命名的水化学类型。确定名称的 EXCEL 处理公式为：

```
Pi=CONCATENATE(IF(Ji>25,$J$1,""),"·",IF(Ki>25,$K$1,""),"·",IF(Li>25,$L$1,""),"—",IF(Mi>25,$M$1,""),"·",IF(Ni>25,$N$1,""),"·",IF(Oi>25,$O$1,""))
```

为了能够显示主要离子的作用，对舒卡列夫分类方法中离子次序不能表达的缺憾进行改进，在对各离子的毫克当量百分比进行逻辑判断的基础上，对参与命名的离子毫克当量百分比进行排序，依次返回离子名称，进而应用 CONCATENATE 函数连接各离子名称和间隔符号，即可得到改进后的舒卡列夫分类方式命名的水化学类型。其 EXCEL 处理公式为：

```
Qi=CONCATENATE(INDEX($J$1:$L$1,MATCH(LARGE(Ji:Li,1),Ji:Li,0)),"·",IF(LARGE(Ji:Li,2)>25,INDEX($J$1:$L$1,MATCH(LARGE(Ji:Li,2),Ji:Li,0)),""),"·",IF(LARGE(Ji:Li,i)>25,INDEX($J$1:$L$1,MATCH(LARGE(Ji:Li,i),Ji:Li,0)),""),"—",INDEX($M$1:$O$1,MATCH(LARGE(Mi:Oi,1),Mi:Oi,0)),"·",IF(LARGE(Mi:Oi,2)>25,INDEX($M$1:$O$1,MATCH(LARGE(Mi:Oi,2),Mi:Oi,0)),""),"·",IF(LARGE(Mi:Oi,i)>25,INDEX($M$1:$O$1,MATCH(LARGE(Mi:Oi,i),Mi:Oi,0)),""))
```

通过以上两个函数组合，能够初步得到按照舒卡列夫分类命名的水化学类型。但结果中存在大量多余的"·"符号，将命名结果通过复制、黏贴，清除背后的公示，转换为数值格式，进而应用替换功能，将多余的"·"符号替换掉，即可得到最终结果。

3 结论

(1) 采用 EXCEL 进行水化学命名，快速、简洁，可操作性强，易于理解。该方法对于有细小差别、难于区分的水样可以有效地识别其水化学类型差异，进行水化学类型的二级分类，这是其他方法所不具备的。

（2）以此表为模板，对于所有水质化验数据，直接替换相应列指标的质量浓度，即可直接得出相应的水化学类型，使用方便，可为相关工作者判定地下水化学类型节约宝贵时间。

参考文献

[1] 徐恒力，等. 水资源开发与保护[M]. 北京：地质出版社，2001：98-100.

[2] 李育松，胡昱欣，卞建民. 模糊聚类分析在地下水化学类型分类中的应用[J]. 人民黄河，2013，35(7)：37-39，43.

[3] 李彬，史海滨，李祯，等. 基于 Bayes 判别理论的地下水化学分类的分析方法[J]. 干旱地区农业研究，2015，33(4)：246-250.

[4] 周金龙，董新光，兰卫松. 分步聚类分析方法划分地下水水化学类型[J]. 新疆农业大学学报，2003(2)：72-75.

[5] 孟奇，周金龙，贾瑞亮，等. 基于主成分聚类分析的地下水化学分类方法[J]. 地下水，2016，38(1)：5-8.

[6] 王文科，吴在宝. FUZZY ISODATA 聚类法在地下水水化学分类中的应用[J]. 地球科学与环境学报，1991(3)：59-66.

[7] 陈汉. 群分析在地下水化学分类中的应用[J]. 地下水，1989(2)：69-72.

[8] BALASUBRAMANIAN N, SIVASUBRAMANIAN P, SOUNDRANAYAGAM J P, et al. Groundwater classification and its suitability in Kadaladi, Ramanathapuram, India using GIS techniques[J]. Environmental Earth Sciences, 2015, 74(4): 3263-3285.

[9] AL-BASSAM ABDULAZIZ M. Determination of hydrochemical processes and classification of hydrochemical facies for the Sakakah Aquifer, northeastern Saudi Arabia[J]. Journal of African Earth Sciences, 1998, 27(1): 27-38.

[10] 寇文杰. 基于 EXCEL 的地下水化学舒卡列夫分类方法[J]. 工程勘察. 2013，41(5)：48-50.

[11] 周迅，叶永红. 地下水舒卡列夫水化学分类法的改进及应用——以福建省晋江市地下水为例[J]. 资源调查与环境. 2014，35(4)：299-304.

[12] 王大纯，张人权，史毅虹，等. 水文地质学基础[M]. 北京：地质出版社，1995：82-84.

[13] 黎立羣. 地下水化学类型的划分和制图[J]. 土壤通报，1963(6)：15-18.

EH4电磁法在偃师黄土塬地区的找水应用

李建东

摘　要:EH4双源大地电磁测深系统既可以接收天然场源的大地电磁信号,又可以接收人工场源的电磁信号,以此获得测量点下的电性结构。整套仪器设备轻便,测量时间较短,完成一个测深点的时间大约只需要十几分钟,工作效率非常高;实时数据处理与成像,资料解释简便快捷,图像直观。利用EH4电磁法勘探主要提供电阻率参数找水,解决与赋水有关的构造问题。本文对在偃师黄土塬地区的找水实例进行剖析,为今后从事黄土塬地区找水物探方法提供了重要参考依据。

关键词:EH4电磁法;黄土塬地区;找水;应用

在我国黄河流域中下游的甘肃、宁夏、陕西与河南等地,分布着巨厚的黄土层。华北、东北地区的山前丘陵和波状平原上,也有黄土类土的分布。黄土是不同地貌单元上第四系风成沉积物,以粉土颗粒为主,并发育有垂直的裂隙及孔洞、根管、虫穴等,故黄土又称大孔土。同时,由于这些垂直空隙的发育,使黄土在垂直方向上的渗透能力远强于水平方向。黄土是风成的,不是风成的但具有黄土特征的土叫黄土类土或次生黄土。黄土的湿陷性主要是其中含有较多的可溶盐($CaCO_3$),干燥状态呈骨架状,溶化后骨架作用失效,造成湿陷。

地表黄土分布地区一般为新构造运动上升区,侵蚀作用强烈,加之黄土厚度大,结构疏松,无连续的隔水层,所以地下水埋深较大。黄土高原降水量较小(平均年降水量仅400 mm左右),且降水多以集中的暴雨出现,不利于降水入渗。有限的入渗水大部分又消耗于厚度很大的包气带,致使补给潜水的部分大大减少。由于上述气候、岩性和地貌等综合影响,黄土地区地下水源条件较差,较为缺水,找水难度较大。

EH4电磁成像系统探测深度大,在金属矿普查、详查,岩土电导率分层,地下水探测,煤矿采空区调查,铁路、隧道、桥梁勘查,构造断层划分,水库探测漏水点,探测找矿等领域被成功运用,对我国的经济发展作出了较大的贡献。EH4有效克服了直流电法的一些不足,其大深度勘查的特点进一步解决了深度地质问题对电法工作的要求。

1　EH4电磁法简介

EH4电磁法是一种用来测量地下几米到1 000多米深的地球电阻率的特殊的音频大地电磁测深(AMT)方法。EH4通过发射和接收地面电磁波来达到对电阻率或电导率的测探。连续的测深点阵可组成地下二维电阻率剖面,甚至三维立体电阻率成像。深部构造通过天然背景场源成像(MT),其信息源为11.7 Hz～100 kHz。浅部构造则通过一个新型的便携式低功率发射器发射1～100 kHz人工电磁讯号,补偿天然讯号的不足,从而获得高分辨率的成像。

李建东:男,1989年7月生,河南郑州人。本科,助理工程师,主要从事地质物探找矿工作。河南省有色金属地质矿产局第四地质大队。

由此可见，EH4 的全新概念主要归结为如下几个方面：

(1) EH4 应用大地电磁法的原理，使用人工电磁场和天然电磁场两种场源；

(2) EH4 既具有有源电探法的稳定性，又具有无源电磁法的节能和轻便；

(3) EH4 能同时接收和分析 X、Y 两个方向的电场和磁场，反演 X-Y 电导率张量剖面，对判断二维构造特别有利，垂直磁偶极子发射的场以 TE 波型为主，分辨率高，分层定厚能力强；

(4) EH4 仪器质量轻，观测时间短，完成一个近 1 000 m 深度的测深点，大约只需 5～10 min，这使它可以轻而易举实现密点连续测量(首尾相连)，进行 EMAP 连续观察；

(5) 在 EH4 的采集控制主机中插入两块附加的地震采集板，就可使一台 EH4 兼作地震仪和电导率测量，为一机实现综合勘探首创先例；

(6) 实时数据处理和显示，资料解释简捷，图像直观。

2 应用实例

2.1 勘查区简介

本次勘查区位于河南省偃师市东北部山化镇蔺窑村的地处黄河与伊洛河河间地块，黄土塬地区，下覆二叠系地层。

勘查区已有供水井为 SJ02 井，井深 410 m，出水量＞35 m^3/h。SJ01 井井深 623 m，为正在施工水井，但涌水量不足 5 m^3/h，不能满足用水需要，为此进行物探补充勘查，找出水量小的原因，并重新进行井位的选址。

2.2 水文地质概况

河南省洛阳市附近的黄土塬高程大约在 500～600 m 左右，塬面中部比较平坦、稍有起伏，周边的沟谷发育较好，切割较深，最深的可达 30～100 m，黄土垂直节理发育。该区含水层主要有以下三层：

(1) 浅层为松散岩类孔隙潜水，赋存在黄土裂隙和空隙中，水位埋深一般大于 20 m，单位涌水量 0.17～2.4 $m^3/(h \cdot m)$，总体上水量较为贫乏，水化学类型为 HCO_3^--$Mg^{2+} \cdot Ca^{2+}$ 型和 HCO_3^--$Ca^{2+} \cdot Mg^{2+}$ 型。

(2) 下部为二叠系砂岩裂隙水，含水层以中粗粒砂岩为主，厚度变化不大，富水性受构造、埋深、补给条件影响而有所差别。断裂带和风化裂隙发育的地带，富水性较强。

(3) 深部为石炭-寒武系岩溶裂隙水，含水层岩性为石灰岩、灰岩、白云岩和泥灰岩，各种岩性富水性不一。在水平方向上，受区域构造控制，补给区富水性一般较差，径流区逐步加强，排泄区富水性最强，是主要含水层。

在黄土塬区找水的主要目的层是裂隙含水层。由于该含水层裂隙发育极不均匀，富水性差异很大，因此，通过物探方法寻找构造裂隙发育的有利部位，争取最好的成井效果是本次工作的基本出发点。

2.3 地球物理特征

结合地质资料及钻孔资料得出该区不同地层岩性的电阻率特征，如表 1 所列。

该区采用 EH4 大地电磁测量物性的前提是利用组成地下介质层间的电性差异：当有断层通过时，横向上电性变化大。含水岩层呈相对低阻，断层破碎带也为低阻反应，但范围相对很小，一般具线性特征。

表 1　　　　不同地层岩性的电阻率

地层岩性	电阻率变化范围/(Ω·m)
亚黏土	15～30
砂砾石	60～100
砾卵石	100～300
红色砂岩	500～5 000

2.4　资料处理

数据处理采用美国劳雷公司的 EMAGE-2D 软件，应用快速松弛二维反演，主要方式是对曲线的 TE、TM 模式数据进行编辑后再进行联合反演。程序处理如下：

(1) 编辑平滑：是整个资料预处理过程的基础性工作，其重点是通过对曲线形态的具体分析，最终达到对 EH4 曲线进行合理编辑处理的目的。

(2) 极化模式识别：TE 与 TM 模式数据平换，平移曲线作单点静校正。主要根据曲线形态在测线方向上的连续分布情况进行判断，一般而言，相邻测点同一极化模式的曲线，其形态亦应相近，由此可以确定是否对当前测点的观测数据作模式互换操作。

(3) 测点处理：① 删除观测数据不合格的测点；② 通过数据插值的方式补充新测点。

(4) 静态校正：在单点静校正工作的基础上，对整条测线观测数据的剩余静位移量再作统一处理。

2.5　应用实例解释成果

本着“从已知到未知”的物探工作原则，在勘查区布设一条南北向 EH4 电磁剖面，贯穿 SJ01 井和 SJ02 井，点距 50 m，测点共 24 个。根据综合水文地质资料，EH4 剖面成果与 SJ01 井和 SJ02 井的情况进行对比(见图 1)，得出以下结论：

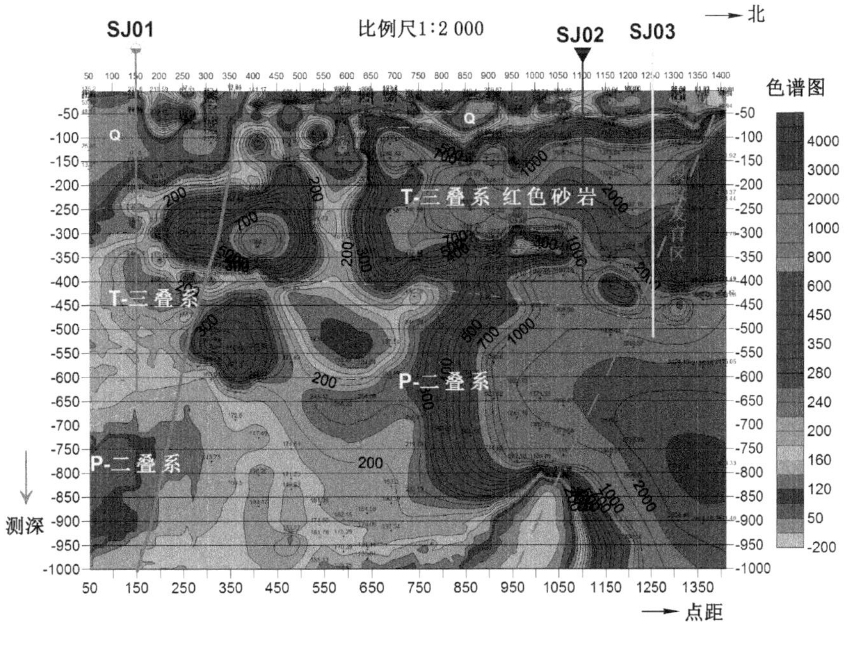

图 1　EH4 剖面成果图

(1) 剖面 50～350 号点进入洛阳-偃师盆地，350～1400 号点为三叠系、二叠系地层，地层产状 40°∠8°～18°，电性剖面与地质情况比较吻合。

(2) 根据 SJ02 井的地质情况，井深 410 m，出水量>35 m^3/h，位于 T-三叠系地层，以红色砂岩为主，裂隙发育，富水性较强，是该区域主要的含水层。

(3) SJ03 井设计在 1250 号点位置，显示有构造裂隙，设计孔深 520 m，水量>40 m^3/h。

钻孔验证：钻至 520 m 时终孔成井，经抽水试验，动水位 67 m，降深 8.16 m，稳定流量 55 m^3/h。抽水试验结束后，立即进行恢复水位观测，停泵后水位恢复至 60.38 m。

3 结论

(1) EH4 电磁法寻找构造裂隙水可以快速确定构造带位置，为提高机井工程成功率提供重要保障。

(2) EH4 电磁法对查明地下地质情况、划分深部地质构造具有很明显的优势。

(3) 注意搜集当地区域地质、水文资料，“从已知到未知”综合对比分析异常特征，提高物探找水准确性。

参考文献

[1] 吕阳，王磊. EH-4 在新疆什库尔干县地热勘查中的应用[J]. 西部探矿工程，2015(2)：160-163.

[2] 朴化荣. 电磁测深法原理[M]. 北京：地质出版社，1990.

[3] 刘天佑. 应用地球物理数据采集与处理[M]. 武汉：中国地质大学出版社，2004.

两种方法预测煤矿底板突水危险性

余悦发，李佳骏，秦战营，郭宾锋

摘　要：我国东部部分矿区采深已经达到－1 000 m 左右，大采深、高水压是开采时的突出特点。在预测底板安全性时，尤其是断层横穿工作面或者是临近断层的工作面，单一的预测方法或手段均不能有效地确保安全。所以多种预测方法和手段应当同时应用，相互佐证。本文针对某矿 3206 工作面具体情况，采用突水系数法和“下三带”理论分别进行了底板安全性分析，并将两者预测的结果进行了比对。

关键词：底板突水；预测方法；突水系数法；“下三带”理论

我国部分矿区已经进入深部开采，尤其在东部矿区，工作面采深已经达到－1 100 m 左右，复杂的地质条件已经严重影响了工作面的正常开采。以往单一的分析方法，不能确保预测的准确性，需要将多种方法进行结合，将预测的结果进行比较，相互印证、综合探讨地质条件对工作面正常开采的影响。现以某矿 3206 工作面为例，采用突水系数法和“下三带”理论进行综合探讨，并将结果进行对比。

1　突水系数法

《煤矿防治水规定》中要求，在承压含水层上采煤时，需要计算突水系数以预测安全。突水系数是指每米有效隔水层厚度所能承受的最大水压值，在富水区或底板受构造破坏地块，突水系数应大于 0.06 MPa/m。根据已有资料，已在 E3206 工作面附近标出了 6 条剖面线上的水压，我们可以计算出不同位置的突水系数，然后利用 Surfer 软件绘制不同位置突水系数的等值线图(见图 1)。

由上述等值线图可以看出：从左往右，突水系数是逐渐增大的。考虑到 DF39 断层的存在，突水系数选择构造块段的临界突水系数。只有在左半部小部分地区突水系数小于 0.06 MPa/m，这部分工作面才处于危险的区段；其他部分工作面的突水系数均大于 0.06 MPa/m，处在安全的区段。

2　“下三带”理论

按照“下三带”理论，在工作面推进以后，采空区下底板岩层可以分为三带：底板破坏带、隔水带以及导升带。如果底板破坏带和导升带的总和大于底板厚度，则认为会发生底板突水。

余悦发：男，1989 年生。助理工程师，研究生学历，从事地球物理勘探研究。河南省有色金属地质矿产局第三地质大队。
李佳骏：河北省地质矿产勘查开发局第五地质大队。
秦战营：河南省有色金属地质矿产局第三地质大队。
郭宾锋：河南省有色金属地质矿产局第三地质大队。

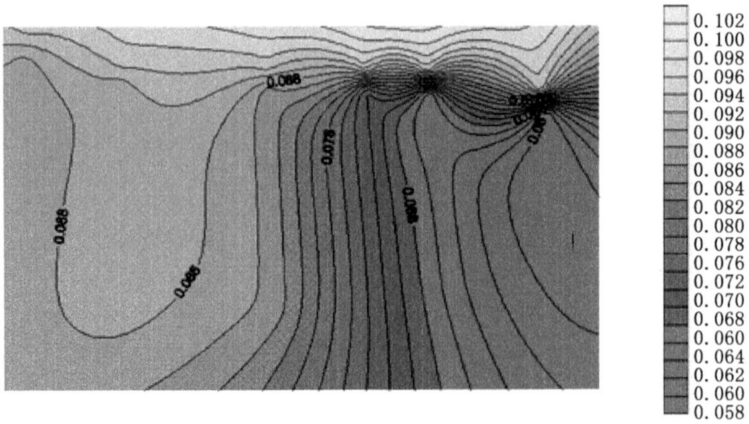

图 1　工作面突水系数等值线图

2.1　底板破坏厚度

根据山东科技大学总结的经验公式[1]：

$$h=0.009H+0.045\alpha-0.311f+7.929\ln\frac{L}{24} \tag{1}$$

式中　h——底板破坏厚度，m；

L——工作面斜长，m；

H——煤层采深，m；

α——岩层倾角，rad；

f——底板岩层的坚固系数。

根据地质报告，3206 工作面倾斜长 76 m，煤层采深 1 100 m，岩层倾角 30°，煤层底板的平均坚固系数为 3.1。根据上式即可得到在此条件下底板破坏厚度为 18.21 m。

该经验公式未考虑底板具有薄弱构造的情况，根据华北部分煤矿对底板矿压破坏厚度及破坏后的抗水压能力试验得知：在构造块段矿压破坏厚度可达完整块段破坏厚度的 2 倍[1]。所以在断层的影响下，底板破坏厚度可以达到 38.3 m。

2.2　裂隙充水面高度

裂隙充水面高度在含水层顶界面岩层上的分布是不均匀、高低不一的。在天然未开采条件下，裂隙内的水流速度近似不变，而在裂隙中，裂隙的夹角十分小。假设，在天然未开采的条件下，当裂隙内水压降低到 0.1 MPa 时，高承压水便不会沿着裂隙再继续向上发生扩展。所以，裂隙充水面最大高度和水压的关系可以用下式表示：

$$y=\frac{b}{2f}(\ln p_w-\ln 0.1) \tag{2}$$

式中　y——充水面高度，m；

b——裂隙宽度，mm；

p_w——含水层初始水压，MPa；

f——裂隙面的阻力系数。

承压含水层的初始水压取 12.33 MPa，如果发育有宽度 50 mm、阻力系数 0.01 的裂隙，则充水面高度可以达到 12 m。

2.3 裂隙拓展长度

根据岩体力学中无限板模型(见图 2),假设任意裂隙 AB,长度为 $2a$,拓展之后长度为 $2b$,其与最大主应力的夹角为 α,裂隙内存在 p_w 水压,则此裂隙面受到的正应力和剪切力分别为(见图 2):

$$\begin{cases}\sigma_n=\dfrac{\sigma_1+\sigma_3}{2}-\dfrac{\sigma_1-\sigma_3}{2}\cos 2\alpha-p_w\\ \tau_n=\dfrac{\sigma_1-\sigma_3}{2}\sin 2\alpha\end{cases} \tag{3}$$

式中,σ_1、σ_3 分别为最大和最小主应力。

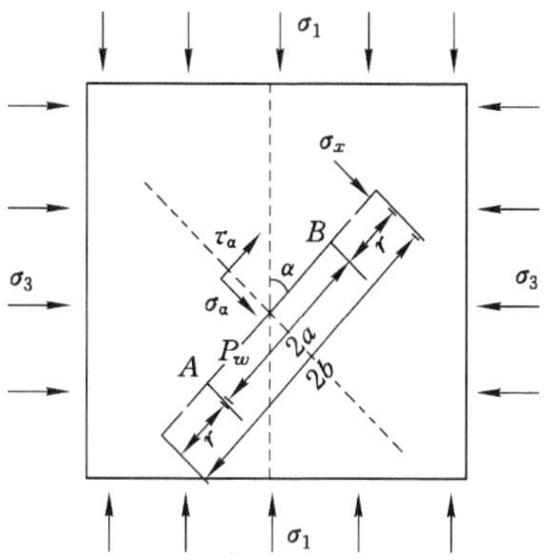

图 2 无限板的受力分析[2]

天然的裂隙大多是拉应力和剪应力共同作用形成的复合型裂隙。但是在水力劈裂的过程中,静水压力会导致裂隙面受张拉作用,即此裂隙具有张拉型裂隙的特征。所以,裂隙尖端处的应力强度因子 K_{I} 由两部分组成:在裂隙面作用的均布压应力产生的 $K_{\mathrm{I}1}$,裂隙端部的屈服应力产生的 $K_{\mathrm{I}2}$。结合裂隙破坏的判据有[2]:

$$K_{\mathrm{I}}=K_{\mathrm{I}1}+K_{\mathrm{I}2}=K_{\mathrm{IC}} \tag{4}$$

其中

$$K_{\mathrm{I}1}=-\left(\frac{\sigma_1+\sigma_3}{2}-\frac{\sigma_1-\sigma_3}{2}\cos 2\alpha-p_w\right)\sqrt{\pi b}$$

$$K_{\mathrm{I}2}=-\sigma_x\sqrt{\pi b}+2\sigma_x\sqrt{\frac{b}{\pi}}\arcsin\left(\frac{a}{b}\right)$$

任何材料裂隙尖端都应无奇异性,所以 K_{IC} 应为常数值,其值越小表明岩石越容易失稳发生断裂。令断裂韧性为 0,得到的结果偏安全。又由于屈服应力 σ_x 的值与岩体的抗拉强度 σ_t 相等,代入上式求解得:

$$r=b-a=a\left(\frac{b}{a}-1\right)=a\left[\csc\frac{\pi(\sigma_n+\sigma)}{\sigma_t}-1\right] \tag{5}$$

上式即为在水压作用下的裂隙拓展长度计算公式。

根据该矿的地应力测试结果,σ_1 平均值为 27.17 MPa,方向垂直;σ_3 平均值为 13.61 MPa,方向水平。煤层底板隔水层的平均抗拉强度为 2.16 MPa,断层带岩体的抗拉强度为 1.08 MPa。下伏奥陶系石灰岩含水层水压为 12.33 MPa。

图 3 所示为裂隙初始长度为 1 m 的水力劈裂后裂隙扩展长度和夹角之间的关系。从图中可以

看出,岩体中不是所有角度的裂隙在水力劈裂作用下都发生裂隙扩展,只有与最大主应力方向的夹角为特定值时,裂隙才会发生扩展。当裂隙面与最大主应力方向的夹角为52°时,裂隙具有最大扩展长度;在23°、33°、43°、53°、75°时,同样能发生很大的裂隙扩展。

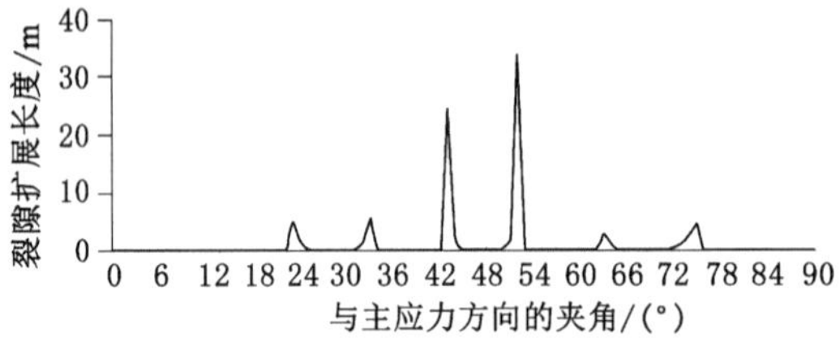

图3　裂隙拓展长度与应力夹角的关系

由此可以计算出,初始裂隙长度为1 m,与主应力方向夹角52°时,裂隙在主应力方向扩展高度为60.8 m。

可见,裂隙拓展长度与裂隙充水面高度、底板破坏厚度的总和为111.1 m,虽然小于底板隔水层的最小厚度132.6 m,但是两者相差较小,隔水层中大部分为粉砂岩和灰岩互层,泥岩和砂质泥岩分布有限,所以仍然具有底板突水的危险。再加上奥灰水的溶蚀作用和软化作用,使得裂隙更加容易发育。

2.4　导升带高度

含水层顶板的裂隙充水高度与裂隙扩展长度均为导升带的范围,所以两者之和应与导升带高度相等。

根据已有的研究可知,采动引起的承压水再导升高度与若干因素存在如下关系[3]:

$$h_{导}=\frac{\sqrt{\gamma^2+2A(p_w-\gamma H_{隔})\sigma_{拉}}-\gamma}{A\sigma_{拉}} \tag{6}$$

式中　$h_{导}$——底板采动导高,m;

γ——底板岩层的平均容重,MN/m^3;

$H_{隔}$——底板隔水层总厚度,m;

$\sigma_{拉}$——底板岩层的抗拉强度,MPa;

A——形容工作面尺寸的参数,A的值可由下面公式计算得出[3]:

$$A=12L_x\Big/\left[L_y^2\left(\sqrt{L_y^2+3L_x^2}-L_y\right)^2\right]; \tag{7}$$

L_x——工作面斜长,m;

L_y——沿推进方向工作面至采空区未压实的长度,m。

根据开采方式,取工作面斜长76 m,未压实长度7 m,$h_{导}$在正常块段最大值为75.8 m,在断层破碎带最大值为101.9 m。

通过经验公式计算出来的导升带高度为75.8 m,充水高度和裂隙拓展长度的和为72.8 m,两者结果相近说明计算结果具有一定的可靠性。

3　结论

突水系数法和“下三带”理论的结果都表明,3206工作面具有较大的底板突水威胁。相较于单一的突水系数法或者“下三带”方法,两者结合使用,能够在一定程度上增加预测结果的可靠性,为工作面的正常开采提供了依据。

参考文献

[1] 王秀兰. 矿井水防治[M]. 徐州:中国矿业大学出版社,2010.
[2] 徐德金. 高承压含水层上煤层开采底板断裂活化致灾机制[D]. 徐州:中国矿业大学,2012.
[3] 曹吉胜. 高承压水作用下工作面突水机理数值模拟研究[D]. 青岛:山东科技大学,2006.

气相色谱-质谱法测定土壤详查样品中多环芳烃的条件优化

张　南

摘　要：本文研究并优化了加速溶剂萃取(APLE)、固相萃取小柱净化(SPE)、气相色谱-质谱法(GC-MS)联合测定土壤中15种多环芳烃(PAHs)的分析方法，选择用正己烷/丙酮(1+1,V/V)作为加速溶剂萃取的溶剂，萃取液经氮吹仪浓缩至2 mL左右时用5 mL正己烷进行换相处理，继续浓缩至2 mL时经SPE硅胺小柱净化，正己烷/二氯甲烷(4+1,V/V)进行洗脱，洗脱体积为12 mL，洗脱液再次浓缩至略小于1 mL，加入5种氘代多环芳烃内标，用正己烷定容至1 mL，用气相色谱-质谱仪进行测定，对提取液中15种PAHs进行定性定量分析。结果显示，15种PAHs在5～2 000 μg/L浓度范围内线性良好，响应因子均值RSD%小于12%，15种PAHs的方法检出限为0.092～0.31 μg/kg，完全满足土壤详查样品中PAHs分析的质量控制要求。该法稳定、快速、准确，适合于土壤样品中15种PAHs的准确测定。

关键词：土壤；多环芳烃；气相色谱—质谱联用

1　研究背景

多环芳烃(Polycyclic Aromatic Hydrocarbons,PAHs)是指含有两个以上苯环的碳氢化合物，通常产生于工业生产、有机高分子化合物等有机污染物的不完全燃烧等，是一种具有致癌、致畸、致突变作用的有机污染物。在目前已知的500多种具有致癌性的化合物中，PAHs及其衍生物就占了200多种，已有16种PAHs在1976年被美国环保局列为危害性较大的优先控制的污染物[1]。PAHs可以在环境中持久存在，且很难被降解，目前在大气、土壤、水体、食物和人体中已均有发现，严重威胁到了生态环境和人类健康[2]。解决多环芳烃的环境污染问题已经成为世界各国面临的迫切问题之一。我国土壤PAHs污染问题相当突出，2016年国务院印发的《土壤污染防治行动计划》(简称“土十条”)中指出土壤中PAHs监测将作为未来几年环境整治工作的重点[3]。

2　实验方法

2.1　主要试剂与材料

16种多环芳烃混标，o2si，2 000 mg/L；2种替代物(2-氟联苯和4,4′-三联苯-d14，)混标，o2si，2 000 mg/L；5种氘代多环芳烃(萘-d8、苊烯-d10、菲-d10、屈-d12和苝-d12)混标，o2si，200 mg/L；

张南：女，1989年生。硕士，助理工程师，从事环境检测工作。河南省岩石矿物测试中心。

二氯甲烷，分析纯；正己烷，分析纯，丙酮，分析纯；石英砂，分析纯；硅藻土，分析纯；无水硫酸钠，分析纯；弗罗里硅土，净化柱。

2.2 主要仪器

吉天 APLE3000 加压流体萃取仪，氮吹仪，固相萃取装置，Agilent6890N-5975C 气相色谱-质谱仪。

2.3 样品处理

准确称取 20.00 g 样品，加入适量硅藻土，研磨均匀后转移到萃取池中，加入替代物进行萃取。

2.4 APSE 萃取条件

载气压力 0.8 MPa，加热温度 100 ℃，压力 10 MPa，预热 60 s，加热 120 s，淋洗体积 60%，静态萃取 5 min，萃取 2 次，清洗 1 次。

2.5 SPE 柱净化条件

用 5 mL 正己烷/二氯甲烷（4+1，V/V）淋洗活化小柱，再加入 10 mL 正己烷继续淋洗小柱；将 2 mL 待净化的提取液全部转移至净化小柱中，用 3 mL 正己烷/二氯甲烷（4+1，V/V）分 3 次洗涤氮吹管，洗液全部转移至净化柱中；用 6 mL 正己烷/二氯甲烷（4+1，V/V）进行洗脱，重复洗脱 2 次，收集全部淋洗液，浓缩至略少于 1 mL；加入 5 种氘代多环芳烃内标，用正己烷定容至 1 mL，上机测定。

2.6 测定条件

2.6.1 气相色谱条件

载气：氦气；载气流量：1.2 mL/min；进样口温度 280 ℃；色谱柱温度：50 ℃保持 2 min，以 20 ℃/min 升至 180 ℃保持 5 min，以 10 ℃/min 升至 300 ℃保持 7 min；进样量 1 μL。

2.6.2 质谱条件

离子源：EI 源；离子源温度：280 ℃；传输线温度：300 ℃；离子化能量：70 eV。

2.6.3 标准曲线的配置

用正己烷/丙酮（1+1，V/V）配置浓度为 5.0 μg/L、10.0 μg/L、20.0 μg/L、50.0 μg/L、100 μg/L、200 μg/L、500 μg/L、1 000 μg/L、1 500 μg/L、2 000 μg/L 的 PAHs 混合标准溶液。按照仪器参考条件，从低浓度到高浓度依次进样分析。以目标化合物浓度和内标化合物浓度比值为横坐标，以目标化合物定量离子响应值和内标化合物定量离子响应值的比值与内标化合物质量浓度的乘积为纵坐标，绘制校准曲线。

3 实验结果

3.1 PAHs 的标准样品色谱

15 种 PAHs 的标准样品色谱图见图 1（SIM）。

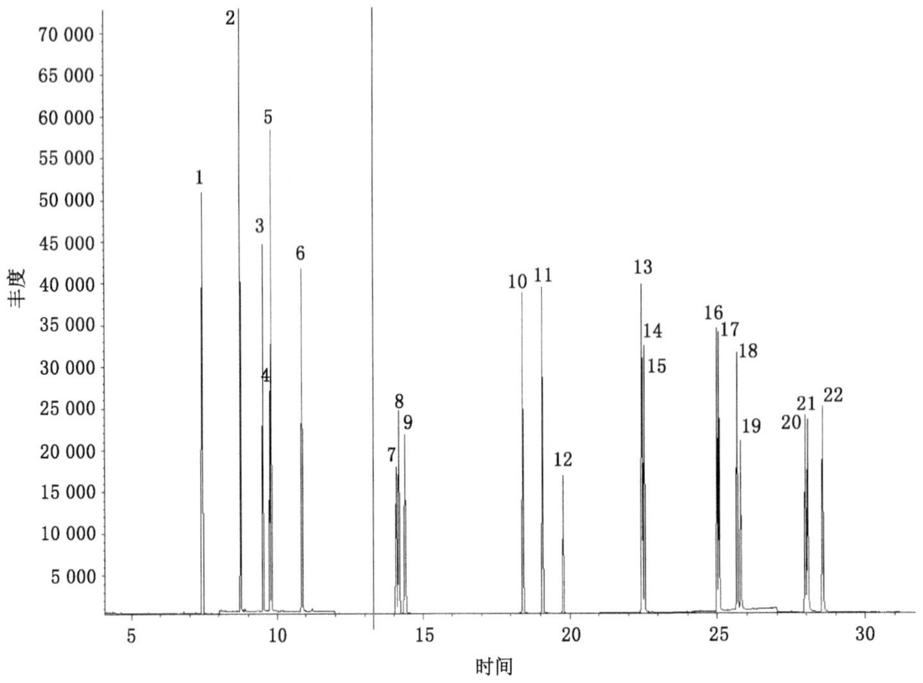

图 1　15 种 PAHs 的标准样品色谱图

1——萘-d8(内标 1);2——氟联苯(替代物 1);3——苊烯;4——苊烯-d10(内标 2);5——苊;
6——芴;7——菲-d10(内标 3);8——菲;9——蒽;10——荧蒽;11——芘;
12——对三联苯-d14(替代物 2);13——苯并[a]蒽;14——屈-d12(内标 4);15——屈;
16——苯并[b]荧蒽;17——苯并[k]荧蒽;18——苯并[a]芘;19——苝-d12(内标 5);
20——茚并[1,2,3-c,d]芘;21——二苯并[a,h]蒽;22——苯并[g,h,i]苝

3.2　标准曲线和检出限

气相色谱-质谱法(SIM 扫描)测定的 15 种多环芳烃组分的标准曲线和相关系数见表 1,检出限 DL＝S×3.143。取空白石英砂,加入质量浓度为 1 μg/kg 的多环芳烃,7 个平行样品测定 7 次,计算 S。

表 1　　气相色谱-质谱法分析 15 种 PAHs 的标准曲线和检出限(n=7)

化合物	线性范围/(μg/L)	标准曲线中响应因子相对标/%	检出限/(μg/kg)	RSD/%
苊烯	0.92	9.2	0.31	11
苊	0.81	9.3	0.21	8
芴	0.98	8.6	0.10	6
菲	0.99	8.5	0.16	7
蒽	0.95	7.7	0.13	4
荧蒽	1.17	7.2	0.10	5
芘	1.20	6.7	0.25	7
苯并[a]蒽	1.20	11.3	0.15	4
屈	0.86	8.0	0.11	4
苯并[b]荧蒽	1.12	6.7	0.16	5
苯并[k]荧蒽	1.11	4.9	0.18	5

续表 1

化合物	线性范围/(μg/L)	标准曲线中响应因子相对标/%	检出限/(μg/kg)	RSD/%
苯并[a]芘	1.19	10.8	0.11	3
茚并[1,2,3-c,d]芘	0.82	11.7	0.092	4
二苯并[a,h]蒽	0.89	11.5	0.13	5
苯并[g,h,i]苝	0.71	6.7	0.12	5

3.3 精密度和准确度

15 种多环芳烃的加标回收率见表 2。

表 2　　15 种 PAHs 的加标回收率(n=7)

化合物	加标量/(10 μg/kg)		加标量/(25 μg/kg)	
	回收率/%	RSD/%	回收率/%	RSD/%
苊烯	71	9	76	10
苊	77	6	78	7
芴	80	8	80	7
菲	89	5	82	6
蒽	89	6	91	8
荧蒽	102	4	102	6
芘	101	5	101	7
苯并[a]蒽	103	9	96	8
屈	88	4	89	5
苯并[b]荧蒽	115	3	92	5
苯并[k]荧蒽	108	4	112	6
苯并[a]芘	114	5	102	7
茚并[1,2,3-c,d]芘	94	5	103	4
二苯并[a,h]蒽	90	3	95	4
苯并[g,h,i]苝	92	3	91	5

3.4 实际样品分析

15 种多环芳烃在实际土壤样品中的加标回收率见表 3。

表 3　　15 种 PAHs 在实际土壤样品中的加标回收率(n=7)

化合物	加标量/(15 μg/kg)		回收率/%
	土样平均含量/(μg/kg)	加标后平均值/(μg/kg)	
苊烯	0.3	13	84
苊	0.3	12.6	82
芴	1.3	13.4	81
菲	8.1	20.8	85

续表 3

化合物	加标量/(15 μg/kg)		回收率/%
	土样平均含量/(μg/kg)	加标后平均值/(μg/kg)	
蒽	0.5	13.9	89
荧蒽	5.0	18.5	90%
芘	4.3	17.9	91
苯并[a]蒽	3.1	18.8	105
屈	4.7	18	89
苯并[b]荧蒽	10.5	25.9	103
苯并[k]荧蒽	1.9	17.6	105
苯并[a]芘	3.8	20.9	114
茚并[1,2,3-c,d]芘	4.0	19	100
二苯并[a,h]蒽	1.4	15.6	95
苯并[g,h,i]苝	5.6	17.5	80

4 结论

采用 Agilent6890N-5975C 气相色谱-质谱仪对土壤中 15 种 PAHs 进行分析，操作简单，重现性好，在 5～2 000 μg/L 浓度范围内线性良好。15 种 PAHs 的方法检出限为：0.092～0.31 μg/kg，加标 1 μg /kg 时，RSD 为 3%～11%，回收率为 71%～123%；加标 10 μg/kg 时，RSD 为 3%～9%，回收率为 71%～115%；加标 25 μg /kg 时，RSD 为 4%～10%，回收率为 76%～112%。实际样品加标回收率为 81%～114%，完全符合土壤详查技术规定和《土壤和沉积物　多环芳烃的测定　气相色谱-质谱法》(HJ 805—2016)的要求，适用于相关样品的检验。

参 考 文 献

[1] 王迪，马晶，李灏，等. GC-MS/MS 测定土壤中 16 中多环芳烃[J]. 环境化学，2018，37(3)：617-620.

[2] 何志芸. 环境介质中多环芳烃的分布及环境风险研究进展[J]. 江西化工，2016(6)：181-182.

[3] 翟有朋，顾云，丁金美. 高效液相色谱法测定土壤中多环芳烃的条件优化[J]. 环境监控与预警，2018，10(1)：17-21.

生活饮用水中阴离子合成洗涤剂测定方法比较

王　娟，冯兰慧，来克冰

摘　要：本文对亚甲蓝分光光度法测定水中阴离子合成洗涤剂与二氮杂菲萃取分光光度法测定做了准确性和显著性比较。两种方法的精密度(RSD)分别为2.19%和2.65%，加标回收率均在92.63%和109.39%之间。通过对两种方法测定结果作配对样本 t 检验，t 值为0.000 176 5，表明在95%的置信区间内两种方法无显著性差异。从标准曲线斜率可知，亚甲蓝法的斜率明显高于二氮杂菲法的斜率，说明亚甲蓝分光光度法更为灵敏。

关键词：阴离子合成洗涤剂；亚甲蓝分光光度法；二氮杂菲萃取分光光度法；显著性比较

阴离子合成洗涤剂就是阴离子表面活性剂，当其在水中浓度过大时，就会使水体表面产生大量泡沫，泡沫的形成会阻断水体与大气的交换，以致溶解氧降低，水质恶化，影响水体感观并危害生物健康，是当前水体污染的重要指标之一。我国常用的阴离子合成洗涤剂的主要成分是烷基苯磺酸钠(DBS)，由于烷基苯磺酸钠不易被氧化和生物分解，往往随着生活污水或工业废水进入地表水、地下水。因此，阴离子洗涤剂的测定是各类水质监测的一项重要检测措施。《食品安全国家标准　饮用天然矿泉水检验方法》(GB/T 8538—2016)中对阴离子合成洗涤剂的检测有两种方法：亚甲蓝分光光度法和二氮杂菲萃取分光光度法。本文对这两种方法做了正确性和显著性比较，结果表明这两种方法无显著性差异，但亚甲蓝分光光度法更为灵敏。

1　实验部分

1.1　仪器

采用仪器为UV1902PC型分光光度计(上海风凰光学科仪有限公司)。

1.2　试剂

氯仿；亚甲蓝溶液：称取30 mg亚甲蓝，溶于500 mL纯水中，加入6.8 mL硫酸(ρ_{20}＝1.84 g/mL)及50 g磷酸二氢钠，溶解后用纯水稀释至1 000 mL；洗涤液：取6.8 mL硫酸(ρ_{20}＝1.84 g/mL)及50 g磷酸二氢钠，溶于纯水中，并稀释至1 000 mL；氢氧化钠溶液(40 g/L)；称取4 g氢氧化钠，溶于纯水中，并稀释至100 mL；硫酸溶液[$c_{(1/2H_2SO_4)}$＝0.5 mol/L]：取2.8 mL硫酸(ρ_{20}＝1.84 g/mL)，加入纯水中，并稀释至100 mL；十二烷基苯磺酸钠标准使用溶液[$\rho_{(DBS)}$＝10 μg/mL]；酚酞溶液：称取0.1 g酚酞，溶于乙醇溶液(1＋1)中，并稀释至100 mL。

二氮杂菲溶液：：称取0.2 g二氮杂菲，溶于纯水中，加2滴盐酸(ρ_{20}＝1.18 g/mL)，并用纯水

王娟，女，1983年生。郑州大学生物工程硕士学位，工程师，主要从事水质检测。河南省岩石矿物测试中心。
冯兰慧：河南省岩石矿物测试中心。
来克冰：河南省岩石矿物测试中心。

稀释至 100 mL；乙酸铵缓冲溶液：称取 250 g 乙酸铵，溶于 150 mL 纯水中，加入 70 mL 冰乙酸，混匀；盐酸羟胺溶液：称取 10 g 盐酸羟胺和 0.211 g 硫酸亚铁铵，溶于纯水中，并稀释至 100 mL。

取阴离子合成洗涤剂(国家质控样编号为 BW 0533-1723)作为待测样品，按要求 25 倍稀释后，其保证值为 5.53±0.025 mg/L。

1.3 实验步骤

1.3.1 亚甲蓝分光光度法测定十二烷基苯磺酸钠

吸取 50.0 mL 水样置于 125 mL 分液漏斗中。另取 125 mL 分液漏斗 7 个，分别加入十二烷基苯磺酸钠使用溶液 0.00、0.50、1.00、2.00、3.00、4.00、5.00 mL，用纯水稀释至 50 mL。向水样和标准系列中各加 3 滴酚酞溶液，再逐滴加入氢氧化钠溶液，使水样呈碱性，然后逐滴加入硫酸溶液，使红色刚退去。加入 5 mL 氯仿及 10 mL 亚甲蓝溶液，猛烈震摇 0.5 min，放置分层，将氯仿相放入 125 mL 分液漏斗(管颈内塞入少许洁净的玻璃棉)中，并加入 25 mL 洗涤液，猛烈震摇 0.5 min，放置分层。合并氯仿相于 25 mL 比色管中。同样再操作一次，定容至刻度。以氯仿作参比，于 650 nm 波长，3 cm 比色皿中，测量其吸光度。绘制标准曲线，并计算样品中十二烷基苯磺酸钠的质量。

1.3.2 二氮杂菲萃取分光光度法测定十二烷基苯磺酸钠

吸取 100.0 mL 水样置于 250 mL 分液漏斗中。另取 250 mL 分液漏斗 7 个，分别加入十二烷基苯磺酸钠使用溶液 0.00、0.50、1.00、2.00、3.00、4.00、5.00 mL，用纯水稀释至 100 mL。向水样及标准系列中各加 2 mL 二氮杂菲溶液、10 mL 缓冲液、1.0 mL 盐酸羟胺-亚铁溶液及 10 mL 氯仿。每加入一种试剂均需摇匀。萃取振摇 2 min，放置分层，将氯仿相放入 10 mL 比色管中。以氯仿作参比，于 510 nm 波长，3 cm 比色皿中，测定其吸光度。绘制标准曲线，并计算样品中十二烷基苯磺酸钠的质量。

2 结果与讨论

2.1 标准曲线的绘制

亚甲蓝分光光度法测定结果见表 1，根据表 1 绘制标准曲线见图 1 。

表 1　亚甲蓝分光光度法测定结果

吸光度 A	0	0.069 5	0.173 6	0.367 9	0.732 7
质量 $m/\mu g$	0	5	10	20	40

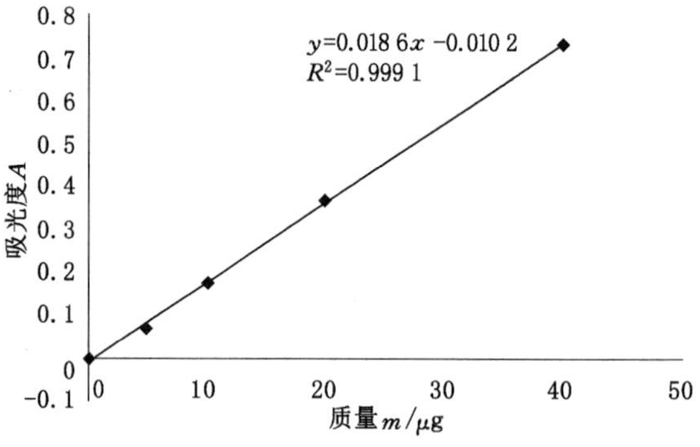

图 1　亚甲蓝分光光度法标准曲线

由图 1 可见，亚甲蓝分光光度法测定，回归方程为 $Y=0.0186X-0.0102$，相关系数为 $R=0.9995$，线性关系良好。

二氮杂菲萃取分光光度法测定结果见表 2，根据表 2 绘制标准曲线见图 2。

表 2　二氮杂菲萃取分光光度法测定结果

吸光度 A	0	0.040 8	0.139 8	0.203 2	0.517 1
质量 $m/\mu g$	0	10	30	40	100

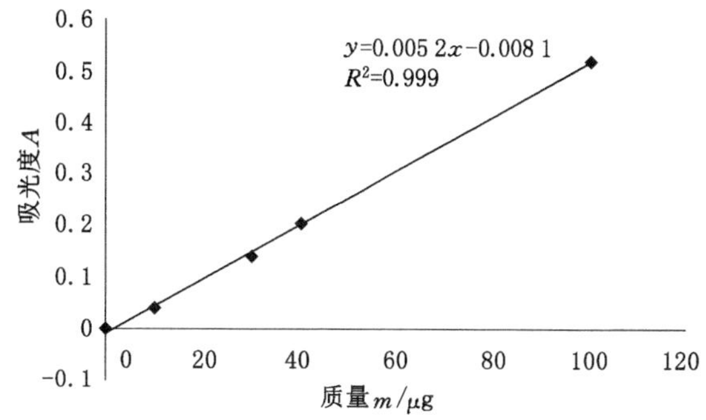

图 2　二氮杂菲萃取分光光度法标准曲线

由图 2 可见，二氮杂菲萃取分光光度法测定，回归方程为 $Y=0.0052X-0.0081$，相关系数为 $R=0.999$，线性关系良好。

由表 1 和表 2 可知，当样品中十二烷基苯磺酸钠质量为 40 μg 时，亚甲蓝分光光度法测得吸光度为 0.732 7，二氮杂菲萃取分光光度法测得吸光度为 0.203 2，前者明显高于后者。亚甲蓝法标准曲线斜率高于二氮杂菲法标准曲线斜率，因此，亚甲蓝分光光度法更为灵敏。

2.2　加标回收实验

取稀释后的质控样品 4 mL 于 50 mL 比色管中，加纯水至 50 mL 刻度，按亚甲蓝分光光度法对溶液样品平行测定 6 次，结果见表 3。

表 3　亚甲蓝分光光度法测定样品回收率试验结果

测量次数	1	2	3	4	5	6
吸光度 A	0.389 9	0.370 9	0.394 1	0.376 9	0.386 1	0.380 9
加标量/mg	22.12	22.12	22.12	22.12	22.12	22.12
测得量/mg	21.51	20.49	21.74	20.81	21.31	21.03
回收率/%	97.24	92.63	98.26	94.08	96.32	95.06
计算结果/(mg/L)	430.2	409.8	434.8	416.2	426.2	420.6

取稀释后的质控样品 4 mL 于 100 mL 比色管中，加纯水至 100 mL 刻度，按二氮杂菲萃取分光光度法对溶液样品平行测定 6 次，结果见表 4。

表 4　二氮杂菲萃取分光光度法测定样品回收率试验结果

测量次数	1	2	3	4	5	6
吸光度 A	0.115 7	0.113 1	0.118 3	0.110 7	0.109 5	0.112 9
加标量/mg	22.12	22.12	22.12	22.12	22.12	22.12
测得量/mg	23.69	23.20	24.19	22.74	22.51	23.16
回收率/%	107.14	104.89	109.39	102.82	101.78	104.72
计算结果/(mg/L)	236.9	232.0	241.9	227.4	225.1	231.6

由表 3 和表 4 可知，两种方法测定样品回收率在 92.63%和 109.39%之间，满足分析测试的要求。

2.3　精密度试验

亚甲蓝分光光度法对样品平行测定 6 次，相对标准偏差为 2.19%；二氮杂菲萃取分光光度法对样品平行测定 6 次，相对标准偏差为 2.65%。结果表明，两种方法重现性较好。数据结果见表 5。

表 5　两种方法测定结果精密度对比

方法	平均值(n=6)	S	RSD/%
亚甲蓝分光光度法	21.15	0.4624	2.19
二氮杂菲萃取分光光度法	23.25	0.6157	2.65

2.4　方法比较

将两种方法测定结果作配对样本 t 检验，$n_1=n_2=6$，$t=0.000\ 176\ 5$，$t_{(5,0.05)}=2.571$，$t<t_{(5,0.05)}$，$P>0.05$。因此，两种方法无显著性差异。

2.5　结论

从上述结果可以看出，亚甲蓝分光光度法和二氮杂菲萃取分光光度法的正确性和精密度都很高，分析结果无显著性差异。亚甲蓝分光光度法比色为亮蓝色，二氮杂菲萃取分光光度法比色为橙红色，视觉上亚甲蓝分光光度法比色更明显，仪器上亚甲蓝分光光度法更灵敏。因此，亚甲蓝分光光度法实用性更强。

参 考 文 献

[1] 刘正丹，江玉姣，徐云斌. 二氮杂菲分光光度法测定水中阴离子合成洗涤剂方法的改进[J]. 中国卫生检验杂志，2008，18(4)：484-485.

[2] 中华人民共和国国家卫生和计划生育委员会，国家食品药品监督管理总局. 食品安全国家标准　饮用天然矿泉水检验方法：GB/T 8538—2016[S]. 北京：中国标准出版社，2017.

其　他

内蒙古西乌珠穆沁旗宝格达乌拉组孢粉记录

桂新星，任建德，王　玺，李鑫浩

摘　要：本文通过对宝格达乌拉组孢粉化石的系统研究，确定了孢粉植物群，恢复古植被，推测古气候，建立与气候变化趋势相关的孢粉组合序列。结果显示，宝格达乌拉组自下向上，蕨类植物含量大幅减少，旱生草本植物藜科等含量大幅增高，亚热带科属分子常绿栎、栲等含量有所减少，表明自下向上气候向温凉干旱转变。

关键词：内蒙古；西乌珠穆沁旗；宝格达乌拉组；孢粉

作为古植被、古气候信息的载体，孢粉具有分布广泛、演化序列清楚且易于保存等优点，在过去几十年里，对全球古植被恢复、古气候重建及其地层年代的确定发挥着重要的作用[1]。本文通过对采矿场（PM106）和浅钻（ZK06）剖面中宝格达乌拉组孢粉化石所获得的孢粉信息进行系统研究，从而确定孢粉植物群，恢复古植被，推测古气候，建立与气候变化趋势相关的孢粉组合序列，并通过地层中出现的孢粉化石对沉积环境进行了初步研究，为该地区古生物研究工作提供了新的孢粉资料。

1　新近系宝格达乌拉组（N_2b）剖面描述

宝格达乌拉组在内蒙古东乌珠穆沁旗至阿巴嘎旗一带的盆地内广泛分布。本次研究区内宝格达乌拉组（N_2b）出露面积约 114.5 km^2，主要分布在中部盆地、浩沁幅北西好尔其特西山周边、爹哈尔寨宝勒格斯幅南部呼和锡勒嘎查至爹哈尔寨宝勒格斯一线，平行不整合覆盖于通古尔组之上，厚度大于 65 m。地貌上多在地表形成凸起的“鼓包”，海拔在 1 040～1 120 m 之间，爹哈尔寨宝勒格斯南部海拔近 1 200 m。宝格达乌拉组为陆相沉积，整体岩性以砖红色、棕红色夹灰色、灰褐色、土黄色泥岩、粉砂质泥岩为主，但是其内可见砂岩、钙质结核及中厚层透镜状泥灰岩夹层，灰岩层应属湖相沉积产物，因此宝格达乌拉组为湖相沉积，而砖红色的颜色则反映了当时湿热、水体富氧的环境特征。

1.1　采矿场（PM106）剖面

PM106 剖面位于雅日盖图嘎查吉仁郭勒二号露天煤矿采坑内，剖面总体方位：72°；剖面起点坐标：519973，4908675；剖面全长：616.9 m，其中上新统宝格达乌拉组（N_2b）厚度 23.5 m。

桂新星：男，1983 年生。工程师，主要从事地球化学及地质矿产工作。河南省地质科学研究所。
任建德：河南省地质调查院。
王玺：河南省地质调查院。
李鑫浩：河南省地质调查院。

全新统河流相(Qh^{al}):砾石层		厚度/m
	——————第四系覆盖——————	
宝格达乌拉组(N_2b):		23.5 m
20	灰色含砾砂岩(固结性差)夹灰白色粉砂质泥岩透镜体	0.7 m
19	砖红色粉砂质泥岩,块状构造,泥质结构。向上可见少量白色钙质结核,含量不足3%。孢粉:该层上部每隔1.2 m采集一个孢粉样品,共采集5个样品,平均孢粉粒数125粒,蕨类植物孢子平均含量10%,裸子植物花粉平均含量19.3%,被子植物花粉平均含量70.7%	17.9 m
18	浅灰色泥灰岩,风化面为灰白色,该套灰岩整体呈透镜状,断续分布	0.5 m
17	红色粉砂质泥岩	4.4 m
	——————平行不整合——————	
16	通古尔组:杂色含粉砂泥岩	

1.2 浅钻(ZK06)剖面

ZK06剖面位于研究区中部、白音宝力格公社幅北西洪格尔敖包嘎查,坐标:20530538,4905548;钻孔揭露孔深119.3 m,其中宝格达乌拉组(N_2b)距地表埋深69.64 m,厚度45.36 m。

		厚度/m
	——————第四系覆盖——————	
宝格达乌拉组(N_2b):		45.36 m
114~115	砖红色含砾石泥岩	1.18 m
116~123	砖红色含细砂粉砂质泥岩	16.82 m
124~140	土黄色泥岩	20.52 m
141~142	砖红色细粒粉砂质泥岩	3.06 m
143~147	青灰色中粒粉砂质泥岩	2.01 m
148	棕红色粉砂质泥岩。孢粉:下部120粒,蕨类植物孢子(其中水蕨 Ceratopteris 占3.3%、水龙骨科 Polypodiaceae 占6.7%)共34.2%,木本针叶植物花粉(其中松属 Pinus 占10.8%、杉科 Taxodiaceae 占0.8%)共14.2%,阔叶木本植物花粉(其中桦 Betula 占4.2%、栗/栲 Castanea/Castanopsis 占4.2%)共25%,草本植物花粉(其中藜科 Chenopodiaceae 占4.2%、莎草科 Cyperaceae 占4.2%)共26.7%;上部142粒,蕨类植物孢子(其中水蕨 Ceratopteris 占4.2%、水龙骨科 Polypodiaceae 占7.7%)共35.9%,木本针叶植物花粉(其中松属 Pinus 占9.2%、杉科 Taxodiaceae 占0.7%)共12.7%,阔叶木本植物花粉(其中桦 Betula 占4.9%、栗/栲 Castanea/Castanopsis 占4.9%)共26.1%,草本植物花粉(其中藜科 Chenopodiaceae 占2.8%、莎草科 Cyperaceae 占2.8%)共25.4%	0.93 m
	——————平行不整合接触——————	
中新统通古尔组(N_1t):		
149	杂色泥岩	

2 孢粉组合特征

从采矿场(PM106)和浅钻(ZK06)剖面共采集了7件有效孢粉样品。样品分析方法采用传统的盐酸、碱处理法[2]，先用浓盐酸去除钙质，再用 HF 去除硅质，之后多次换水中和。然后用碘化锌重液进行浮选，从而获得孢粉化石，并保存于 10 mL 试管内。酸处理前在每份样品中加入一枚石松孢子片（内含石松孢子 27 500 粒），以分析化石绝对浓度。对孢粉的统计、鉴定工作在 Olympus BX50 生物显微镜下完成[3]。本次研究以每份样品鉴定的孢粉化石数 100 粒以上为获得具有统计意义孢粉组合为基本条件。孢粉的处理和鉴定均在中国地质大学（武汉）生物地质与环境地质国家重点实验室显微结构分室完成。

2.1 采矿场(PM106)剖面孢粉组合特征分析

在宝格达乌拉组上部层位采集了 5 个有效的孢粉样（见表 1），依据各样品中孢粉组成成分的变化，可建立松属（Pinus）-榆属（Ulmus）-藜科（Chenopodiaceae）孢粉组合带，其孢粉组合特征如下：

本组合中以阔叶木本植物和草本植物花粉为主，占组合的 70%以上，木本针叶植物花粉占组合的 14.9%～17.3%，蕨类植物孢子很少出现，仅占 8.3%～12.0%。乔木中，以松、榆、桦为主，云杉、栗、冷杉、落叶松、胡桃等均为少量出现；灌木及草本植物中，以陆生、旱生藜科和蒿属出现最多，分别占孢粉总数的 14.0%～17.5%和 2.5%～5.5%；另外，旱生禾本科、十字花科、麻黄属等都有一定含量，水生、湿生蓼属、莎草科等植物花粉出现较少。蕨类植物仅见少量水龙骨、紫萁和凤尾蕨等的孢子。

2.2 浅钻(ZK06)剖面孢粉组合特征分析

在宝格达乌拉组底部层位采集了 2 个有效的孢粉样（见表 1），其余样品或孢粉粒数仅十余粒或无孢粉，仅具参考意义。这些样品的各类孢粉中，以水龙骨科、松属、桦科、栗居多，可建立水龙骨科（Polypodiaceae）-栗（Castanea）-桦科（Betulaceae）组合，其孢粉组合特征如下：

本组合中阔叶木本植物花粉为 25%～26.1%，其中落叶阔叶植物花粉以桦、胡桃、榆、落叶栎、栗数量较多，常绿阔叶植物花粉较少，以亚热带科属成分常绿栎、榜较多，其他亚热带科属成分漆树、枫香等稀少发育；针叶植物花粉为 12.7%～14.2%，以松属花粉为主，亚热带科属成分铁杉、杉科等均微量出现；草本植物花粉占 25.4%～26.7%，以禾本科、蒿、藜科等陆生植物花粉为主，水生草本植物花粉莎草科、蓼属等含量明显低于陆生草本植物花粉含量。蕨类植物繁盛，孢子含量达 34.2%～35.9%，水龙骨科、卷柏等含量较多，其次为凤尾蕨、紫萁、石松等。淡水环纹藻、盘星藻、双星藻有见及。

表 1　　宝格达乌拉组孢粉属种名称及质量分数统计

属种名称	浅钻 ZK06 剖面		采矿场 PM106 剖面				
	ZK06/176	ZK06/177	BF119/5	BF119/6	BF119/7	BF119/8	BF119/9
水龙骨科	7.7	6.7	0	0	0	0	0
卷柏	4.2	3.3	0	0	0	0	0
水龙骨	2.8	0.8	2.5	1.6	2.5	2.4	2.3
凤尾蕨	2.1	3.3	0.8	1.6	0.8	2.4	2.3
石松	2.1	1.7	1.7	1.6	1.7	0	0.8
紫萁	2.1	1.7	1.7	1.6	0	0.8	1.5
其他	5.8	5.9	1.6	2.2	5	5.8	5.1
蕨类合计	35.9	34.2	8.3	8.6	10	11.4	12

续表 1

属种名称	浅钻 ZK06 剖面		采矿场 PM106 剖面				
	ZK06/176	ZK06/177	BF119/5	BF119/6	BF119/7	BF119/8	BF119/9
铁杉	0.7	0	0.8	1.6	0.8	0.8	1.5
杉科	0.7	0.8	0.8	2.3	0	1.6	1.5
罗汉松	0	0.8	0.8	0	0.8	0.8	0.8
冷杉	0.7	0	0.8	0.8	0	0	0.8
松属	9.2	10.8	8.3	7	8.3	8.1	7.5
其他	0.7	1	3.4	5.5	5.1	4.1	5.2
针叶合计	12.7	14.2	14.9	17.2	15	15.4	17.3
桦	4.9	4.2	2.5	1.6	2.5	2.4	2.3
榆	2.8	1.7	6.6	5.5	7.5	6.5	6.8
落叶栎	4.2	1.7	1.7	2.3	1.7	1.6	1.5
常绿栎+石栎	0.7	0.8	0	0	0	0	0
栗/栲	4.9	4.2	1.7	0.8	0.8	1.6	0.8
枫杨	0.7	0	2.5	3.1	0.8	1.6	0.8
漆树科	0.7	0	2.5	1.6	1.7	1.6	1.5
麻黄	0	0	4.1	2.3	3.3	3.3	3.8
其他	4.4	10	11.4	10.9	6.8	10	7.2
阔叶合计	26.1	25	42.2	34.4	30.9	36.6	29.3
莎草科	2.8	4.2	0.8	0.8	0	0.8	2.3
蓼属	2.1	0.8	1.7	1.6	3.3	2.4	0.8
香蒲	0.7	0.8	0.8	1.6	1.7	0	3
菊科	0	0	2.5	1.6	2.5	1.6	3
禾本科	4.9	3.3	0	0	0	0	0
蒿属	4.2	3.3	3.3	5.5	2.5	4.9	3
十字花科	0.7	3.3	1.7	2.3	1.7	1.6	0.8
藜科	2.8	4.2	14	14.1	17.5	14.6	16.5
其他	7.1	6.7	7.4	10.9	13.4	9.8	10.6
草本合计	25.4	26.7	34.7	39.8	44.2	36.6	41.4
藻类	6 粒	7 粒					

3 结论

3.1 关于地层时代探讨

据一些研究成果表明,在上新世时,西伯利亚北部已是森林苔原和原始黑松林,太平洋沿岸则仍以很少与中新世有区别的阔叶林占统治地位,而在亚洲内陆则出现了旱生植物群。在伊塞克湖地区,中国的新疆、甘肃和西藏分布着草本群系和杜加依林丛,说明当时的气候是很干燥的。杜加依林即指荒漠平原上,沿河谷和山前冲积锥分布的呈片状或条带状绿色丰茂植丛,它是森林、灌丛和草甸植物群落的复合体。在上新世期间,包括新疆在内的亚洲中部造山运动,表现出巨大的规模，气候是干旱的。在干旱平原，植被的基本类型据花粉判断为旱生草本和小半灌木组成，其中以蒿类、蓼科、禾草、麻黄占优势，在准噶尔西南部沿河和扇缘低洼地方，仍以杨、柳、榆、槭、白蜡树等构成成片的小叶林。

剖面 PM106 宝格达乌拉组孢粉组合反映的气候是干旱的，以旱生草本、小灌木植物藜、蒿、禾本科、麻黄属等占优势，组合中出现的榆、杨、桦、槭、白刺等类似于所谓杜加依林和灌丛的成分，符合上新世时期我国新疆、内蒙古地区的植被面貌，因此该孢粉组合代表的地层时代为上新世是合适的。

3.2　关于古植被与古气候分析

从剖面 PM106 中孢粉成分的含量变化来看，草本植物藜科和蒿属的含量最高，松和落叶乔木榆、杨次之，其孢粉组合所反映的植被则是温带稀疏落叶林-荒漠草原，气候温凉干燥；以旱生草本、小灌木植物藜、蒿、禾本科、麻黄属等占优势，反映的气候是干旱的。

根据剖面 ZK06 孢粉组合特征，推断该时期植被类型属北亚热带针、阔叶混交林及该气候带下的蕨类草地，该时期气候温暖湿润，淡水环纹藻、盘星藻的出现证明存在低洼湿地和浅水沼泽。

综上所述，内蒙古西乌珠穆沁旗宝格达乌拉组孢粉组合的发现，为该组相对应的这段地层的地质时代确定提供了依据，通过孢粉组合特征分析及对比，认为应属于上新世产物。结合采矿场(PM106)及浅钻(ZK06)剖面孢粉组合中各成分生态习性分析，宝格达乌拉组自下向上，蕨类植物含量大幅减少，旱生草本植物藜科等含量大幅增高，亚热带科属分子常绿栎、栲等含量有所减少，表明自下向上气候向温凉干旱转变。

参考文献

[1] 喻建新，张海峰，林启祥，等. 青海省民和县古近系西宁群孢粉植物群的地质意义[J]. 地球科学-中国地质大学学报，2003，28(4)：401-406.

[2] FAEGRI K，IVERSEN J. Textbook of pollen analysis，4th ed[M]. London：John Wiley and Sons，1989.

[3] 任建德，王玺，王春松，等. 内蒙古 1∶5 万浩沁等四幅区域地质矿产研究报告[R]. 河南省地质调查院，2015.

数据中心全生命周期理论分析及实践

董江波

摘　要：由于近年来国土资源信息化飞速发展，利用科学理论进行数据中心的建设与管理成为目前保障和支撑信息化系统安全运行的必要手段。本文依据数据中心全生命周期理论，回顾了河南省国土资源数据中心多年来在建设、运维、优化等方面的体会。

关键词：数据中心；生命周期；七个阶段；应用实例

1　引言

依据《国家信息化发展战略纲要》、《国土资源信息化"十三五"规划》和《河南省国土资源信息化"十三五"规划》的要求，河南省国土资源信息化的发展要在"十三五"期间实现 6 个覆盖，即国土云端全覆盖、智能审批全覆盖、监管决策全覆盖、数据共享全覆盖、智慧服务全覆盖和安全保障全覆盖，这就要求我们从技术和运维保障方面全时全域地支撑业务系统的发展及安全运行。我们已经步入了国土资源云时代，本地数据中心正从固化的服务器和应用系统的集合进化为弹性的智慧云计算数据中心，对于省级国土资源部门来说，作为全省国土资源信息系统安全运行的重要基础之一，本地数据中心的改造与升级也日趋迫切，而数据中心的建设与维护是一个庞大而复杂的信息系统工程，我们可以依据数据中心全生命周期理论进行更高效的管理。本文就河南省国土资源数据中心的建设及运维现状，结合数据中心生命周期理论提出建设与管理方面的改进建议，详细阐述了如何利用目前的主流技术解决当前建设及运维过程中出现的问题。

2　数据中心全生命周期理论简述及实践

数据中心全生命周期共分为七个阶段，其中的闭环管理过程包括六个阶段，通过这六个阶段可以提升数据中心的持续可用性及性能。

2.1　规划阶段

首先要确定容量、关键程度、功率密度、效率、发展规划与预算等重要的项目参数，这些都是决定整个数据中心项目成败与否的关键。2013 年开始筹备建设的厅第二机房在规划阶段就对这些关键因素进行了详细调研，一切从实际出发进行规划，这些因素的第一项就是发展规划，要满足未来 5 年信息化建设对机房空间的需求，而这一要求也同《国家信息化发展战略纲要》、《国土资源信息化"十三五"规划》和《河南省国土资源信息化"十三五"规划》是一致的，所以厅第二机房自建成至今完全满足了实际使用需求，建成后没有对基础设施追加任何投资，达到了规划目标。

董江波：男，1983 年生。网络工程师，信息系统项目管理师，从事国土资源信息化研究。河南省国土资源电子政务中心。

2.2　设计阶段

这个阶段的核心内容是将规划结果转化成图表和施工文件。厅第二机房在规划方面要求大容量、高机架功率密度，在关键程度方面要求高可用性等级，在效率与环保方面要求节能环保，这些规划结果都需要在设计中来实现。厅第二机房面积为 90 m^2，而且房间内可使用空间不规则，如何实现大容量就成为一个亟待解决的设计问题，按照传统的机房设计根本无法实现，因此采用了封闭冷通道系统，不仅解决了容量问题，还实现了节能要求；高机架功率密度主要是针对配电系统的要求，厅第二机房采用的是每机柜 6 kW 的用电标准，主配电柜采用双路供电，UPS 采用双机独立运行的模式，每个机柜都有两个独立供电的 PDU，这样使单点故障的机率降到 50%，提高了整个系统的高可用性；在环保节能方面，主要是采用了环保的装修材料，对精密空调的选择提出采用 ECC 风机及使用绿色制冷剂的节能环保机型。

2.3　建设阶段

数据中心所有者及管理者必须关注项目进度、质量性能并进行风险分析，数据中心建设是一项复杂的系统工程，涉及基础装修、消防系统、承重、供配电系统、空调系统、布线系统、安防系统、防雷接地系统以及环境监控系统等方方面面的内容，要确保每项、每个具体细节施工工艺的高标准和科学规范性，是数据中心建设工程高质量的重要体现。一是充分发挥项目监理方的作用，通过合同明确目标责任、工程质量标准和规范施工程序及流程，细化量化其监理职责和范围，督促其搞好建材质量、施工程序、设备质量等方面的施工过程监理。二是坚持单项工程完工检验制度，对单项工程完工检验，按工程设计和质量标准进行认真逐项审核和初步验收，对初验不合格工程按初验意见进行整改，对初验合格工程留待整个项目建设竣工后再一并进行整体验收。三是拟定机房建设项目分项验收表，细化工程质量验收标准，做到有章可循，并采取三方检查验收及实行共同签字制度。

2.4　评估阶段

机房电气设备的检测是数据中心建设中十分重要的一个环节，作为数据中心的首要要求就是数据中心的运营安全与高可用性。当数据中心新建成时，所有的电气设备、暖通、制冷和备用电源，都是以单组件组合的方式建成。整体的运行检验，也仅仅是通电、启动、关闭。作为空载机房，它的实际运行情况与空载差距甚远，数据中心验证测试的相关统计数据表明新建机房经第三方验证测试质量问题可降低 60%，在机房定期检测评估后，风险率降低 50%。由于数据中心必须满足计算机等各种电子设备和工作人员对温度、湿度、洁净度、电磁场强度、噪音干扰、防漏水、电源质量、防雷和接地等条件的要求，所以一个合格的数据中心应该是一个安全可靠、节能高效和具有可扩充性的机房，因为一个承载关键负载的设备一旦投入运行就很难停下来进行维护。

2.5　运行阶段

运营及维护管理是数据中心的全生命周期中最长的一个阶段，也是一个动态的过程。第一机房自 2006 年 12 月投入使用以来已经运行 12 年，第二机房自 2015 年 3 月投入使用以来已运行了 3 年。长时期的运行中出现的问题也最多，特别是精密空调和 UPS 这些关键设备，一般 IT 设备的使用年限为 5 年，而这些关键设备的使用年限是一般 IT 设备使用年限的 2～3 倍，所以如何在关键设备出现问题后及时发现并解决就显得尤为重要，这就需要运维阶段严格按照设备的维护周期进行检查并维护，同时通过机房环境监控软件及时发现机房的异常情况以减少设备故障所带来的损失。

2.6　优化阶段

随着应用系统的不断增加，对数据中心的需求也与日俱增，必须通过优化数据中心基础架构来满足性能的提升、设备密度的增加和高水准的服务。而这就需要优质的运维工具、完备的管理经验及大量的基础数据，从而能够确切地知道物理系统上正在运行着什么，分析出当前和未来的潜在需求，从而更好地主动分配系统资源，让数据中心未来支撑更多的信息系统。

2.7 老化阶段

数据中心老化的标准是已经无法支撑不断增长的需求、能源效率低、运营成本高，这就需要我们对数据中心重新规划，并依据出现的新标准，采用新技术对数据中心进行重建或重塑，而如何有条不紊地让新旧数据中心进行平滑的过渡将成为一项重要的工作。

3 河南省国土资源数据中心的建设及优化

河南省国土资源数据中心包括两个机房，分别建于 2006 年和 2015 年(分别称“第一机房”和“第二机房”)，其运营也符合上述生命周期规律。

3.1 第一机房

第一机房是 2006 年建设的，规划、设计、建设、评估都是按照当时的标准，满足了当时的使用需求，而在第五阶段即运行阶段出现了很多问题：一是不能满足信息化发展的需求，不断增加的应用也使设备数量猛增，而设备的增加导致强电系统无法满足数据中心安全稳定运行的要求，机房内新增的大量设备又使温湿度失控成为机房的突出问题；二是维护成本增加，由于目前关键设备厂商已停止了该型号设备的生产，所以后期维护成本不断增加；三是环保节能问题，由于机房空间没有按照节能的方式进行整体规划设计，所以机房中 50%以上的电力主要用于精密空调的运行，从而浪费了大量的能源。

为了解决这些问题，第一机房进入了优化阶段：2009 年进行了强电系统改造，满足了设备增加的需求，并在原有的 40 kVA UPS 的基础上逐步增加了 2 台 5 kVA UPS、2 台 10 kVA UPS 和 3 台 20 kVA UPS，这些 UPS 增加的另一个目的是为了实现电源的冗余；2012 年增加一台精密空调，由于第一机房建设之初采用下走线方式，线槽阻挡了送风的风道，所以老空调一直处于超负荷运行状态，特别是在高温天气，机房内温度超过 40 ℃，新空调的使用使这一问题得到了缓解，但是用电量则不断攀升。不断出现的问题在解决后又带来新的问题，所以第一机房已进入老化阶段，从而需要进入新的生命周期，以满足国土资源云建设的需要。

3.2 第二机房

在第二机房建设的规划阶段，在坚持科学性的同时，力求机房建设的先进性，适应绿色、节能、环保的数据中心机房建设理念，适应未来虚拟化建设的需要，兼顾当前与长远，通过机柜系统和供配电系统的耦合对接，为省厅提供一个节能、高效和可靠的模块化数据中心。相比第一机房，第二机房建设有以下几个新特点：一是采用封闭冷通道架构，冷通道和热通道分离，使得组织气流井然有序，提高了空调的制冷效率，适应了当前倡导的绿色节能的机房建设要求。二是采用了可随需扩展的全模块化设计的 UPS 系统；在设计 UPS 时秉承标准化、模块化、冗余化的设计理念，能够在不影响业务的前提下在线扩容，采用 2 台最大配置 200 kVA 模块化 UPS 主机组成双总线的供电架构，目前每台 UPS 主机端配置 4 个 40 kVA 功率模块，形成 3+1 冗余，并可在低负载运行时模块自动轮值休眠，保障可靠性的同时提升低载高效的性能。三是配置了 2 台高可用的精密空调，该空调具备红外加湿功能，免去了频繁清洗的维护工作，满足简单运维和高效管理的需求。四是采用远程 KVM 技术，实现了服务器的远程管理和操作。五是采用机柜顶部弱电布线方式，由核心交换机通过光纤与各个机柜的接入交换机相连，这样既满足了高密度的设备安装，也大大减少了弱电线缆的数量，提高了设备安装的灵活性。六是总控中心实现集中运维管理、机房环境和关键设施的集中监控。

第二机房在运行阶段也不可避免地出现了一些问题：一是后备电源不足，可供电时间短，特别是在夏季用电高峰期间，如果出现意外停电，而且供电时间又不确定的情况，就不可避免地会出现宕机现象；二是精密空调可更加节能，目前 2 台空调是联机使用，但是采用的是回风口温度控制，温度设置在机房标准温度的情况下，冷风道内的温度一般低于机房标准温度，这就增加了空调的压缩机及风机的使用时间，如果采用送风口温度控制，不仅能够使机房温湿度符合机房标准，也能够减少能源消耗；三是没有进行定期检测评估，第一机房也缺少这个管理环节，所以才会不断地增加问题，而不是在问题出现之前消除隐患。

针对第二机房在运行阶段出现的问题，提出如下优化建议：增加第三方的定期检测评估，使管理和使用者及时了解数据中心基础设施的运行状态，以达到资源的合理分配，提高设备的利用率，延长数据中心在运行阶段的生命周期。

相信，随着国土资源云时代的深入，按照数据中心生命周期理论，我们很快还要建设第三机房、第四机房……

4　结语

河南省国土资源数据中心的建设与管理过程是数据中心生命周期理论的具体实践，事实证明，数据中心的建设与管理不是一劳永逸的事情，需要与时俱进，不断扩容、不断增添新功能，以更好地支撑河南省国土资源信息化业务的发展。

坦桑尼亚矿山采矿许可证办理实例
——以姆瓦莫拉金矿为例

司建涛，王科伟，袁杨森，李旭庆，张　超

摘　要：坦桑尼亚金矿资源较为丰富，目前有几十家国内地勘单位进入坦桑尼亚开展地质找矿工作，不过大部分矿权证为探矿证。随着地勘工作的持续投入，将会有越来越多的地勘单位面临着申请采矿证的问题。本文以河南地矿局地矿二院办理姆瓦莫拉金矿采矿证为例，详细叙述了采矿证的办理流程、提交材料及主要注意事项，为其他地勘单位在坦桑尼亚办理采矿证提供了经验，为我国地勘企业走出去战略的实施提供技术支撑。

关键词：坦桑尼亚；地质勘查；采矿证；技术支撑

0　引言

自从国家走出去战略实施以来，越来越多的国内企业走向国际矿业勘查市场，在拉丁美洲、大洋洲、非洲和亚洲的一些国家开展地质勘查工作，并取得了不少的找矿成果。但由于对所在国政策的不熟悉和政治因素的影响，在申请由探矿证转变为采矿证过程中出现了较大的问题，走了不少弯路。本文以坦桑尼亚姆瓦莫拉（Mwamola）金矿在申请采矿证中开展环境影响评价（EIA）为例，为国内企业在坦桑尼亚乃至非洲其他国家开展矿业勘查和开发工作提供借鉴意义。

1　矿山概况

坦桑尼亚姆瓦莫拉（Mwamola）金矿是河南省地质矿产勘查开发局第二地质矿产调查院在坦桑尼亚发现的大型金矿床，属典型的铁建造（BIF）型金矿床，矿体与条带状含铁建造密切相关，目前已探明（332）＋（333）金资源量 34 t，该金矿位于维多利亚湖南部的姆万扎（Mwanza）和卡哈马（Kahama）地区之间（见图 1）。

该金矿床于 2012 年完成详查工作，并开始申请办理采矿证，并于 2014 年初获得由坦桑尼亚能源与矿产部颁发的采矿证。

司建涛：男，1981 年生。研究生学历，工程师，长期在非洲从事固体矿产勘查工作。河南省地质矿产勘查开发局第二地质矿产调查院。

王科伟：河南省地质矿产勘查开发局第二地质矿产调查院。

袁杨森：河南省地质矿产勘查开发局第二地质矿产调查院。

李旭庆：河南省地质矿产勘查开发局第二地质矿产调查院。

张超：河南省地质矿产勘查开发局第二地质矿产调查院。

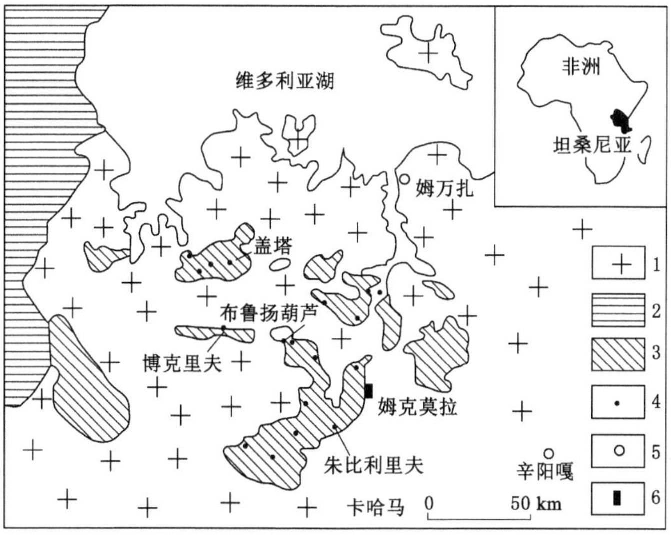

图 1　姆瓦莫拉金矿床区域地质简图

1——花岗岩；2——元古宙绿岩带；3——太古宙绿岩带；

4——金矿(化)点；5——城市；6——姆瓦莫拉金矿

2　采矿许可证办理工作流程

坦桑尼亚办理采矿许可证主要由两个流程组成：第一个流程为办理环境影响评价许可证，其职能部门为坦桑尼亚国家环境管理委员会（简称 NEMC，为环境保护部下设的职能部门，处理与环境有关的具体事宜，环境保护部由副总统直接管理）；第二个流程为申请办理采矿许可证，其职能部门为坦桑尼亚能源与矿产部。

2.1　环境影响评价许可证办理流程

环境影响评价许可证主要由国家环境管理委员会负责，其流程如下：

（1）寻找具有坦桑尼亚环评资质的当地公司，综合考虑以往资历、信誉、效率、价格等因素，签订矿山环境影响评价合同。

（2）在坦桑尼亚环境管理委员会注册立项，并提交项目名称和项目简报，在 1～2 周后收到 NEMC 的反馈信息，即表明立项成功。

（3）由环评公司组织人员开展矿区环境影响评价调查，调查的主要目的是了解矿区所在地的交通、水电、居民和房屋数量，并拜访矿权所在地各级行政部门（省、区、村），并听取当地村民意见。

（4）由环评公司向 NEMC 递交矿区调查报告，并等待其评审。评审通过后，提交环评报告初稿。

（5）NEMC 在收到环评报告初稿后，将组织由能源与矿产部、水利部、国家环境管理委员会所组成的联合考察组赴矿区考察，并由环评公司和业主方安排人员陪同，费用由业主方承担。考察的主要内容为矿区调研、拜访各级政府部门（包括省区政府、驻省能源与矿产办公室、水利局和电业局等），听取各级政府意见；组织召开矿区所在村村民大会，听取村民意见。联合考察组将参考政府和村民意见形成结论，并形成内部决议。

（6）内部决议通过后，NEMC 将牵头组织环境评价报告评审会，评审会专家由环境保护部、能源与矿产部、水利部和环境管理委员会专家组成，一般为 8～10 人，环评公司和业主方须派人参加，并现场回答专家提出的问题。会议结束后，由 NEMC 汇集专家意见，形成评审意见反馈给业主方和环评公司，并要求限期修改，修改过程中可根据专家意见与 NEMC 沟通。NEMC 在审查通过修改稿后，将提交环境影响评价报告正式版和环境影响评价许可申请证书至副总统办公室，然后转交环境保护部部长签字。

(7) 环境与保护部部长签字盖章后，即为环境影响评价许可证书，该许可证书将返回至 NEMC 办公室，并由 NEMC 通知业主方前来领取。

图 2　联合考察组活动实例

(a) 访问当地能源与矿产部办公室；(b) 访问当地政府；(c) 召开村民大会；(d) 考察矿区

2.2　采矿许可证办理流程

在获得环境影响评价许可证后，将进入第二个流程——申请办理采矿许可证。

(1) 提交资料

提交的资料主要包括矿区资料、公司资料、可行性研究报告、环境影响评估报告、环境影响评价许可证书和其他材料等。

① 矿区资料：包括采矿许可证申请表(固定格式)和矿区地质图(包含申请拐点坐标，并按顺时针顺序编号)。

② 公司资料：包括公司章程、组成证明和税号等资料。

③ 环境评价资料：可行性研究报告、环境影响评估报告和环境影响评价许可证(复印件即可)。

④ 其他材料：包括资金预算、培训计划、开采计划和采购物资设备清单等。

以上①～④项要同时提交能源与矿产部办公室，并交纳申请费用。

(2) 评审

在资料递交并查验合格后，能源与矿产部将组织矿权许可和环境评估等部门进行评审，并将评审意见反馈申请人；申请人根据评审意见修改后补交材料；评审通过后，能源与矿产部矿业司司长签发矿权授予通知书，并缴纳相应费用。

(3) 部长签字

能源与矿产部部长在采矿许可证上签字后即生效，但是在颁发采矿许可证之前，部长可能会通知申请公司参加咨询会，会上部长会提问有关开采计划、居民搬迁赔偿及社会公益等方面内容。

3 需要注意的问题

环评公司在编写环境影响评价报告和可行性研究报告时需要的资料较多,其中以下资料将由业主方提供。

(1) 地质报告(英文版)

内容包括:区域地质,矿体品位,矿石量及资源量计算方法,勘探线剖面图,储量估算图等。

(2) 矿山设计报告(英文版)

内容包括:采矿及选矿技术,开采设计方案,生产用水及废水的使用和排放,机械设备名称及数量,炸药及氰化物的放置及使用等。

(3) 各类试验报告及许可证(英文版,需坦桑尼亚政府认可)

内容包括:化学全分析试验报告,水井施工许可证及水质化验报告,岩石力学样测试分析报告等。

4 结论

此次采矿许可证的办理历时达一年半之久,最终顺利获得批准,并指导了河南省地矿局第二地质矿产调查院在维多利亚湖东部的尼亚斯罗利金矿采矿许可证的办理,由此证明了该流程的必要性和重要性,为下一步进行矿山开发工作打下了坚实的基础,也为其他单位在坦桑尼亚申报采矿权提供借鉴。

参 考 文 献

[1] 崔小军,王建光,白德胜,等.坦桑尼亚姆瓦莫拉地区金矿详查报告[R].2013.

[2] 李水平,袁杨森,司建涛,等.坦桑尼亚姆瓦莫拉金矿综合找矿模式[J].中国地质,2016,43(4):1409-1419.

[3] SEMKIWA P M,KAFUMU P D,AYUB S Y,et al. Opportunities for mineral resource development of Tanzania [M]. Fourth Edition. Dar-es-Salaam:Ministry of Energy and Minerals of United Republic of Tanzania,2005.

[4] LEGER C, BARTH A, FALK D, et al. Explanatory notes for the minerogenic map of Tanzania [M]. Dodoma,2015.

河南省重要矿产资源综合利用现状及对策建议

董永志

摘　要：本文总结了河南省重要矿产资源在难利用矿产资源、共伴生矿产和尾矿等方面综合利用的先进经验，梳理了综合利用存在的问题，并提出了相应的对策和建议。

关键词：重要矿产资源；综合利用；对策建议；河南省

河南省是矿产资源大省，矿产资源种类齐全，小型矿床多，大中型矿床少；低品位、贫矿多，高品位、富矿少；部分矿床分散的多，连片集中的少；单一矿少，复合矿多；共伴生元素难利用的多，可利用的少；矿体地质构造条件复杂的多，简单的少；人口密集，人均占有矿产资源量少；大量村庄、河流和生产建设压占了大量矿产资源，仅煤矿一项压覆量高达 20 亿 t。

以上条件制约着河南省矿产资源的开发利用，但也为河南开发利用复杂地质条件下的矿产资源提供了创造性思维空间和试验基地。特别是 2010 年起，河南省国土资源厅为加强矿产资源节约与综合利用工作，积极鼓励矿山企业申请中央等财政资金，支持先进实用技术应用与创新，以“矿产资源节约与综合利用”和“以奖代补”专项工作为抓手，积极推广共伴生矿、尾矿、低品位矿开采和综合利用技术的应用与创新，大力提倡节约与综合利用矿产资源，认真组织开展矿产资源节约与综合利用先进专项工作，有力地促进了矿山企业矿产资源节约与综合利用水平不断提高。近几年，有 9 家矿山企业被国土资源部评为“矿产资源节约与综合利用专项优秀矿山企业”，有 2 家矿山企业列入先进技术目录，矿业循环经济模式得到蓬勃发展。

1　河南省矿产资源综合利用现状

1.1　难利用矿产资源开发的经验

1.1.1　薄、超薄矿体（煤层）的开发利用

薄煤层和超薄煤层的开发利用是一项比较困难的工作。河南省全省薄煤层可采储量 8 亿 t 以上，约占总量的 15%。各大煤业集团都非常重视薄煤层开采，并且超过 50% 的薄煤层工作面实现了综合机械化开采，年生产能力最高达到 100 万 t。如大峪沟煤业集团 25090、25110、25150 三个工作面平均夹矸厚度 0.61 m，下分层煤厚平均 0.44 m，上分层煤厚平均 0.29 m，小于工业可采指标，通过薄煤层高效开采技术的研发利用，取得较好的经济和社会效益[1]。

金属矿山也注重回采薄矿体。如桐柏兴源矿业有限公司金矿改变采矿方法，回采薄矿体，共回收低品位矿石量 93 万 t，平均采出品位 2.02 g/t（地质品位 5.58 g/t），采出金属量 1.8×10^{-4} 万 t，增加矿产品销售收入 3.6 亿元，同时提高了矿山开采回采率 4%。

董永志：男，1972 年生，河北省藁城县人。高级工程师，主要从事矿产资源生产与科研工作。河南省地矿局第二地质环境调查院。

1.1.2 低品位资源的利用

主要集中在金属矿产方面。河南省金矿山充分挖掘低品位矿石潜力，在坍塌区、堆渣区重新布置开拓系统，盘活低品位矿石；铁矿山适时调整最低可采边界品位，开发低品位资源，如卢氏新润矿业有限公司杨家湾铁锌矿将铁矿边界品位由 $T_{Fe} \geqslant 20\%$ 降低为 $T_{Fe} \geqslant 15\%$，锌边界品位由 $T_{Zn} \geqslant 1.0\%$ 降低为 $T_{Zn} \geqslant 0.7\%$，近三年共增加低品位资源储量 11.5 万 t。而且河南省开发了超贫磁铁矿资源，据“三率”调查成果显示，河南省 2009～2012 年有 7 处超贫磁铁矿矿山开采，全铁品位低于 20%。

1.2 使用新采矿方法提高资源利用率和回采率的经验

1.2.1 充填开采法提高回采率

河南省金属矿山大多采用尾矿充填法开采，可以提高回采率。针对薄矿体，采用削壁充填法进行回收利用，该采矿方法在桐柏兴源矿业有限公司试验成功，2012 年被国土资源部评为第一批矿产资源节约与综合利用先进技术。

煤矿开采使用的充填法较多，河南省主要应用的有膏体充填开采、破碎矸石充填开采、超高水材料充填开采等。

充填开采法的应用，解放了压覆的煤炭资源，既使薄煤呆矿变成资源，又解决了矸石山（尾矿）占地、有害元素污染环境问题，也解决了地面塌陷、破坏农田问题。永城煤电集团有限责任公司城郊煤矿年产 240 万 t，地面为永城市老城区，为避免开采后地表大面积沉陷、建筑受损、农田遭到破坏的后果，2011 年城郊煤矿实施了超高水材料充填开采技术，实现了煤矸石和废污水的零排放，同时解放了城郊煤矿老城下压覆的煤炭资源，使销售收入增加了 427.7 亿元，经济效益可观，社会效益、环境效益明显。

膏体充填法、矸石置换充填法也是较为成熟的采煤技术，分别在焦作煤业（集团）有限责任公司朱村矿、河南龙宇能源股份有限公司陈四楼煤矿及河南神火煤电股份有限公司葛店矿得以实施。

1.2.2 露天开采与复杂空区处理协同技术，提高回采率

洛钼集团三道庄钼矿采用露天开采与复杂空区处理协同技术，实现了矿柱残矿回收和露天矿安全持续开采。截至 2011 年底，累计处理空区 264 次，处理空区面积 73.19 万 m^2，回收残矿资源量 563.7 万 t，同时保证了露天开采的安全、稳定和持续。该方法获得多项国家和省部级科技进步奖。

1.2.3 垂直分幅式和垂直分条堑沟式采矿法提高极薄矿体回采率

灵宝黄金投资有限责任公司采用垂直分幅式采矿法，极大地提高了 0.3 m 以下极薄矿体回采率，具有独创性。灵宝金源二矿成功采用垂直分条堑沟式采矿法，提高缓倾斜顶底板稳固性极薄矿体的回采率，降低了盈利矿石边界品位[1]。

1.2.4 调整采矿方法促进低品位资源的回收

灵宝黄金投资有限责任公司所属金矿山调整采矿方法，强力恢复坍塌区、堆渣区，使遗留在坑内的数万吨低品位矿石及累计千余米低品位矿体得到了回收，120 余万吨低品位资源合理开发利用成为现实，实现安全高效集约化生产。其流程如图 1 所示。

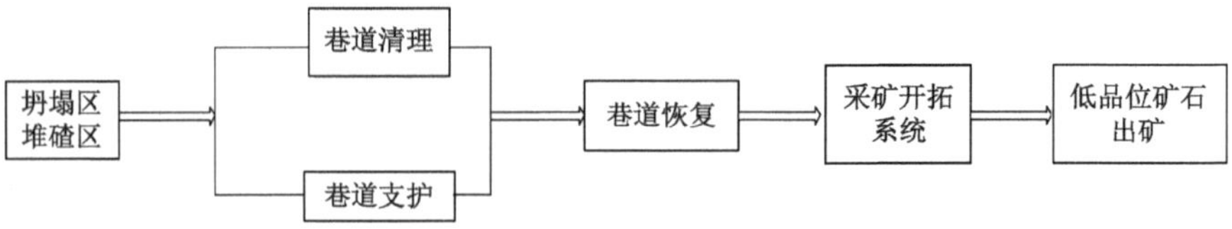

图 1 金矿回收低品位资源流程图

1.3 使用新工艺提高选矿回收率的经验

1.3.1 浮选柱浮钼技术的成功引进开发和应用开启了中国钼业资源高效利用新局面

洛钼集团的“自动化大型浮选柱全流程联合选钼技术工艺”首次实现了中国钼浮选作业控制自动化，被业内专家誉为中国钼选矿技术的革命性风暴，钼回收率与传统浮选机技术工艺相比提高2～6个百分点，精矿品位提高5.4个百分点，节电46%以上。

1.3.2 开发新工艺流程解决“难选冶”矿种的选矿问题

栾川上房沟钼矿针对滑石型难选钼矿，探索出“原矿—破碎—磨矿分级—分流磁选—粗细分级分选—粗粒钼尾矿选硫—细粒钼尾矿选铁”的一套适应滑石型矿石的选矿工艺流程，不但解决了钼回收率低、铁品位低以及回水利用低等技术难题，同时综合回收了伴生铁、硫等元素[1]。

洛阳地区的金矿山针对不同矿石类型(原生矿和氧化矿比例不同)，摸索试验出堆浸+冶炼、全泥氰化-炭浆吸附冶炼、重选+浮选+冶炼的选矿工艺流程，提高了金矿的回收率。

1.4 提高矿产资源综合利用率的经验

1.4.1 钼矿企业改进选矿工艺，综合回收利用共伴生钨等资源

洛阳栾川钼业集团股份有限公司多家子公司采用了浮选柱技术，研发了“常温粗选加温脱药后精选低品位白钨矿浮选工艺”，使钼矿共伴生低品位钨资源变废为宝，同时，该工艺实现了氧化钼矿和磷矿在白钨精矿中的有效富集，氧化钼矿回收率高达42%左右，解决了氧化钼矿回收的国际级难题；河南省卢氏县地灵矿业开发有限公司夜长坪钼矿采用“原矿—磨矿分级—泥沙分选—硫化钼浮选—浮硫尾矿氧化钼钨混合浮选—尾矿磁选回收磁铁矿”的选矿工艺流程，综合回收钨、铁资源。

1.4.2 黄金企业综合回收利用金、银、铜、钼、铅、钨资源

洛宁华泰矿业开发公司采用重选-浮选工艺回收金矿伴生钨，伴生钨回收率>50%；灵宝金源公司采用“混合浮选—精矿氰化—氰渣优先选钼—再选铅—精尾再选铜”选矿工艺综合回收利用大湖矿区低品位金矿共伴生资源，有效回收其矿石中的金、银、钼、铅[1]。

1.4.3 铁矿企业改进选矿工艺，提高选矿回收率

卢氏新润矿业有限公司杨家湾铁锌矿采用优先浮选+磁选工艺，综合回收锌、铜、硫资源。

1.4.4 硫铁矿企业对选矿工艺进行技术攻关，综合回收铜、金、银、铁资源

灵宝金源晨光有色矿冶有限公司银家沟硫铁矿是一个大型多金属硫铁矿矿床，伴生元素有金、银、铜、铅、锌等，共生矿产有磁铁矿、褐铁矿、铅矿、锌矿、铜矿等矿种，采用“先抑硫浮铜，再活化选硫”工艺，综合回收铜、硫、金、银、铁等资源，取得了可观的经济效益，“银家沟硫铁矿铜硫分离浮选试验及生产实践”获得灵宝市科技成果一等奖，三门峡市科技成果二等奖。

1.5 矿山尾矿废弃物综合利用的经验

1.5.1 煤矿尾矿综合利用的经验

(1) 煤矸石

煤矸石主要用于建筑材料、发电、生产水泥和采空区回填等,河南省各大煤业集团都十分重视煤矸石的利用。

(2) 矿井水、瓦斯、乏风综合利用

煤矿将矿井水主要用作井下防尘、降尘、灌溉农田、洗煤、煤化工等,也有矿山对其净化后作为生产生活用水。河南省煤矿企业对瓦斯的利用还处于较低的水平,仅有个别矿山利用瓦斯发电,也有部分矿区如焦作、平煤将部分高浓度瓦斯用于民用。乏风利用河南省走在全国前列[1],神火集团薛湖煤矿乏风年排放量 1 573 万 m^3,年利用量 56 万 m^3,利用率 3.56%,开创了河南省乏风利用的先河。

1.5.2 金属矿山废石、尾矿及矿井水综合利用

(1) 废石

2011 年河南省金属矿山废石排放量 5 591 万 t,废石年利用量 890 万 t,废石主要用于充填采空区和建筑材料。

(2) 尾矿、矿井水综合利用

金属矿山尾矿多含有较为丰富的有价成分,一些矿山企业已经在尾矿再选技术工艺方面作出了很多尝试。例如,桐柏兴源矿业有限公司上上河金矿利用安装"螺旋溜槽+摇床"(重选)工艺对尾矿中的金进行综合回收利用,取得了较好的经济效益;有部分矿山采用较为先进的尾矿干排设备,实施尾矿干排放,同时滤液还可以返回选厂作为生产用水,通过尾矿干排措施,有效地解决了大量的生产用水,尾矿水达到了零排放,有效保护了矿区周围的自然环境。

矿井水主要用作农田灌溉、生产生活用水。

2 存在的主要问题

2.1 河南省矿产资源开发利用面临诸多困难

一是"三下"压矿严重(仅煤矿压覆量高达 20 亿 t),制约着矿业的生产和发展;二是随着开采深度逐渐增大,开采技术条件趋向更复杂,影响着矿业的开发速度。

2.2 矿山企业较重视选矿问题,但各矿种选矿情况差别很大

从统计结果看,各矿种的选矿情况差别很大,铁矿、金矿、钼矿、硫铁矿和普通萤石矿绝大部分矿山都进行了选矿,煤矿、铅矿、锌矿只有极少部分矿山进行了选矿。如河南省重点利用的矿种铅锌矿,采矿能力和选矿能力均比较低,而选矿能力又远低于采矿能力,利用方式比较粗放。

2.3 共伴生矿产综合利用程度低

河南省共伴生矿产资源综合利用程度很低,大多数共伴生矿产随着主矿种的开采而成为尾矿、废渣。如 2011 年河南省 259 处煤矿山只有 1 处矿山对共生矿产煤层气进行了综合利用;与铅矿伴生的钼、钨、铜等矿产几乎没有进行利用,共伴生矿产利用程度很低。

2.4 尾矿、废渣综合利用水平差异很大

总体来看，河南省矿产资源综合利用水平不平衡，科研工作深度、广度不够[1]，大多为从中回收个别的有价元素，尾矿使用范围比较小，尾矿改造为活性材料的综合应用推广工作滞后，致使数量庞大的尾矿、废渣仍无法广泛应用在水泥工业、混凝土及制品、墙体材料、矿山井下充填等领域，尾矿、废渣的利用任重而道远。

河南省259处煤炭矿山累计排放煤矸石282 164.92万t，年排放量23 644.95万t，年利用煤矸石16 386.93万t，利用率69.53%，仍有很大一部分煤矸石没有被利用。

金属矿山的废石、尾矿等利用率更低。河南省金属矿山废石累计积存量3.82亿t，2011年废石利用量不足年排放量的20%；河南省金属矿山222处，建设选厂114处，金属矿山尾矿多堆存于尾矿库中保存。2011年金属矿山尾矿排放量3 220万t，仅48处矿山对尾矿进行利用。

2.5 超贫磁铁矿尾矿利用率有待提高

露天开采的超贫磁铁矿，每选1 t铁精矿需采10～15 t原矿，产生大量的尾矿和废石，占用大量的山地和土地。

3 对策建议

3.1 积极推广采矿新技术、新方法，提高矿石回采率

大力推广充填采矿技术，解决“三下”压矿问题；加强对复杂难采矿山及深埋矿体开采的新方法、新技术、新设备的研究与开发利用，提高已探明矿产资源的利用程度。

3.2 不断提高难选冶矿石的选矿回收率及综合利用率

加强滑石型钼矿、混合型金矿石的选矿试验研究，确定选矿工艺，提高回收率；加强共伴生矿产资源回收利用研究，进一步提高资源综合利用率。

3.3 超贫磁铁矿开发要坚持谨慎开发、分类管理的原则

对规模小、沉积变质岩类型的超贫磁铁矿开发要严格审批，坚决控制开采。对于基性、超基性岩型的超贫磁铁矿，依据科学评估超贫磁铁矿开发的环境承载能力，严格控制开采规模，核定地区年开采最高规模。

3.4 加强“三率”指标执行情况的考核管理

将“三率”指标考核纳入矿产资源开发利用方案的编写、采矿许可证年检及矿山储量动态监测等工作环节，强化对矿产资源综合开发与利用的管理。

3.5 提高矿山企业节约、集约利用资源的意识，建立健全矿产资源节约与综合利用激励机制

完善扶持资源综合利用的激励政策，对共伴生矿充分利用的企业，按一定比例减免矿产资源补偿费；对共伴生矿产废弃的企业，按不同比例征收矿产资源补偿费，补偿费征收应与回采率、回收率挂钩，把采矿权证的发放与共伴生矿产资源的回收率挂钩，对综合利用率不达标的企业完善处罚标准。[2]建立鼓励矿山企业推广新技术、新工艺、新设备的有效机制，激励企业进一步做好资源的合理开发和利用工作。

参考文献

[1] 张兴辽,殷志勇,陶波,等.河南省矿产资源节约与综合利用现状及展望[J].中国国土资源经济,2013(4):39-42.

[2] 郝小非,任瑞平.河南省矿产资源综合利用情况研究[J].河南科技,2008(9):14.

建材矿山开采信息公示核查工作中的问题与分析

姚书长

摘　要：矿业权开采信息公示是新形势下矿证管理的提升和发展，对公示信息实地核查是保证矿业权管理改革工作落实的重要措施和核心手段。作为县级发证占比较大且社会关注度较高的露天建材矿山的开采信息的公示，主要包括矿业权基本信息、矿业权人履行义务信息。本文较为系统地从信息公示核查工作的资料准备、实地核查过程、核查意见填报和核查结论确定等方面说明核查工作的方法，通过对基本信息和履行义务信息中常见问题的剖析，指出问题产生的原因，结合公示信息要求，从矿权人、政府监管、第三方服务等方面提出了对问题的处置与建议。

关键词：开采信息公示；建材矿山；实地核查

1　开采信息公示核查工作的目的与意义

1.1　工作由来

矿业权人勘查开采信息公示工作，是落实党中央、国务院关于“深化行政审批制度改革、加快政府职能转变”系列要求的重要举措。2014 年 8 月 7 日，国务院公布《企业信息公示暂行条例》（国务院令第 654 号），规定了公示信息内容、随机抽查、“黑名单”管理、信用约束等。2015 年 9 月，国土资源部改革矿业权年检工作，印发《矿业权人勘查开采信息公示办法（试行）》（国土资规〔2015〕6 号），该办法规定：由矿业权人通过“信息公示系统”填报上年度矿产资源勘查开采项目年度信息（基本义务履行情况），并向社会公示；管理部门不再对矿业权人提交的项目年度信息进行全面审核，但按一定比例对矿业权人公示的信息进行随机抽查，并将抽查结果通过“信息公示系统”公示；管理部门根据年度信息公示情况、抽查结果或日常管理（举报、巡查等）中发现的问题建立矿业权人异常名录和严重违法名单并进行移入和移出管理。

根据该办法的要求，矿业权年检工作于 2016 年停止实施。2017 年的矿业权管理正式实施勘察开采信息公示，对 2017 年度开采信息进行的公示核查工作自 2018 年逐步推开。

1.2　工作目的与意义

开采信息的公示有助于促进企业诚信自律、强化企业信用约束、提高政府监管效能、扩大社会监督，对公示信息的核查工作既是落实党中央、国务院关于简政放权、放管结合、优化服务的要求，更是保证矿业权管理改革工作落实的重要措施和核心手段。

姚书长：男，1966 年生，河南唐河县人。本科，选矿工程专业，高级工程师，长期从事建设项目安全评估评价、矿产储量评估、矿冶工程咨询设计、投资评估、工程项目管理等工作。河南天泰工程技术有限公司。

开展信息公示和公示信息的实地核查，实现了矿业权人履行法定义务从强制到自律的转变（由管理部门审核年检报告变为企业信用自律）和矿业权人提交年度报告由被动转变为主动提交信息（由企业主动维护信用记录）；也实现了管理部门监管范围由全覆盖向重点监管转变（不再是矿业权逐个年检，而是随机核查、突出重点），由部门监管变为公众监督，以及监督管理由独立监管向联合惩治转变（一处失信处处受限），是新形势下矿证管理的提升和发展。

2　建材类矿山开采信息公示的主要内容

建材类矿山包括以水泥灰岩、大理岩、石灰岩、建筑石料灰岩、建筑用砂岩、花岗岩、饰面花岗岩或大理岩等开采为主体或主要矿种的矿山，其中以建筑石料灰岩和水泥灰岩矿山为主，也是近年来实施资源整合和生态环境治理的重点类矿山，其中有很大一部分属于县级发证的矿山，由于多种因素，一定程度上也是社会关注度相对较高的一类矿山。

《矿业权人勘查开采信息公示管理办法（试行）》对矿业权人开采信息公示规定了三部分内容：① 矿业权基本信息；② 矿业权人履行义务信息；③ 开采活动信息。其中前两部分信息进行公示，第三部分信息可选择性公示。

矿业权基本信息主要是采矿证的各项信息，包括矿业权名称、矿山名称、生产规模、开采矿种、开采方式、开采深度、矿区面积、矿区拐点坐标、采矿证有效期、颁证单位和颁证时间等。

采矿权人履行业务信息主要是指企业履行各项矿证管理的法律法规的情况，包括设计矿山规模、实际年采矿量，是否在批准期限和范围内采矿、是否采取破坏性采矿方法采矿、是否设立采矿权标识牌、是否报送矿产资源统计基础报表、是否提交矿山储量年报、是否按照规定开展地质环境保护治理与土地复垦，采矿权占用费、采矿权出让收益、矿山地质环境治理恢复基金、土地复垦费的应交、减缴、实缴、欠缴合计等情况，以及是否受到国土资源管理部门行政处罚、受到处罚整改是否到位等情况。

矿产资源合理开发利用信息主要是指矿山生产过程中各项年度技术、经济和管理类指标信息，其中包括开采方式、采矿方法、剩余服务年限、实际采矿能力、年采出矿石量、年消耗矿石量、年消耗地质储量、开采回采率、废石利用情况、工业总产值、综合利用产值、年销售收入、从业人员数等。

以上公示信息对建材类矿山是基础性公示填报内容，也是现场核查工作中基础核查信息。

3　信息公示核查工作的方法

按照管理办法规定，现场实地核查人员不少于 3 人，按照一证一核查的原则进行。现场核查工作流程是：选派核查人员—被核查矿山准备核查材料—现场实地核查（含核实测量）—出具核查意见。

3.1　矿山准备资料清单

开采项目实地核查需要矿山提供的资料清单：① 采矿许可证；② 采矿权人营业执照；③ 矿产资源开发利用方案及审查备案文件；④ 矿山开采设计，包括最近的改扩建设计；⑤ 截至上年底的采掘工程平面图和开采范围与开采许可范围叠合图；⑥ 矿山地质报告、矿山储量年报、矿产开发利用统计年报；⑦ 采矿权价款、采矿权使用费、地质环境恢复治理保证金、土地复垦费缴纳凭证（出让收益、占用费、基金、土地复垦费）；⑧ 经批准的土地复垦方案、矿山地质环境恢复治理方案（或者二合一方案;⑨ 年度矿山生产综合统计表;⑩ 核查需要的其他资料。

矿权人应对提供资料的准确性和真实性负责,必要时应有承诺。以上资料原则上应核对原件或原始材料。对不能提供或提供资料清单存在的错误,核查人员应如实记录,必要时应待资料准备到位后重新核查。

3.2 实地核查过程

实地核查过程通常在县级管理部门统一指导、协助下由核查人员按照以下步骤落实实施。

查阅询问:通过查阅矿业权人档案材料,询问矿业权人、国土资源主管部门人员,问询矿区周边居民或其他相关人员,了解公示系统填报相关信息的依据、真实性和准确性。

凭证查阅:查阅矿业权人提供的相关权属证明、财务会计信息、行政处罚信息等资料,以及抽查工作所需的相关凭证。

现场踏勘:必要时对开采过程中的工程现场进行踏勘,如踏勘采区、工作台阶、开采矿种、开采区域、废石场、地质环境治理与土地复垦状况等。

对比分析:对核查资料进行综合对比分析,分析矿业权人是否履行了法定义务,是否依法依规开展矿产资源开采活动,是否按照相关方案完成了矿山环境恢复治理和土地复垦的对应阶段任务。

实测确认:经综合判断后,露天场所及露天拐点等需要实测的内容,由实地核查人员完成填入实地核查表备注栏,并注明请县局另行研究确认(或实测)的具体空间位置或具体范围。

3.3 核查意见填报

核查工作结束应如实、准确、全面地填写“实地核查情况表”。其中应对核查情况进行汇总和总结,主要包括矿山基本信息情况(公示信息与登记信息是否一致,不一致应详细列示)、履行义务情况(核查履行义务信息,存在问题详细列明)、核查结论。

3.3.1 基本信息情况

公示情况与登记信息存在不一致包括两个层次的情况:与登记信息对照不一致,与登记信息一致但与实际信息不一致。对开采矿种、开采面积、开采区域、开采方式、开采规模等5个要素在实际核查中应重点关注。

3.3.2 履行义务信息

首先是涉及内容如实填报和虚假填报问题。其中首先要考虑有一说一,不管是否完成义务,但必须真实填报。只要真实填报,结论就应该是“义务信息填报真实”。其次是各项义务是否落实完成。其中最引人(管理部门)关注的有:各类应缴纳费用是否按时、按量缴纳;矿山环境保护与恢复治理、土地复垦方案、开发利用方案是否按照规定编制(特别应注意与时间段的扣合);矿山环境保护与恢复治理方案、土地复垦方案是否按照年度任务开展。

履行义务信息中对存在问题,应重点结合矿山实际生产资料、各项年度工作总结、各项缴费凭证与现场对照进行填写,特别是是否在批准期限和范围内采矿、是否采取破坏性采矿方法采矿、是否设立采矿权标识牌、是否按照规定开展地质环境保护治理与土地复垦等,务必应结合矿区开采现场的实地踏勘、测量的信息进行填写,对发生的问题应填写具体、明确,便于企业落实整改。

3.3.3 核查结论

核查结论集中在“真实性”、“是否履行义务”两个方面。真实性针对“基础公示信息真实”和“履行义务公示信息真实”两个方面分别定论,结论定义为“公示信息真实”和“××信息有误”。履行义务按照各证实材料和方案对比给出“履行义务”和“未按规定履行××义务”两种结论。

4　建材类矿山开采信息公示核查工作常见问题与分析

4.1　基本信息部分

实地核查中发现主要存在下列问题：① 开采矿种不符合。公示信息中开采矿种为建筑石料灰岩，实际采矿证标注为大理岩，而地质报告或储量年报中矿种为水泥灰岩；也有公示信息、采矿证、地质报告均符合情况，但与实际开发矿种不符合，如信息显示为建筑石料，而实际开采矿种为水泥灰岩。② 生产规模不符合。公示信息中生产规模与采矿证符合，但与开发利用方案的生产规模不一致。③ 开采深度范围不符合。与采矿证一致，但与开发利用方案不一致。

造成以上问题的主要原因有以下情况：由于县级发证权限和地方利益的影响，将水泥灰岩矿山作为石灰岩或大理岩矿种进行发证管理；个别矿山企业没有及时编制新的开发利用方案，造成新证内容与开发利用方案不对应。

核查过程仅认可与采矿证信息一致，暂不纠结合理性和可操作性。但对政府管理部门应提出发证管理中开发利用方案的检查和发证的纠错问题。

4.2　履行义务信息部分

履行义务信息是核查工作的重点，也是核查工作的难点。其中，是否超越批准范围采矿、是否采取破坏性开采方法采矿、是否按照规定进行土地复垦、是否按规定进行了矿山地质环境恢复与治理等信息的核查，需要结合现场实地查看，与相应设计和年度工作报告、生产图纸等相互对照、核实与检查。

通常，矿权人填报该项公示信息均为符合性信息，实际检查中存在生产开采区域与设计不符，采用开采方法与设计不符，没有按照方案确定的年度任务进行土地复垦和地质环境恢复与治理工作，不能提供土地复垦和地质环境恢复与治理工作的年度工作报告，个别情况甚至存在没有编制土地复垦和地质环境恢复与治理方案，有些矿山编制有方案但管理部门没有及时备案，有些备案方案企业没有实际执行，没有缴纳或足额缴纳土地复垦和地质环境恢复与治理基金等。

造成以上问题原因，既有矿权人责任也存在管理部门因素。特别是矿山企业存在技术人员缺乏、不懂或不会准确填写、日常生产工作缺少记录、动检结果与实际不符等情况，这是造成此类信息填报存在错误的主要因素。另外，建材类矿山由于地方发证，在个别区域存在一些大矿小开、一山多证现象，无形中给实际矿山开采、地质环境恢复与治理和土地复垦造成一些困难。

核查中也发现管理部门对矿权人提交的地质环境恢复与治理和土地复垦方案以没有缴纳土地复垦基金为由拒绝备案，矿业权人缴纳相关费用缺少依据；年度工作中没有要求矿山企业开展地质环境恢复与治理和土地复垦工作及提交年度工作报告，造成对一些信息的核查缺少必要支撑材料。

5　核查工作对问题的处置与建议

对问题的处置涉及核查工作的结论以及矿业权人今后整改工作的要求，根据实地核查技术要求的规定，核查结论主要包括拟列入、拟不予列入、拟移出、拟不予移出异常名录或严重违法名单等几种情况。其中，真实公示基础信息和履行义务信息，按照规定及时、准确履行应尽义务。达到上述要求，“建议不予列入异常名录”或“拟移出异常名录”。未真实公示基础信息、履行义务信息，未按规定完成应履行义务。上述三种情况出现其中任何之一，均“建议拟列入异常名录”或“拟不予移出异常名录或严重违法名单”。

对“建议拟列入异常名录”或“拟不予移出异常名录或严重违法名单”的矿山企业，核查过程中应明确提出存在问题。其中，属企业自身因素的，应由企业独立整改到位；对由于管理部门因素造成的问题，如采矿证开采矿种登记错误、企业提交的“矿山环境恢复与治理和土地复垦方案”管理部门没有及时备案造成企业无法履行相关义务，管理部门更应及时履行管理职责。核查过程也发现由于一部分矿山属于近期拟关闭矿山，预计后期整改督办比较困难，对此管理部门应尽快出台相应的指导意见，促进核查工作实现闭环管理。

核查工作涉及矿证管理的方方面面，工作成效直接影响矿证“放管服”工作有效推进，完成核查工作更需要矿业权人、管理部门和核查人员的各负其责、通力合作。